云南师范大学学术文库

常微分方程解法与建模应用选讲

化存才　赵奎奇
杨　慧　刘海鸿　编著

本书获云南师范大学学术著作出版基金(重点)、
云南省现代教师教育改革项目、
国家自然科学基金项目(10772158)联合资助

科学出版社
北　京

内 容 简 介

本书介绍了常微分方程的基本解法与建模应用方法. 主要内容包括：常微分方程的初等积分法、高阶线性微分方程的解法、线性微分方程组的解法、常微分方程的算子解法、常微分方程的数值解法及其C程序设计、Maple软件在解常微分方程中的应用、常微分方程的建模应用. 部分内容是云南师范大学“微分方程”精品课程教学团队十多年来的教学实践与应用研究的特色成果.

本书适合数学类、理工类专业本科生、研究生和相关教师用作常微分方程和数学建模课程的教学参考书, 也可作为研究生考试的培训教材.

图书在版编目(CIP)数据

常微分方程解法与建模应用选讲/化存才等编著. —北京：科学出版社, 2009

ISBN 978-7-03-024836-7

Ⅰ.常… Ⅱ.化… Ⅲ.①常微分方程-解题 ②常微分方程-建立模型

Ⅳ.O175.1

中国版本图书馆CIP数据核字 (2009) 第103080号

责任编辑：王丽平 房 阳／责任校对：钟 洋

责任印制：张 伟／封面设计：王 浩

科学出版社出版

北京东黄城根北街16号

邮政编码：100717

http://www.sciencep.com

北京建宏印刷有限公司印刷

科学出版社发行 各地新华书店经销

*

2009年6月第 一 版 开本：B5(720×1000)

2019年1月第三次印刷 印张：13 1/2

字数：262 000

定价：78.00元

(如有印装质量问题, 我社负责调换)

序

常微分方程是在 17 世纪伴随着微积分而发展起来的一门具有重要应用价值的学科. 它是研究连续量变化规律的重要工具, 是众多实际问题与数学之间联系的重要桥梁. 在历史上, 牛顿正是通过求解常微分方程证实了地球绕太阳运动的轨道是椭圆; 天文学家通过常微分方程的计算, 预见了海王星的存在. 随着工业化的进展, 常微分方程在航海、航空工业生产以及自然科学的研究中发挥了重要的作用. 在当今高新技术迅猛发展的时代, 常微分方程更加广泛地渗透到了诸如电信、化工、航天、生物、医药、经济、信息、军事、控制、管理乃至社会科学等各个领域, 显示着它的蓬勃生机和活力.

计算机和计算技术的发展, 使微分方程的求解冲破了经典方法的局限, 迈向数值计算和图像模拟, 这为微分方程的应用提供了更为广阔的天地和有效的手段, 也使得建立数学模型显得格外重要.

以化存才教授为首的云南师范大学 “微分方程” 精品课程教学团队集体编著的《常微分方程解法与建模应用选讲》正是在当今形势下适应社会要求的一本颇具特色的教学参考书. 他们在系统、简洁地讲解经典方法的基础上, 补充了他们发展的一些新解法; 着重介绍了具有实用价值的算子解法和 Maple 软件在微分方程中的应用; 强调数学建模, 并通过一些典型的实例阐述了建立常微分方程模型的思想方法和步骤, 展现了模型深化发展的全过程, 书中不少内容是他们近年来科学研究的成果, 显示了该书内容的先进性和实用性, 有助于培养读者的应用意识和兴趣, 有助于提高读者的软件设计、实践应用和创新能力.

该书重视科学思想方法的阐述, 特别是融入了作者们在科学研究中的一些思想方法和体会, 有利于启迪和引导读者思维, 培养创新精神. 全书内容选材丰富, 注意与相关课程间的联系, 符合认知规律, 层次分明, 表述清楚, 有较强的可读性.

笔者认为, 该书是作者多年来从事常微分方程和数值计算方法教学经验、相关科学研究和数学建模应用研究成果以及数学软件工具使用经验的融合和结晶. 相信它的出版会对高等学校常微分方程课程教学质量的提高和帮助读者更好地应用常微分方程产生良好的作用.

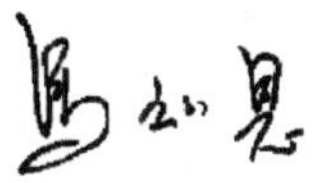

2009 年 3 月于西安

前　　言

进入 21 世纪以来, 中国高等教育步入了大众化时代, 高等院校大规模地扩大招生, 随之而来的教育问题不断突现, 如教育质量下降、毕业生就业形势严峻、专业结构不均衡、国际化教育的要求增强等. 为提高教育质量, 高等学校进行了多轮教学改革, 先后推出了各种规格的教材, 如最早面向 21 世纪的课程内容体系改革教材, 后来的国家级或部级规划教材等. 随着教育部高等学校教学质量与教学改革工程的实施, 高等学校的精品课程建设, 精品教材建设, 教学团队建设等工作如雨后春笋般开展起来, 反映其建设的成果以各种各样的形式推出, 如精品教材系列、与现代教育技术相结合的多媒体教学、精品课程网络教材、数学教育信息化网站等, 这都是可喜可贺的.

然而, 以上所列举的各种形式的教材都有其自身的特色和局限性. 从 “百花齐放, 百家争鸣” 的方针来看, 提倡教材和教学参考书的多样化将会积极地推动着教学质量提高的进程. 云南师范大学十分重视并开展了教学团队和精品课程建设的工作, 作为云南师范大学校级 “微分方程” 精品课程建设的一个教学团队, 我们提出的首要目标是把教育部教学质量工程的相关工作落到实处, 通过集体编著出版精品教材、精品教学参考书、精品教学指导书来提升教学团队的整体水平. 我们编著的总原则是: 要反映团队成员长期以来在 “常微分方程” 课程的教学实践与科学研究、教学改革和教学实验第一线工作中所形成的丰富成果、成功的教学经验和特色工作.

我们认为,“常微分方程” 是本科数学与应用数学专业学生必修的一门专业基础课程, 也是物理类专业学生的重要基础, 它对于数学类专业学生巩固三门主干基础课程 (“数学分析”、“高等代数” 和 “解析几何”) 的知识, 进一步学习 “数学建模”, 选修 “微分方程定性理论初步”、“微分方程数值方法” 等课程; 物理类专业学生学习 “数学物理方法”、“力学” 等课程以及充实其他专业 “高等数学” 基础课程的教学方面, 都能起到承上启下的推动作用, 它还可以为学生报考应用数学等专业的研究生奠定扎实的基础. 因此, 在日常的教学中, 要注意兼顾这些课程之间的连贯性, 将常微分方程的基本解法、数学工具软件 Maple 设计、建模应用等内容集成, 多层次地去激发广大学生的学习兴趣, 培养他们的实践应用和创新能力. 本书就是基于这些思想, 在总结教学团队多年来教学实践与科学研究中所取得的成果的基础上而写成的. 全书的内容和分工如下:

第 1, 2 章由赵奎奇编写; 第 3, 5 章由杨慧编写; 第 4, 7 章及前言部分由化存才编写; 第 6 章由刘海鸿编写; 全书的统稿工作由赵奎奇和化存才共同完成.

与同类书籍比较, 本书以选讲的形式撰写, 体现 "少而精", 突出 "学生的实践应用技能与创新能力培养", 展示教学团队成员研究工作的 "特色" 内容 (例如, 1.8 节中的可积性方程研究专题; 2.1.3 小节中的线性齐次方程的解与系数函数之间关系的刘维尔公式组, 第 4 章中的算子解法和第 7 章中的建模应用等), 从而使学生能有机会学到同类书籍中见不到的一些知识. 书中的算子解法、计算机编程解法、建模应用内容都是独立成章的. 书中大部分内容在云南师范大学 "常微分方程" 课程教学中讲授过多次, 而有部分内容则先后在云南省数学会年会 (2003)、广西大学数学与计算机信息学院 (2005)、云南大学数学与统计学院 (2006)、第十届全国数学建模教学与应用会议 (2007)、云南师范大学校级 "微分方程" 精品课程建设公共资源共享第二课堂 (2008) 上报告过.

本书的出版, 得到了云南师范大学数学学院郭震教授和王涛副教授的大力支持. 国家首届教学名师奖获得者, 西安交通大学应用数学系马知恩教授为本书作了序. 云南师范大学学术著作出版基金 (重点)、云南省现代教师教育改革项目和国家自然科学基金项目 (10772158) 联合资助了本书的出版, 在此表示最诚挚的谢意.

本书是教学团队成员同心协力, 集体合作成果的结晶. 虽然我们已经对本书作过多次反复的修改, 但是, 限于水平, 书中难免还存在着一些不足之处, 恳请读者提出宝贵的意见.

编著者

2009 年 2 月

目　录

第 1 章　常微分方程的初等积分法

本章主要选讲常微分方程的初等积分解法. 1.1 节通过几个具体例子, 简单介绍了常微分方程的一些物理背景和建立, 同时引出一些常微分方程的最基本概念. 1.2~1.7 节介绍常微分方程中一些特殊方程的初等积分法和它们的应用实例. 1.8 节介绍可积方程的两个专题.

1.1　微分方程和解

1.1.1　微分方程的概念

例 1.1 (物体下落问题)　设质量为 m 的物体, 在时间 $t=0$ 时, 由距地面初始高度为 s_0 处以初始速度 $v(0)=v_0$ 垂直地面下落, 求此物体下落时距离与时间的关系.

解　如图 1.1 建立坐标系, 设 $s=s(t)$ 为 t 时刻物体所处位置坐标. 于是, 物体下落的速度为 $v=\dfrac{\mathrm{d}s}{\mathrm{d}t}$, 加速度为 $a=\dfrac{\mathrm{d}^2s}{\mathrm{d}t^2}$.质量为 m 的物体, 在下落的任一时刻所受到的外力有重力 mg 和空气阻力, 当速度不太大时, 空气阻力可取为与速度成正比. 于是, 根据牛顿第二定律 $F=ma$(力 = 质量 × 加速度) 可以列出方程

$$m\frac{\mathrm{d}^2s}{\mathrm{d}t^2}=k\frac{\mathrm{d}s}{\mathrm{d}t}-mg, \tag{1.1}$$

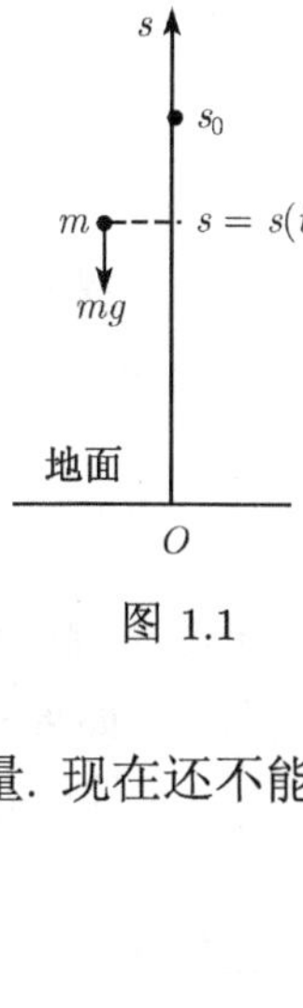

图 1.1

其中 $k>0$ 为阻尼系数, g 是重力加速度.

式 (1.1) 就是一个微分方程, 其中 s 是未知函数, t 是自变量. 现在还不能方便地求解方程 (1.1). 但是, 考虑 $k=0$ 的情形, 方程 (1.1) 可化为

$$\frac{\mathrm{d}^2s}{\mathrm{d}t^2}=-g, \tag{1.2}$$

将式 (1.2) 对 t 积分两次得

$$s(t)=-\frac{1}{2}gt^2+C_1t+C_2, \tag{1.3}$$

其中 C_1 和 C_2 是两个独立的任意常数, 它是方程 (1.2) 的解.

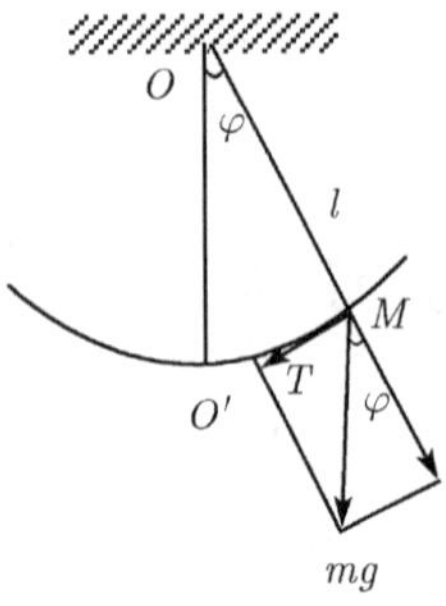

图 1.2

例 1.2 (数学摆) 数学摆是系于一根长度为 l 的线上而质量为 m 的质点 M, 在重力作用下, 它在垂直于地面的平面上沿圆周运动, 如图 1.2 所示, 试确定摆的运动方程.

解 如图 1.2, 取逆时针方向为摆与铅垂线所成的角 φ 的正方向, 由于重力 mg 沿切向分解的力为 $mg\sin\varphi$, 点 M 处的切向加速度为 $l\dfrac{\mathrm{d}^2\varphi}{\mathrm{d}t^2}$, 据牛顿第二定律, 可得到摆的运动方程为

$$ml\frac{\mathrm{d}^2\varphi}{\mathrm{d}t^2}=-mg\sin\varphi \quad 或 \quad \frac{\mathrm{d}^2\varphi}{\mathrm{d}t^2}=-\frac{g}{l}\sin\varphi. \tag{1.4}$$

如果只研究摆的微小振动, 即当 φ 比较小时, 那么, 由 $\sin\varphi$ 的 Taylor 展开式, $\sin\varphi$ 可以用 φ 作为近似值, 代入式 (1.4), 就得到做微小振动时摆的运动方程为

$$\frac{\mathrm{d}^2\varphi}{\mathrm{d}t^2}+\frac{g}{l}\varphi=0. \tag{1.5}$$

如果摆是在一个有黏性的介质中做微小振动, 那么, 沿着摆的运动方向将存在一个阻力, 它与速度 $l\dfrac{\mathrm{d}\varphi}{\mathrm{d}t}$ 成反比. 若阻力系数为 μ, 则有摆的运动方程为

$$\frac{\mathrm{d}^2\varphi}{\mathrm{d}t^2}+\frac{\mu}{m}\frac{\mathrm{d}\varphi}{\mathrm{d}t}+\frac{g}{l}\varphi=0. \tag{1.6}$$

如果摆在微小振动时还沿着摆的运动方向受到一个外力 $F(t)$ 的作用, 这时摆的运动称为强迫微小振动, 摆的运动方程为

$$\frac{\mathrm{d}^2\varphi}{\mathrm{d}t^2}+\frac{\mu}{m}\frac{\mathrm{d}\varphi}{\mathrm{d}t}+\frac{g}{l}\varphi=\frac{1}{ml}F(t). \tag{1.7}$$

一般说来, **微分方程**就是联系自变量、未知函数以及未知函数的某些导数或微分的关系式. 如果其中未知函数是一元函数, 则称为**常微分方程**; 如果未知函数是多元函数, 并且在方程中出现偏导数, 则称为**偏微分方程**. 本书主要介绍常微分方程, 也简称微分方程或方程. 在一个微分方程中, 出现的未知函数导数的最高阶数, 称为**方程的阶**. 以 y 为未知函数, x 为自变量的一阶常微分方程的一般形式可表为

$$F(x,y,y')=0. \tag{1.8}$$

如果在 (1.8) 中能将 y' 解出, 则得到方程

$$y'=f(x,y) \tag{1.9}$$

或

$$M(x,y)\mathrm{d}x+N(x,y)\mathrm{d}y=0. \tag{1.10}$$

我们也称 (1.8) 为一阶隐式微分方程,(1.9) 为一阶显式微分方程,(1.10) 为一阶微分方程的微分形式.

n阶隐式方程的一般形式为

$$F(x,y,y',\cdots,y^{(n)})=0. \tag{1.11}$$

n阶显式方程的一般形式为

$$y^{(n)}=f(x,y,y',\cdots,y^{(n-1)}). \tag{1.12}$$

方程 (1.11) 中, 如果函数 F 对未知函数 y 和它的各阶导数 $y',y'',\cdots,y^{(n)}$ 都是一次的, 则称其为线性常微分方程, 否则, 称其为非线性常微分方程. 以 y 为未知函数,x 为自变量的 **n阶线性微分方程**具有如下形式:

$$y^{(n)}+p_1(x)y^{(n-1)}+\cdots+p_{n-1}(x)y'+p_n(x)y=f(x). \tag{1.13}$$

1.1.2 微分方程的解——通解与特解

定义 1.1 设函数 $y=\varphi(x)$ 在区间 I 上具有直到 n 阶的导数. 如果把 $y=\varphi(x)$ 代入方程 (1.11), 有

$$F(x,\varphi(x),\varphi'(x),\cdots,\varphi^{(n)}(x))=0$$

在区间 I 上关于 x 恒成立, 则称 $y=\varphi(x)$ 为方程 (1.11) 在区间 I 上的一个解.

依据定义 1.1 可以直接验证:

(1) 函数 $y=\sin(\arcsin x+C)$ 是方程 $\dfrac{\mathrm{d}y}{\mathrm{d}x}=\dfrac{\sqrt{1-y^2}}{\sqrt{1-x^2}}$ 在区间 (−1,1) 上的解, 其中 C 是任意常数. 另外, 该方程还有两个解 $y=\pm1$ $(x\in(-1,1))$, 它们不包含在前面解中.

(2) 函数 $x=C_1\cos t+C_2\sin t$ 是方程 $\dfrac{\mathrm{d}^2x}{\mathrm{d}t^2}+x=0$ 在区间 $(-\infty,+\infty)$ 上的解, 其中 C_1 和 C_2 是独立的任意常数. 当然,$x=\sin t$, $x=\cos t$ 都是方程的解, 它们包含在前面解中.

从上面的讨论中看到事实: 微分方程的解可以包含任意常数, 其任意常数的个数可以多到与方程的阶数相等, 也可以不含任意常数. n 阶常微分方程 (1.11) 的含有 n 个独立的任意常数 $C_1,C_2,\cdots,C_n$ 的解 $y=\varphi(x,C_1,C_2,\cdots,C_n)$ 称为该方程的**通解**, 而方程满足给定条件的解 $y=\varphi(x)$ 称为**特解**. 一般地, 方程的特解可由其通解中任意常数取确定的常数导出. 以隐函数形式表示的通解称为**通积分**, 而以隐

函数形式表示的特解称为**特积分**, 对于通解或者通积分的说法或使用, 通常是不加区分的. 另外, 方程的通解不一定表示方程的**所有解**.

为了便于研究方程解的性质, 常常需要考虑解的图像, 或者以图形方式表示微分方程的解. 一阶方程的一个特解 $y=\varphi(x)$ 的图像是 xOy 平面上的一条曲线, 称为方程的**积分曲线**, 而通解 $y=\varphi(x,C)$ 的函数图像是平面上的一族曲线, 称为**积分曲线族**. 例如, 方程 $\dfrac{\mathrm{d}y}{\mathrm{d}x}=\cos x$ 的解 $y=\sin x$ 是过点 (0,0) 的一条积分曲线, 而通解 $y=\sin x+C$ 是 xOy 平面上的一族正弦曲线.

1.1.3 初值问题

式 (1.3) 表示的函数是方程 (1.2) 的通解, 由于 C_1 和 C_2 是两个任意常数, 这表明方程 (1.2) 有无数个解. 而实际情况是, 一个自由落体运动只能有唯一的运动轨迹. 产生这种多解性的原因是方程 (1.2) 表达的是任何一个自由落体运动所满足的方程, 并未考虑落体运动的初始状态. 因此, 通过积分得到的通解 (1.3) 所描述的是任何一个自由落体的运动规律. 在确定的初始时刻, 由不同的高度, 以不同初速度自由下落的物体, 应有不同的运动轨迹. 为了求解一个自由落体运动满足**初始条件**的解, 可以把例 1.1 中给出的两个初始值条件, 即初始位置 $s(0)=s_0$ 和初始速度 $\dot{s}(0)=v_0$ 代入到通解中, 导出具体的常数: $C_1=v_0$, $C_2=s_0$. 于是, 得到满足上述初值条件的特解为

$$s=s\left(t\right)=-\frac{1}{2}gt^2+v_0t+s_0, \tag{1.14}$$

它描述了初始高度为 s_0, 初始速度为 v_0 的自由落体运动规律.

求微分方程满足初始条件的解的问题称为**初值问题**.

称 (1.14) 是初值问题 $\begin{cases}\dfrac{\mathrm{d}^2s}{\mathrm{d}t^2}=-g,\\ s(0)=s_0,\dot{s}(0)=v_0\end{cases}$ 的解.

对于一个 n 阶方程, **初始条件的一般提法**是

$$y(x_0)=y_0,\quad y'(x_0)=y_0',\quad \cdots,\quad y^{(n-1)}(x_0)=y_0^{(n-1)}, \tag{1.15}$$

其中 x_0 是自变量的某个取定值, 而 $y_0,y_0',\cdots,y_0^{(n-1)}$ 是相应的未知函数及导数的给定值. 方程 (1.12) 的初值问题常记为

$$\begin{cases}y^{(n)}=f(x,y,y',\cdots,y^{(n-1)}),\\ y(x_0)=y_0,\quad y'(x_0)=y_0',\quad \cdots,\quad y^{(n-1)}(x_0)=y_0^{(n-1)}.\end{cases} \tag{1.16}$$

初值问题也称为**柯西**(Cauchy)**问题**.

对于一阶方程, 若已求出其通解 $y=\varphi(x,C)$, 那么, 一般只要把初始条件 $y(x_0)=y_0$ 代入通解中, 得到方程 $y_0=\varphi(x_0,C)$, 从中解出 $C=C_0$, 代入通解, 即可得到初值问题的解 $y=\varphi(x,C_0)$.

对于 n 阶方程, 若已求出通解 $y=\varphi(x,C_1,C_2,\cdots,C_n)$ 后, 代入初始条件 (1.15), 得到 n 个方程:

$$\begin{cases} y_0=\varphi(x_0,C_1,C_2,\cdots,C_n), \\ y_0'=\varphi'(x_0,C_1,C_2,\cdots,C_n), \\ \cdots\cdots \\ y_0^{(n-1)}=\varphi^{(n-1)}(x_0,C_1,C_2,\cdots,C_n). \end{cases} \tag{1.17}$$

如果能从式 (1.17) 中确定出 $C_1^0,C_2^0,\cdots,C_n^0$, 代回通解, 即得所求初值问题的解

$$y=\varphi(x,C_1^0,C_2^0,\cdots,C_n^0).$$

例 1.3 由方程 $\ddot{x}+x=0$ 的通解 $x=C_1\sin t+C_2\cos t$, 求其满足初始条件 $x\left(\frac{\pi}{4}\right)=1,\dot{x}\left(\frac{\pi}{4}\right)=-1$ 的解[①].

解 由通解 $x=C_1\sin t+C_2\cos t$, 求导数后有 $\dot{x}=C_1\cos t-C_2\sin t$. 将初值条件代入, 得到方程组

$$\begin{cases} \frac{\sqrt{2}}{2}C_1+\frac{\sqrt{2}}{2}C_2=1, \\ \frac{\sqrt{2}}{2}C_1-\frac{\sqrt{2}}{2}C_2=-1. \end{cases}$$

再解出 C_1 和 C_2 得 $C_1=0,C_2=\sqrt{2}$, 要求的特解为 $x=\sqrt{2}\cos t$.

1.1.4 初等积分法

本章的其余部分, 将主要讨论某些具体类型常微分方程的**初等解法**, 或者**初等积分法**. 之所以称为初等积分法, 是因为这样解法的最后都把求解的问题化成求积分, 并且将方程的解用初等函数及其积分通过有限次运算表示出来 (显式的或隐式的). 凡是能做到这一点的常微分方程, 就称为**可积方程**. 下面几节就是介绍一些可积方程的解法. 它们虽然简单, 但都是常微分方程求解的基本内容, 而且在实际中具有广泛的用处.

1.2 变量可分离方程

形如

$$\frac{\mathrm{d}y}{\mathrm{d}x}=f(x)g(y) \tag{1.18}$$

或

$$M_1(x)N_1(y)\mathrm{d}x+M_2(x)N_2(y)\mathrm{d}y=0 \tag{1.19}$$

① $\dot{x}$ 是函数 x 对自变量 t 求导, $\ddot{x}$ 是 x 对 t 的二阶导数, y' 是函数 y 对自变量 x 求导.

的方程称为**变量可分离方程**. 也分别称 (1.18), (1.19) 为显式变量可分离方程和微分形式变量可分离方程.

例如, $\frac{\mathrm{d}y}{\mathrm{d}x}=xy, \frac{\mathrm{d}y}{\mathrm{d}x}=\mathrm{e}^{x+y}, \frac{\mathrm{d}y}{\mathrm{d}x}=\frac{x}{y}, xy\mathrm{d}x+x^2\mathrm{e}^y\mathrm{d}y=0$ 都是变量可分离方程. 方程 $\frac{\mathrm{d}y}{\mathrm{d}x}=x+y, \frac{\mathrm{d}y}{\mathrm{d}x}=\mathrm{e}^x+\mathrm{e}^y, \frac{\mathrm{d}y}{\mathrm{d}x}=\frac{x}{x+y}, (x+y)\mathrm{d}x+(x^2+\mathrm{e}^y)\mathrm{d}y=0$ 都不是变量可分离方程.

1.2.1 方程 $\frac{\mathrm{d}y}{\mathrm{d}x}=f(x)g(y)$ 的解法

变量可分离方程是最基本的微分方程类型, 也是应用中最常见的微分方程类. 这里给出一个有别于流行教材的简明叙述如下：

设 $f(x)$ 在区间 (a,b) 上连续, 而 $g(y)$ 在区间 (α,β) 上连续, 若 $y=y(x)$ 是方程 (1.18) 的任意一个解, 由解的定义可知, 有恒等式

$$y'(x)\equiv f(x)g(y(x)),\quad x\in(a,b). \tag{1.20}$$

若 $g(y)\neq 0$, 则式 (1.20)(**变量分离法**) 可等价地写成

$$\frac{y'}{g(y)}\equiv f(x),\quad x\in(a,b), \tag{1.21}$$

将式 (1.21) 两端求 x 的不定积分得 $\int\frac{y'}{g(y)}\mathrm{d}x\equiv\int f(x)\mathrm{d}x+C$, 即

$$\int\frac{\mathrm{d}y}{g(y)}\equiv\int f(x)\mathrm{d}x+C \tag{1.22}$$

确定的隐函数是方程 (1.18) 的通解.

若存在 y_0, 使得 $g(y_0)=0$, 则代入方程验证后可知 $y=y_0\ (x\in(a,b))$ 是方程 (1.18) 的一个解, 这样的解也称为**常数解**, 它的定义域由 $f(x)$ 的定义域确定.

附注 当 $g(y)\neq 0$ 时, 由 (1.22) 确定的函数 $y=y(x,C)$ 是 (1.18) 的通解, 而且 (1.22) 是通解的隐式表达式, 也是方程 (1.18) 的通积分. 在求解过程中, 对于通积分 (1.22) 应该尽量把它演算到底, 即用初等函数表达出来. 但是, 并不强求从其中求出解的显式表达式. 如果积分不能用初等函数表达出来, 此时我们也认为微分方程 (1.18) 已经解出来了, 因为从微分方程求解的意义上讲, 留下的是一个积分问题, 而不是一个方程问题了. 另外, 如果方程 (1.18) 还有常数解 $y=y_0\ (x\in(a,b))$, 它的定义域是随 $f(x)$ 的定义域确定的. 而且, 这样的解有时不能由其通解中的任意常数取某个确定的数得到, 这时**方程的通解并不表示方程的所有解**, 这里需要特别说明.

例如, 应用变量分离法, 可得方程 $\frac{\mathrm{d}y}{\mathrm{d}x}=\frac{\sqrt{1-y^2}}{\sqrt{1-x^2}}$ 的通解 $\arcsin y=\arcsin x+C$, 即 $y=\sin(\arcsin x+C)$, 但是, $y=\pm 1\ (x\in(-1,1))$ 也是所给方程的解, 它们不包含在其通解中.

约定 在本书的前面或后面内容中出现的没特别说明的字母 $C, C_1, C_2, \cdots$ 都表示在一定范围上取任意实数值的常数.

例 1.4 求解方程 $\frac{\mathrm{d}y}{\mathrm{d}x}=\frac{y}{x}$.

解 当 $y\neq 0$ 时, 由分离变量法, 方程化为 $\frac{\mathrm{d}y}{y}=\frac{\mathrm{d}x}{x}$, 两端积分, 可得通积分

$$\ln|y|=\ln|x|+C_1 \quad 或 \quad \ln|y|=\ln|Cx|,$$

解出 y, 得所给方程通解 $y=Cx$. 另外, $y=0$ 也是所给方程的解, 在通解 $y=Cx$ 中, 由任意常数取零可以得到.

例 1.5 某厂房容积为 45m × 15m × 6m, 经测定空气中含有 0.2% 的 CO_2, 开动通风设备, 以 $360\mathrm{m}^3/\mathrm{s}$ 的速度输入含有 0.05%CO_2 的新鲜空气, 同时又排出同等数量的室内空气. 问 30min 后室内所含 CO_2 的百分比?

解 设在时刻 t, 车间内 CO_2 的百分比为 $x(t)\%$, 当时间经过 $\mathrm{d}t$ 之后, 室内 CO_2 的改变量为

$$45\times 15\times 6\times \mathrm{d}x\% = 360\times 0.05\%\times \mathrm{d}t-360\times x\%\times \mathrm{d}t.$$

于是, 有关系式

$$4050\mathrm{d}x=360(0.05-x)\mathrm{d}t \quad 或 \quad \mathrm{d}x=\frac{4}{45}(0.05-x)\mathrm{d}t,$$

初值条件为 $x(0)=0.2$, 使用分离变量法并积分, 可得

$$\int_{0.2}^{x}\frac{\mathrm{d}x}{0.05-x}=\int_0^t\frac{4}{45}\mathrm{d}t,$$

$$x=0.05+0.15\mathrm{e}^{-\frac{4}{45}t}.$$

以 $t=30\,\mathrm{min}=1800\mathrm{s}$ 代入上式, 得到 $x\approx 0.05$, 即开动通风设备 30 min 后, 室内的 CO_2 含量接近 0.05%, 基本上已是新鲜空气了.

1.2.2 方程 $M_1(x)N_1(y)\mathrm{d}x+M_2(x)N_2(y)\mathrm{d}y=0$ 解法

方程 (1.19) 与方程 (1.18) 的解法是类似的, 但需要强调的是: 在方程 (1.19) 中的 x 与 y 都可以被认为是自变量或函数, 也称 x 和 y 在方程中地位是 "平等" 的. 为此, 通过例题解析说明如下.

例 1.6 求解方程 $x\left(y^2-1\right)\mathrm{d}x+y\sqrt{x^2-1}\mathrm{d}y=0$.

解 当 $x\neq\pm1$, $y\neq\pm1$ 时, 原方程即 $\dfrac{x\mathrm{d}x}{\sqrt{x^2-1}}+\dfrac{y\mathrm{d}y}{y^2-1}=0$, 由积分可得

$$\int\frac{x\mathrm{d}x}{\sqrt{x^2-1}}+\int\frac{y\mathrm{d}y}{y^2-1}=C,$$

进而可得 $\sqrt{x^2-1}+\ln\left|y^2-1\right|=c$, 即 $\left(y^2-1\right)\mathrm{e}^{\sqrt{x^2-1}}=C$ 是所给方程的通解. 另外, 由代入验证知 $y=\pm1\,(x\in(-1,1))$, $x=\pm1\,(y\in\mathbf{R})$ 都是方程的常数解, 其中 $y=\pm1\,(x\in(-1,1))$ 包含在通解中, 由任意常数 C 取零可以得到; $x=\pm1\,(y\in\mathbf{R})$ 不包含在通解中, 无论 C 取何值都不能得到.

一般地, 方程 (1.19) 的通解由

$$\int\frac{N_2(y)}{N_1(y)}\mathrm{d}y+\int\frac{M_1(x)}{M_2(x)}\mathrm{d}x=C \tag{1.23}$$

给出, 若 $N_1(y_0)=0$ 或 $M_2(x_0)=0$, 则 $y=y_0$ 或 $x=x_0$ 是方程 (1.19) 的常数解.

1.3 齐次方程

1.3.1 齐次方程的解法

形如

$$\frac{\mathrm{d}y}{\mathrm{d}x}=g\left(\frac{y}{x}\right) \tag{1.24}$$

的方程称为**齐次方程**.

解 令 $u=\dfrac{y}{x}$, 则有 $\dfrac{\mathrm{d}y}{\mathrm{d}x}=u+x\dfrac{\mathrm{d}u}{\mathrm{d}x}$, 代入方程 (1.24) 得

$$\frac{\mathrm{d}u}{\mathrm{d}x}=\frac{g(u)-u}{x}, \tag{1.25}$$

它是一个变量可分离方程, 当 $g(u)-u\neq0$ 时, 分离变量并积分, 得到它的通积分为

$$\int\frac{\mathrm{d}u}{g(u)-u}=\int\frac{\mathrm{d}x}{x}+\ln|C_1|, \tag{1.26}$$

进而有 $C_1x=\mathrm{e}^{\int\frac{\mathrm{d}u}{g(u)-u}}$, 即 $x=C\mathrm{e}^{\varphi(u)}$, 其中 $\varphi(u)=\displaystyle\int\frac{\mathrm{d}u}{g(u)-u}$, $C=\dfrac{1}{C_1}$, 以 $u=\dfrac{y}{x}$ 代入, 可得到原方程 (1.24) 的通积分 $x=C\mathrm{e}^{\varphi\left(\frac{y}{x}\right)}$. 若存在常数 u_0, 使 $g(u_0)-u_0=0$, 则 $u=u_0$ 是 (1.25) 的解, 由 $u=\dfrac{y}{x}$, 得 $y=u_0x$ 也是原方程 (1.24) 的解.

例 1.7 求解方程 $x^2\dfrac{\mathrm{d}y}{\mathrm{d}x}=xy-y^2$.

解 原方程可写成齐次方程形式 $\dfrac{\mathrm{d}y}{\mathrm{d}x}=\dfrac{y}{x}-\left(\dfrac{y}{x}\right)^2$, 令 $y=xu$, 代入上式可得

$$x\frac{\mathrm{d}u}{\mathrm{d}x}=-u^2.$$

当 $u\neq 0$ 时, 分离变量得 $-\dfrac{\mathrm{d}u}{u^2}=\dfrac{\mathrm{d}x}{x}$, 两端积分后得 $u=\dfrac{1}{\ln|x|+C}$, 将 u 换成 $\dfrac{y}{x}$, 并解出 y, 可得到原方程的通解 $y=\dfrac{x}{\ln|x|+C}$; 当 $u=0$ 时, 有 $y=0$, 也是原方程的解.

例 1.8 (探照灯设计问题) 在平面解析几何中已经指出并证明了如下结论: 探照灯的反射面设计为旋转抛物面, 即将抛物线绕对称轴旋转一周所成的曲面. 若光源安装在抛物线的焦点处, 光线经镜面反射成为平行光线. 现在我们来说明具有这一性质的曲线只有抛物线.

解 见图 1.3, 由对称性, 只需考虑过旋转轴的一个平面的一侧平面中的轮廓线 l, 设旋转轴为 Ox, 光源放在原点 O 处, l 的方程为 $y=y(x)\,(>0)$, 由点 O 发出光线经反射后的光线平行于 Ox 轴. MT 是曲线 l 上点 $M(x,y)$ 处的切线, 由光的反射定律 (入射角等于反射角), 并结合三角公式, 可得

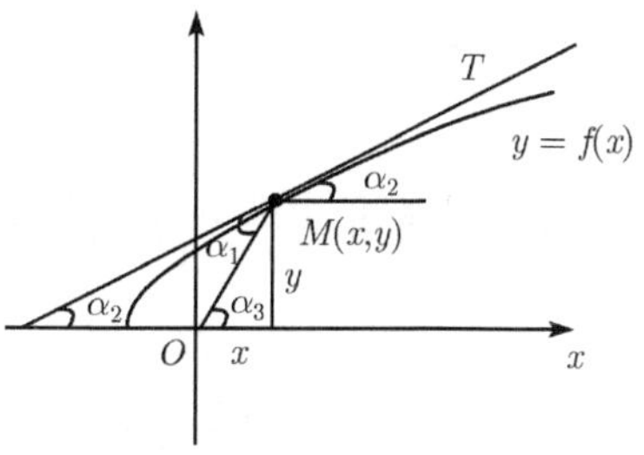

图 1.3

$$\tan\alpha_3=\tan(\alpha_1+\alpha_2)=\tan 2\alpha_2=\frac{2\tan\alpha_2}{1-\tan^2\alpha_2},$$

而且有 $\tan\alpha_2=y'\,(>0)\,,\tan\alpha_3=\dfrac{y}{x}$, 代入上式解出 y' 可得

$$y'=\sqrt{1+\left(\frac{x}{y}\right)^2}-\frac{x}{y},$$

这是一个齐次方程, 取变换 $u=\dfrac{y}{x}$ 去求解, 接着往下推导比较繁. 这里考虑其等价的 "倒数" 方程形式 $\dfrac{\mathrm{d}x}{\mathrm{d}y}=\left(\sqrt{1+\left(\dfrac{x}{y}\right)^2}-\dfrac{x}{y}\right)^{-1}$, 它是一个以 x 为未知函数的齐次方程, 取变换 $v=\dfrac{x}{y}$, 代入上式便得 $v+y\dfrac{\mathrm{d}v}{\mathrm{d}y}=\dfrac{1}{\sqrt{1+v^2}-v}=\sqrt{1+v^2}+v$, 分离变量, 有 $\dfrac{\mathrm{d}v}{\sqrt{1+v^2}}=\dfrac{\mathrm{d}y}{y}$, 积分可得 $\ln\left(v+\sqrt{1+v^2}\right)=\ln y+\ln|C|$, 将 $v=\dfrac{x}{y}$ 代入并整理可得 $\sqrt{x^2+y^2}=-x+\dfrac{y^2}{C}$, 即 $y^2=C(C+2x)=2C\left(x+\dfrac{C}{2}\right)$, 是以原点为焦点的抛物线.

附注　一般地, 对视 y 为未知函数的齐次方程使用变换 $u=\dfrac{y}{x}$, 或对视 x 为未知函数的齐次方程使用变换 $u=\dfrac{x}{y}$, 都可将其化为变量可分离方程.

1.3.2 准齐次方程的解法

形如

$$\frac{\mathrm{d}y}{\mathrm{d}x}=f\left(\frac{a_1x+b_1y+c_1}{a_2x+b_2y+c_2}\right) \tag{1.27}$$

的方程称为**准齐次方程**.

解　应用变换可将其化为齐次方程或变量可分离方程的类型.

(1) $c_1^2+c_2^2=0$ 时, (1.27) 即

$$y'=f\left(\frac{a_1x+b_1y}{a_2x+b_2y}\right)=f\left(\frac{a_1+b_1\dfrac{y}{x}}{a_2+b_2\dfrac{y}{x}}\right) \tag{1.28}$$

为齐次方程.

(2) $c_1^2+c_2^2\neq 0$, 也即 $c_1\neq 0$或$c_2\neq 0$ 时, 令 $x=\xi+\alpha,\ y=\eta+\beta$ 代入,(1.27) 就化成齐次方程

$$\frac{\mathrm{d}\eta}{\mathrm{d}\xi}=f\left(\frac{a_1\xi+b_1\eta+a_1\alpha+b_1\beta+c_1}{a_2\xi+b_2\eta+a_2\alpha+b_2\beta+c_2}\right).$$

如果 $\Delta=\begin{vmatrix} a_1 & b_1 \\ a_2 & b_2 \end{vmatrix}\neq 0$, 取 α,β 为代数方程组

$$\begin{cases} a_1x+b_1y+c_1=0, \\ a_2x+b_2y+c_2=0 \end{cases} \tag{1.29}$$

的解, 则可得 $\dfrac{\mathrm{d}\eta}{\mathrm{d}\xi}=f\left(\dfrac{a_1\xi+b_1\eta}{a_2\xi+b_2\eta}\right)$, 这是齐次方程 (1.24) 的形式.

如上的想法其实是受到解析几何中的坐标平移变换启发. 当 $\Delta\neq 0$ 时, 两条直线

$$a_1x+b_1y+c_1=0,\quad a_2x+b_2y+c_2=0$$

相交, 求出它们的交点 (α,β), 作坐标平移, 把坐标原点平移到 (α,β). 当然, 在变换 $x=\xi+\alpha,y=\eta+\beta$ 下有 $\dfrac{\mathrm{d}y}{\mathrm{d}x}=\dfrac{\mathrm{d}\eta}{\mathrm{d}\xi}$ 与之适应, 这也很关键.

如果 $\Delta=0$, 则 (1.29) 没有确定的解 (α,β), 上述方法不可行. 但此时, 方程 (1.27) 可转化为变量可分离方程求解. 事实上由 $\Delta=0$ 得 $a_1b_2=a_2b_1$ 成立, 可分情况讨论如下：

当 $a_2=b_2=0$ 时, 令 $z=a_1x+b_1y$,(1.27) 可化为变量可分离方程

$$\frac{\mathrm{d}z}{\mathrm{d}x}=a_1+f\left(\frac{z+c_1}{c_2}\right);$$

当 $a_2\neq 0,\ b_2=0$ 时, 必有 $b_1=0$, 此时 (1.27) 为变量可分离方程

$$\frac{\mathrm{d}y}{\mathrm{d}x}=f\left(\frac{a_1x+c_1}{a_2x+c_2}\right);$$

当 $a_2=0,b_2\neq 0$ 时, 必有 $a_1=0$, 此时 (1.27) 为变量可分离方程

$$\frac{\mathrm{d}y}{\mathrm{d}x}=f\left(\frac{b_1y+c_1}{b_2y+c_2}\right);$$

当 $a_2\neq 0$ 且 $b_2\neq 0$ 时, 有 $\dfrac{a_1}{a_2}=\dfrac{b_1}{b_2}=\lambda$, 于是 $a_1x+b_1y=\lambda(a_2x+b_2y)$, 令 $z=a_2x+b_2y$, 则方程 (1.27) 可化为以 z 为变量的变量可分离方程

$$\frac{\mathrm{d}z}{\mathrm{d}x}=a_2+b_2f\left(\frac{\lambda z+c_1}{z+c_2}\right).$$

例 1.9 求解方程 $\dfrac{\mathrm{d}y}{\mathrm{d}x}=\dfrac{x-y+1}{x+y-3}$.

解 因为 $\varDelta=\begin{vmatrix}1 & -1\\ 1 & 1\end{vmatrix}=2\neq 0$, 方程组 $\begin{cases}x-y+1=0,\\ x+y-3=0\end{cases}$ 有解: $x=1,y=2$. 令 $x=\xi+1,y=\eta+2$, 代入原方程并令 $u=\dfrac{\eta}{\xi}$, 有 $u+\xi\dfrac{\mathrm{d}u}{\mathrm{d}\xi}=\dfrac{1-u}{1+u}$.

当 $u^2+2u-1\neq 0$ 时, 整理得 $\dfrac{(1+u)\mathrm{d}u}{u^2+2u-1}=-\dfrac{\mathrm{d}\xi}{\xi}$, 积分得

$$\frac{1}{2}\ln\left|u^2+2u-1\right|=-\ln|\xi|+\frac{1}{2}\ln|C|,$$

即 $\xi^2\left(u^2+2u-1\right)=C$, 代回原变量, 得原方程的通积分

$$(y-2)^2+2(x-1)(y-2)-(x-1)^2=C.$$

当 $u^2+2u-1=0$ 时, 有 $u=-1\pm\sqrt{2}$, 代回原变量, 得知原方程还有两个解为

$$y=(-1+\sqrt{2})(x-1)+2,\quad y=(-1-\sqrt{2})(x-1)+2.$$

1.4 一阶线性微分方程与伯努利方程

1.4.1 一阶线性微分方程的解

一阶线性方程

$$\frac{\mathrm{d}y}{\mathrm{d}x}+p(x)y=f(x).\tag{1.30}$$

如果 $f(x)\equiv 0$, 则

$$\frac{\mathrm{d}y}{\mathrm{d}x}+p(x)y=0 \tag{1.31}$$

称为一阶**线性齐次方程**, 如果 $f(x)$ 不恒为零, 则称 (1.30) 为一阶**线性非齐次方程**.

先考虑线性齐次方程 (1.31), 这里 "齐次" 的含义与 1.3 节中的不同, 这里指的是在 (1.30) 中 "**自由项**" $f(x)\equiv 0$. 显然,(1.31) 是一个变量可分离方程, 由变量分离法, 易知它的通解是

$$y=C\mathrm{e}^{-\int p(x)\mathrm{d}x}. \tag{1.32}$$

现在利用**常数变易法**求线性非齐次方程 (1.30) 的解. 其想法是：当 C 为常数时, 函数 (1.32) 的导数等于该函数乘上 $-p(x)$, 故 (1.32) 是齐次方程 (1.31) 的解, 要求非齐次方程 (1.30) 的解, 则需要该函数的导数外还要有一个等于 $f(x)$ 的相加项, 联系到乘积导数的公式, 将 (1.32) 中的常数 C 变易为函数 $C(x)$, 即令

$$y=C(x)\mathrm{e}^{-\int p(x)\mathrm{d}x} \tag{1.33}$$

变换去求方程 (1.30) 的解. 将 (1.33) 代入 (1.30), 有

$$C'(x)\mathrm{e}^{-\int p(x)\mathrm{d}x}-p(x)C(x)\mathrm{e}^{-\int p(x)\mathrm{d}x}+p(x)C(x)\mathrm{e}^{-\int p(x)\mathrm{d}x}=f(x),$$

即 $C'(x)=f(x)\mathrm{e}^{\int p(x)\mathrm{d}x}$, 积分后得 $C(x)=\displaystyle\int f(x)\mathrm{e}^{\int p(x)\mathrm{d}x}\mathrm{d}x+C$, 将其代入 (1.33), 得到 (1.30) 的求解公式, 即通解公式为

$$y=C\mathrm{e}^{-\int p(x)\mathrm{d}x}+\mathrm{e}^{-\int p(x)\mathrm{d}x}\int f(x)\mathrm{e}^{\int p(x)\mathrm{d}x}\mathrm{d}x. \tag{1.34}$$

在求解具体的方程时, 建议使用常数变易法的诱导变换 $y=C(x)\,\mathrm{e}^{-\int p(x)\mathrm{d}x}$ 去求解, 可不记忆如上通解公式. 当然, 为了节省求解时间, 也可记住公式, 通过代入公式求解, 这种解法称为**公式法**.

例 1.10　求解方程

$$\frac{\mathrm{d}y}{\mathrm{d}x}=\frac{y}{x}+x^2.$$

解　这是线性非齐次方程, 由常数变易法, 取变换 $y=C(x)\,\mathrm{e}^{\int\frac{\mathrm{d}x}{x}}=C(x)\,x$, 代入上式有 $C'(x)x+C(x)=C(x)+x^2$, 即 $C'(x)=x$, 积分得 $C(x)=\dfrac{1}{2}x^2+C$, 代回变换后, 得所给方程的通解为 $y=Cx+\dfrac{1}{2}x^3$.

仔细分析方程 (1.30) 的通解公式 (1.34), 可以发现它由两项组成, 第一项是对应齐次方程的通解, 第二项是非齐次方程的一个特解 (它是通解中取 $C=0$ 对应的特解). 因此有如下结论：线性非齐次方程方程 (1.30) 的通解, 等于它所对应的齐次

方程 (1.31) 的通解与它的一个特解之和. 这是一个与高等代数中高阶线性代数方程或者线性方程组有点类似的性质, 被称为**线性方程的解的结构性质**.

求解初值问题

$$\begin{cases} \dfrac{\mathrm{d}y}{\mathrm{d}x}+p(x)y=f(x), \\ y(x_0)=y_0. \end{cases}$$

可采用**常数变易法的定积分形式**, 使用变换

$$y=C(x)\mathrm{e}^{-\int_{x_0}^{x}p(\tau)\mathrm{d}\tau}, \tag{1.35}$$

代入 (1.30) 并化简, 可得

$$C'(x)=f(x)\mathrm{e}^{\int_{x_0}^{x}p(\tau)\mathrm{d}\tau},$$

积分得 $C(x)=\displaystyle\int_{x_0}^{x}f(s)\mathrm{e}^{\int_{x_0}^{s}p(\tau)\mathrm{d}\tau}\mathrm{d}s+C$, 代入 (1.35) 得到

$$y=\mathrm{e}^{-\int_{x_0}^{x}p(\tau)\mathrm{d}\tau}\left(C+\int_{x_0}^{x}f(s)\mathrm{e}^{\int_{x_0}^{s}p(\tau)\mathrm{d}\tau}\mathrm{d}s\right),$$

将初值条件 $x=x_0, y=y_0$ 代入, 得到 $C=y_0$, 于是所求初值问题的解为

$$y=\mathrm{e}^{-\int_{x_0}^{x}p(\tau)\mathrm{d}\tau}\left(y_0+\int_{x_0}^{x}f(s)\mathrm{e}^{\int_{x_0}^{s}p(\tau)\mathrm{d}\tau}\mathrm{d}s\right), \tag{1.36}$$

即

$$y=y_0\mathrm{e}^{-\int_{x_0}^{x}p(\tau)\mathrm{d}\tau}+\mathrm{e}^{-\int_{x_0}^{x}p(\tau)\mathrm{d}\tau}\int_{x_0}^{x}f(s)\mathrm{e}^{\int_{x}^{s}p(\tau)\mathrm{d}\tau}\mathrm{d}s. \tag{1.37}$$

例 1.11 (电学问题) 设如图 1.4 的电路, 其中 $e=E_0\sin\omega t$ 为交流电源的电动势.当电流为 i 时. 电阻 R 两端的电压降为 Ri, 电感 L 两端的电压降 $L\dfrac{\mathrm{d}i}{\mathrm{d}t}$, L 为一常数.设时刻 $t=0$ 时, 电路的电流为 i_0, 求电流 i 与时间 t 的关系.

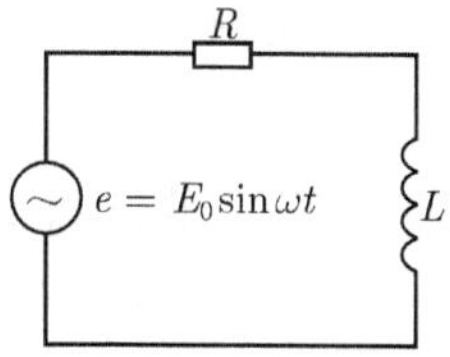

图 1.4

解 根据基尔霍夫 (Kirchhoff) 定律, 有如下的关系:

$$E_0\sin\omega t=Ri+L\frac{\mathrm{d}i}{\mathrm{d}t},$$

整理, 得到关于 i 的线性方程式 $\dfrac{\mathrm{d}i}{\mathrm{d}t}=-\dfrac{R}{L}i+\dfrac{E_0}{L}\sin\omega t$, 要求解初值问题

$$\begin{cases} \dfrac{\mathrm{d}i}{\mathrm{d}t}=-\dfrac{R}{L}i+\dfrac{E_0}{L}\sin\omega t, \\ i(0)=i_0. \end{cases}$$

所以, 由公式 (1.37), 有 $i(t)=i_0\mathrm{e}^{-\frac{R}{L}t}+\dfrac{E_0}{L}\mathrm{e}^{-\frac{R}{L}t}\displaystyle\int_0^t\mathrm{e}^{\frac{R}{L}s}\sin\omega s\mathrm{d}s$, 积分后得到

$$i(t)=\left(i_0+\frac{E_0L\omega}{R^2+L^2\omega^2}\right)\mathrm{e}^{-\frac{R}{L}t}+\frac{E_0}{R^2+L^2\omega^2}(R\sin\omega t-L\omega\cos\omega t),$$

因为 $R>0, L>0$, 故当时间 t 充分大时, 第一项趋于零, 只剩下第二项. 第二项经过化简后, 得到

$$i(t)=\frac{E_0}{\sqrt{R^2+L^2\omega^2}}\sin(\omega t-\varphi),$$

其中 $\varphi=\arcsin\dfrac{L\omega}{\sqrt{R^2+L^2\omega^2}}$.

公式 (1.36) 或 (1.37) 在研究某些一阶线性方程的解的性质时比较有用.

例 1.12 设函数 $f(x)$ 在 $[0,+\infty)$ 上连续且有界, 试证明: 方程 $\dfrac{\mathrm{d}y}{\mathrm{d}x}+y=f(x)$ 的所有解均在 $[0,+\infty)$ 上有界.

证明 设 $y=y(x)$ 为方程的任一解, 它满足初始值条件 $y(x_0)=y_0, x_0\in[0,+\infty)$, 于是, 由公式 (1.37), 它可以表示为 $y(x)=y_0\mathrm{e}^{-(x-x_0)}+\displaystyle\int_{x_0}^{x}f(s)\mathrm{e}^{s-x}\mathrm{d}s$, 只要证明 $y(x)$ 在 $[x_0,+\infty)$ 上有界即可. 因为 $|f(x)|\leqslant M, x\in[0,+\infty)$, 所以, 对于 $x\in[x_0,+\infty)$ 有

$$\begin{aligned}|y(x)|&\leqslant|y_0|\mathrm{e}^{-(x-x_0)}+\int_{x_0}^{x}|f(s)|\mathrm{e}^{s-x}\mathrm{d}s\leqslant|y_0|+M\mathrm{e}^{-x}\int_{x_0}^{x}\mathrm{e}^{s}\mathrm{d}s\\&=|y_0|+M(1-\mathrm{e}^{-(x-x_0)})\\&\leqslant|y_0|+M.\end{aligned}$$

证毕.

1.4.2 伯努利方程的解

形如

$$\frac{\mathrm{d}y}{\mathrm{d}x}+p(x)y=f(x)y^n,\quad n\neq 0,1 \tag{1.38}$$

的方程称为**伯努利**(Bernoulli)**方程**.

伯努利方程 (1.38) 是一种非线性的一阶微分方程, 经过适当的变量变换, 它可以化成一阶线性微分方程. 事实上, 在 (1.44) 两端除以 y^n, 得 $y^{-n}\dfrac{\mathrm{d}y}{\mathrm{d}x}+p(x)y^{1-n}=f(x)$, 即

$$\frac{1}{1-n}\frac{\mathrm{d}y^{1-n}}{\mathrm{d}x}+p(x)y^{1-n}=f(x),$$

令 $z=y^{1-n}$ 代入上式, 则有

$$\frac{1}{1-n}\frac{\mathrm{d}z}{\mathrm{d}x}+p(x)z=f(x),$$

这样, 就把 (1.38) 化成以 z 为未知函数的线性方程了.

伯努利方程 (1.38) 还可利用常数变易法求解. 使用变换 $y=C(x)\mathrm{e}^{-\int p(x)\mathrm{d}x}$ 去求解也很方便, 这里略去推导过程, 给出其通解公式如下:

$$y^{1-n}=\mathrm{e}^{-(1-n)\int p(x)\mathrm{d}x}\left(C+(1-n)\int q(x)\,\mathrm{e}^{(1-n)\int p(x)\mathrm{d}x}\mathrm{d}x\right). \tag{1.39}$$

另外, 从原方程可看出,$n>0$ 时, $y=0$ 也是方程的解, 而且它不能由如上通解公式给出.

例 1.13 解方程 $\dfrac{\mathrm{d}y}{\mathrm{d}x}=6\dfrac{y}{x}-xy^2$.

解 应用公式 (1.39) 即可给出 $y^{1-2}=\mathrm{e}^{(1-2)\int\frac{6}{x}\mathrm{d}x}\left(C-(1-2)\displaystyle\int x\mathrm{e}^{-(1-2)\int\frac{6}{x}\mathrm{d}x}\mathrm{d}x\right)$, 即

$$\frac{1}{y}=\frac{1}{x^6}\left(C+\int x^7\mathrm{d}x\right).$$

所以, 原方程有通解 $\dfrac{x^6}{y}-\dfrac{x^8}{8}=C$ 及常数解 $y=0$.

1.5 全微分方程及积分因子

1.5.1 全微分方程

若微分形式的一阶方程 (1.10)

$$M(x,y)\mathrm{d}x+N(x,y)\mathrm{d}y=0$$

的左端恰好是某个二元函数 $U(x,y)$ 的全微分, 即

$$\mathrm{d}U(x,y)=M(x,y)\mathrm{d}x+N(x,y)\mathrm{d}y, \tag{1.40}$$

则称 (1.10) 为**全微分方程**, 或者**恰当方程**. $U(x,y)$ 也称为方程 (1.10) 的**原函数**.

例如, 方程 $x\mathrm{d}x+y\mathrm{d}y=0$ 是一个全微分方程, 因为它的左端是二元函数 $U(x,y)=\dfrac{1}{2}(x^2+y^2)$ 的全微分.

如何求解全微分方程呢? 再看方程 $x\mathrm{d}x+y\mathrm{d}y=0$, 由于它的左端是二元函数 $\dfrac{x^2+y^2}{2}$ 的全微分, 故此方程也即 $\mathrm{d}\left(\dfrac{x^2+y^2}{2}\right)=0$, 若 $y=y(x)$ 是 (1.47) 的解, 则有恒等式 $\mathrm{d}\left(\dfrac{x^2+y^2(x)}{2}\right)\equiv 0$, 所以, 此处方程的解, 是通积分形式 $x^2+y^2=C$.

一般地, 有如下定理:

定理 1.1 设 $U(x,y)$ 是 (1.10) 的一个原函数, 则全微分方程 (1.10) 的通积分为

$$U(x,y)=C. \tag{1.41}$$

证明 先证 (1.10) 的任意解 $y=y(x)$ 均满足方程 (1.41), 因为 $y=y(x)$ 是 (1.10) 的解, 故有恒等式

$$M(x,y(x))\mathrm{d}x+N(x,y(x))\mathrm{d}y(x)\equiv 0,$$

因为 $U(x,y)$ 为 (1.10) 的原函数, 所以, 有 $\mathrm{d}U(x,y(x))\equiv 0$, 从而

$$U(x,y(x))\equiv C \quad (C\text{为一常数}),$$

这表明, $y=y(x)$ 满足 (1.41).

再证明 (1.41) 所确定的任意隐函数 $y=y(x)$ 均为 (1.10) 的解, 因为 $y=y(x)$ 是由 (1.49) 所确定的隐函数, 所以存在常数 C, 使 $U(x,y(x))\equiv C$, 将其两边微分并应用 $U(x,y)$ 是 (1.46) 的原函数的性质, 即有

$$\mathrm{d}U(x,y(x))\equiv M(x,y(x))\mathrm{d}x+N(x,y(x))\mathrm{d}y(x)\equiv 0,$$

所以, $y(x)$ 是方程 (1.10) 的解. 证毕.

根据上述定理 1.1, 当 (1.10) 为全微分方程时, 只需求出它的一个原函数 $U(x,y)$, 就可以给出它的通积分为 $U(x,y)=C$.

全微分方程有很具体的物理意义, 现设在 xOy 平面上有一力场

$$\boldsymbol{F}=M(x,y)\boldsymbol{i}+N(x,y)\boldsymbol{j}.$$

考虑求这样的曲线 $C:C(x,y)=0$, 它与力场处处垂直, 即处处有

$$\frac{\mathrm{d}y}{\mathrm{d}x}=-\frac{M(x,y)}{N(x,y)}$$

或 (1.10):

$$M(x,y)\mathrm{d}x+N(x,y)\mathrm{d}y=0,$$

于是, 问题就转化为求解如上形式的方程. 若力场存在**位势函数**$V(x,y)$, 满足

$$\mathrm{d}V(x,y)=M(x,y)\mathrm{d}x+N(x,y)\mathrm{d}y,$$

则此时 (1.10) 就是全微分方程, 它的通积分为 $V(x,y)=C$. 由这式子所确定的曲线是力场的**等位线**. 沿着等位线, 力场是不做功的, 因而必须处处与力场垂直.

下面介绍两种求原函数的方法.

1. *凑全微分方法*

在某些简单情形下, 可以通过观察方程 (1.10), 考虑所谓的**凑全微分方法**, 也简称**凑微法**, 直接求出它的一个原函数, 从而也就得到它的通积分. 这里要求熟记一些常见的二元函数的全微分公式, 如下几个全微分公式是比较有用的:

$$\mathrm{d}(xy)=y\mathrm{d}x+x\mathrm{d}y,\quad \mathrm{d}\left(\frac{y}{x}\right)=\frac{x\mathrm{d}y-y\mathrm{d}x}{x^2},\quad \mathrm{d}\left(\frac{x}{y}\right)=\frac{y\mathrm{d}x-x\mathrm{d}y}{y^2},$$

$$\mathrm{d}\left(\ln\frac{x}{y}\right)=\frac{y\mathrm{d}x-x\mathrm{d}y}{xy},\quad \mathrm{d}\left(\arctan\frac{x}{y}\right)=\frac{y\mathrm{d}x-x\mathrm{d}y}{x^2+y^2},\quad \mathrm{d}(\ln(x^2+y^2))=2\frac{x\mathrm{d}x+y\mathrm{d}y}{x^2+y^2}.$$

例 1.14 求解微分方程 $x\mathrm{d}x+\dfrac{(x+y)\mathrm{d}x-(x-y)\mathrm{d}y}{x^2+y^2}=0.$

解 观察微分方程的左端, 有

$$\begin{aligned}x\mathrm{d}x+\frac{(x+y)\mathrm{d}x-(x-y)\mathrm{d}y}{x^2+y^2}&=x\mathrm{d}x+\frac{x\mathrm{d}x+y\mathrm{d}y}{x^2+y^2}+\frac{y\mathrm{d}x-x\mathrm{d}y}{x^2+y^2}\\&=\mathrm{d}\left(\frac{x^2}{2}\right)+\mathrm{d}\left(\frac{1}{2}\ln(x^2+y^2)\right)+\mathrm{d}\left(\arctan\frac{x}{y}\right)\\&=\mathrm{d}\left(\frac{x^2}{2}+\frac{1}{2}\ln(x^2+y^2)+\arctan\frac{x}{y}\right),\end{aligned}$$

于是, 原方程的解为通积分 $\dfrac{x^2}{2}+\dfrac{1}{2}\ln(x^2+y^2)+\arctan\dfrac{x}{y}=C.$

2. 一般方法

定理 1.2 设方程 (1.10) 中的 $M(x,y)$,$N(x,y)$ 在矩形区域

$$R\,(|x-x_0|\leqslant a,|y-y_0|\leqslant b)$$

上连续可微, 则方程 (1.10) 是全微分方程的充要条件是: 在 R 上有

$$\frac{\partial M}{\partial y}\equiv\frac{\partial N}{\partial x}.\tag{1.42}$$

证明 必要性. 设 (1.10) 是全微分方程, 则存在原函数 $U(x,y)$, 使得

$$\mathrm{d}U(x,y)=M(x,y)\mathrm{d}x+N(x,y)\mathrm{d}y=\frac{\partial U}{\partial x}\mathrm{d}x+\frac{\partial U}{\partial y}\mathrm{d}y,$$

所以

$$\frac{\partial U}{\partial x}=M(x,y),\quad \frac{\partial U}{\partial y}=N(x,y).$$

将以上两式分别对 y 和 x 求偏导数, 得到

$$\frac{\partial^2 U}{\partial x\partial y}=\frac{\partial M(x,y)}{\partial y},\quad \frac{\partial^2 U}{\partial y\partial x}=\frac{\partial N(x,y)}{\partial x},$$

因为 M,N 连续可微, 所以 $\dfrac{\partial^2 U}{\partial x\partial y}=\dfrac{\partial^2 U}{\partial y\partial x}$, 即 (1.42) 成立.

充分性. 设 (1.42) 在区域 R 内成立, 现在求一个二元函数 $U(x,y)$, 使它满足

$$\mathrm{d}U(x,y)=M(x,y)\mathrm{d}x+N(x,y)\mathrm{d}y,$$

即

$$\frac{\partial U}{\partial x}=M(x,y),\quad \frac{\partial U}{\partial y}=N(x,y),$$

所以, 由上第一个等式得

$$U(x,y)=\int_{x_0}^{x}M(x,y)\mathrm{d}x+\varphi(y),$$

其中 $\varphi(y)$ 为 y 的任意可微函数, 要求满足 $\frac{\partial U}{\partial y}=N(x,y)$, 必须使所取的 $\varphi(y)$ 满足

$$\frac{\partial U}{\partial y}=\frac{\partial}{\partial y}\int_{x_0}^{x}M(x,y)\mathrm{d}x+\varphi'(y)=N(x,y),$$

由参变量积分的性质和条件 (1.42), 上式即为 $\int_{x_0}^{x}\frac{\partial N(x,y)}{\partial x}\mathrm{d}x+\varphi'(y)=N(x,y)$ 或

$$N(x,y)-N(x_0,y)+\varphi'(y)=N(x,y).$$

从而可知应取, $\varphi'(y)=N(x_0,y)$, 积分后得到

$$\varphi(y)=\int_{y_0}^{y}N(x_0,y)\mathrm{d}y+C_1,$$

取 $C_1=0$, 得

$$U(x,y)=\int_{x_0}^{x}M(x,y)\mathrm{d}x+\int_{y_0}^{y}N(x_0,y)\mathrm{d}y \tag{1.43}$$

是全微分方程 (1.10) 的一个原函数,

$$\int_{x_0}^{x}M(x,y)\mathrm{d}x+\int_{y_0}^{y}N(x_0,y)\mathrm{d}y=C \tag{1.44}$$

是全微分方程 (1.10) 的通积分. 证毕.

附注 (1) 应用对称性, (1.43)、(1.44) 的如下对称式:

$$U(x,y)=\int_{x_0}^{x}M(x,y_0)\mathrm{d}x+\int_{y_0}^{y}N(x,y)\mathrm{d}y, \tag{1.45}$$

$$\int_{x_0}^{x}M(x,y_0)\mathrm{d}x+\int_{y_0}^{y}N(x,y)\mathrm{d}y=C \tag{1.46}$$

也分别是全微分方程 (1.10) 的原函数和通积分.

(2) 定理 1.2 不但给出了判断方程 (1.10) 为全微分方程的充要条件, 而且证明中指明: 当判别式 (1.42) 成立时, 可由式 (1.43) 或者 (1.45) 给出方程 (1.10) 的原函数, 式 (1.44) 或 (1.46) 给出方程 (1.10) 的通积分.

例 1.15 求解方程 $e^x(2x+x^2+y^2)y\mathrm{d}x+e^x(x^2+3y^2)\mathrm{d}y=0$.

解 因为 $\dfrac{\partial M}{\partial y}=e^x(2x+x^2+3y^2)=\dfrac{\partial N}{\partial x}$, 所以, 原方程是一个全微分方程, 取 $x_0=0, y_0=0$(不一定非这样选取不可, 这样选取只是为了简单, (x_0,y_0) 只需满足关系 $\dfrac{\mathrm{d}M}{\mathrm{d}x}=\dfrac{\mathrm{d}N}{\mathrm{d}y}$ 便可), 应用 (1.46) 可得其通解为

$$\int_0^y e^x(x^2+3y^2)\mathrm{d}y=C,$$

即 $ye^x(x^2+y^2)=C$.

附注 例 1.15 中选用 (1.46) 比应用 (1.44) 的情况更为简明.

求全微分方程 (1.10) 满足初值条件 $y(x_0)=y_0$ 的解, 以 $x=x_0$, $y=y_0$ 代入 (1.44) 或 (1.46), 可定出 $C=0$. 因此, 全微分方程 (1.10) 满足初始条件 $y(x_0)=y_0$ 的初值问题的解可由如下方程确定：

$$\int_{x_0}^x M(x,y)\mathrm{d}x+\int_{y_0}^y N(x_0,y)\mathrm{d}y=0, \tag{1.47}$$

$$\int_{x_0}^x M(x,y_0)\mathrm{d}x+\int_{y_0}^y N(x,y)\mathrm{d}y=0. \tag{1.48}$$

例 1.16 求解初值问题 $\begin{cases} xy\mathrm{d}x+\dfrac{(x^2+y)}{2}\mathrm{d}y=0, \\ y(0)=2. \end{cases}$

解 因为 $\dfrac{\partial M}{\partial y}=x=\dfrac{\partial N}{\partial x}$, 所以原方程是全微分方程. 应用公式 (1.47) 可由

$$\int_0^x xy\mathrm{d}x+\frac{1}{2}\int_2^y y\mathrm{d}y=0, \quad 即 \quad \frac{1}{2}x^2y+\frac{1}{4}(y^2-4)=0. \tag{1.49}$$

解出 y, 得到解为 $y=-x^2+\sqrt{x^4+4}$.

附注 例 1.16 中, 方程的积分 (1.49) 确定的函数 $y=-x^2-\sqrt{x^4+4}$ 不是所求初值问题的解.

1.5.2 积分因子

以上介绍了全微分方程的判定和公式求解. 但是, 通常方程 (1.10) 未必是全微分方程. 例如, 下面的方程:

$$(2x+x^2+y^2)y\mathrm{d}x+(x^2+3y^2)\mathrm{d}y=0$$

就不是全微分方程, 因为 $\dfrac{\partial M}{\partial y}=2x+x^2+3y^3\neq 2x=\dfrac{\partial N}{\partial x}$. 但是, 如将上面这个方程两端同乘以 e^x, 那么得到的方程就是如例 1.15 所给的全微分方程. 由此可以

引出下面的积分因子方法.

假如存在连续可微函数 $\mu(x,y)\neq 0$, 使得方程

$$\mu(x,y)M(x,y)\mathrm{d}x+\mu(x,y)N(x,y)\mathrm{d}y=0 \tag{1.50}$$

成为全微分方程, 则称 $\mu(x,y)$ 是方程 (1.10) 的一个**积分因子**.

因为 $\mu(x,y)\neq 0$ 时, 方程 (1.10) 与 (1.56) 同解. 于是, 当 $\mu(x,y)$ 是积分因子时, 在求解 (1.10) 时, 只需用全微分方程解法去求解 (1.50). 关键的问题是如何求得合适的积分因子 $\mu(x,y)$. 下面就来研究求积分因子 $\mu(x,y)$ 的方法.

方程 (1.50) 是全微分方程的充要条件为 $\dfrac{\partial(\mu M)}{\partial y}=\dfrac{\partial(\mu N)}{\partial x}$, 展开并整理即得

$$N\frac{\partial\mu}{\partial x}-M\frac{\partial\mu}{\partial y}=\left(\frac{\partial M}{\partial y}-\frac{\partial N}{\partial x}\right)\mu, \tag{1.51}$$

这是一个偏微分方程, 一般情况下是不易求解的. 不过, 对于某些特殊情况,(1.51) 的求解问题还是比较容易的, 这里给出几种特殊积分因子的求法.

定理 1.3　设函数 $M(x,y)$, $N(x,y)$, $\varphi(x,y)$ 都在矩形区域

$$R\,(|x-x_0|\leqslant a, |y-y_0|\leqslant b)$$

上连续可微, 则方程 (1.10) 具有形如 $\mu=\mu(\varphi(x,y))$ 的积分因子的充要条件是

$$\frac{M_y-N_x}{N\varphi_x-M\varphi_y}=g(\varphi(x,y)), \tag{1.52}$$

即 $\dfrac{M_y-N_x}{N\varphi_x-M\varphi_y}$ 仅为 $\varphi(x,y)$ 的函数. 此时,$\mu=\mathrm{e}^{G(\varphi(x,y))}$ 是方程 (1.10) 的积分因子, 其中 $G\,(u)=\displaystyle\int g\,(u)\,\mathrm{d}u$.

证明　必要性. 若方程 (1.10) 具有形如 $\mu=\mu(\varphi(x,y))$ 的积分因子, 则 (1.51) 成为

$$(N\varphi_x-M\varphi_y)\mu'=(M_y-N_x)\mu,$$

即

$$\frac{M_y-N_x}{N\varphi_x-M\varphi_y}=\frac{\mu'(\varphi)}{\mu(\varphi)},$$

亦即 (1.52) 仅为 $\varphi(x,y)$ 的函数.

充分性. 若 (1.52) 仅为 $\varphi(x,y)$ 的函数, 则由计算知 $\mu=\mathrm{e}^{G(\varphi(x,y))}$ 是方程 (1.51) 的解, 即方程 (1.10) 具有形如 $\mu=\mu(\varphi(x,y))$ 的积分因子. 证毕.

在 $\varphi(x,y)$ 分别取特殊的 x 或 y 时, 可以给出如下两个推论.

推论 1.1 方程 (1.10) 存在只与 x 有关的积分因子 $\mu(x)$ 的充要条件是

$$\frac{1}{N}\left(\frac{\partial M}{\partial y}-\frac{\partial N}{\partial x}\right)=\varphi(x), \tag{1.53}$$

即 $\frac{1}{N}\left(\frac{\partial M}{\partial y}-\frac{\partial N}{\partial x}\right)$ 只与 x 有关 (不含 y), 且此时有

$$\mu(x)=\mathrm{e}^{\int\varphi(x)\mathrm{d}x}. \tag{1.54}$$

推论 1.2 方程 (1.10) 存在只与 y 有关的积分因子 $\mu(y)$ 的充要条件是

$$-\frac{1}{M}\left(\frac{\partial M}{\partial y}-\frac{\partial N}{\partial x}\right)=\varphi(y), \tag{1.55}$$

即 $\frac{1}{M}\left(\frac{\partial M}{\partial y}-\frac{\partial N}{\partial x}\right)$ 只与 y 有关 (不含 x), 且此时有

$$\mu(y)=\mathrm{e}^{\int\varphi(y)\mathrm{d}y}. \tag{1.56}$$

例 1.17 求解方程 $(2x+x^2+y^2)y\mathrm{d}x+(x^2+3y^2)\mathrm{d}y=0$.

解 因为 $\frac{\partial M}{\partial y}=2x+x^2+3y^2,\frac{\partial N}{\partial x}=2x$ 可导出

$$\frac{\dfrac{\partial M}{\partial y}-\dfrac{\partial N}{\partial x}}{N}=1,$$

不含 y. 所以, 原方程有积分因子 $\mu(x)=\mathrm{e}^{\int\mathrm{d}x}=\mathrm{e}^x$, 与例 1.15 给出的全微分方程同解,

$$y\mathrm{e}^x(x^2+y^2)=C.$$

当一个微分形式的方程被发现有一个确定的积分因子后, 考虑其等价的全微分方程求解时, 最好不要急着用公式法, 应先试用凑全微分方法, 如例 1.17 就有等价的全微分方程

$$\mathrm{e}^x(2x+x^2+y^2)y\mathrm{d}x+\mathrm{e}^x(x^2+3y^2)\mathrm{d}y=0,$$

即

$$\mathrm{e}^x(x^2+2x)y\mathrm{d}x+\mathrm{e}^xy^3\mathrm{d}x+\mathrm{e}^xx^2\mathrm{d}y+3y\mathrm{e}^{x2}\mathrm{d}y=0,$$

亦即 $\mathrm{d}\left(\mathrm{e}^xx^2y\right)+\mathrm{d}\left(\mathrm{e}^xy^3\right)=0$, 进而可给出方程的通积分为 $\mathrm{e}^x(x^2+y^2)y=C$.

例 1.18 试用积分因子方法求解线性方程 (1.30):

$$y'+p(x)y=f(x).$$

解 考虑与原方程等价的微分形式方程 $(p(x)y - f(x))\mathrm{d}x + \mathrm{d}y = 0$, 有

$$\frac{M_y - N_x}{N} = p(x),$$

积分因子$\mu(x) = \mathrm{e}^{\int p(x)\mathrm{d}x}$, 以 $\mathrm{e}^{\int p(x)\mathrm{d}x}$ 去乘 (1.30) 有 $y'\mathrm{e}^{\int p(x)\mathrm{d}x} + p(x)\mathrm{e}^{\int p(x)\mathrm{d}x}y = f(x)\mathrm{e}^{\int p(x)\mathrm{d}x}$, 即

$$(y\mathrm{e}^{\int p(x)\mathrm{d}x})' = f(x)\mathrm{e}^{\int p(x)\mathrm{d}x} \quad 或 \quad y\mathrm{e}^{\int p(x)\mathrm{d}x} = \int f(x)\mathrm{e}^{\int p(x)\mathrm{d}x}\mathrm{d}x + C.$$

所以, 方程 (1.30) 的求解公式为

$$y = \mathrm{e}^{-\int p(x)\mathrm{d}x}\left(\int f(x)\mathrm{e}^{\int p(x)\mathrm{d}x}\mathrm{d}x + C\right).$$

1.6 一阶隐式微分方程

本节主要介绍解隐式方程 (1.8) 即

$$F(x, y, y') = 0$$

在 y' 不能方便解出时的如下一些特殊情况的初等积分法:

(1) 可解出 y 的方程 $y = f(x, y')$;

(2) 可解出 x 的方程 $x = f(y, y')$;

(3) 不含 y 的方程 $F(x, y') = 0$;

(4) 不含 x 的方程 $F(y, y') = 0$,

这里, 假定函数 f, F 都具有连续的偏导数.

1.6.1 方程 $y = f(x, y')$ 的解法

设 $y' = p$(参变数), 则

$$y = f(x, p). \tag{1.57}$$

式 (1.57) 两边对 x 求导, 并代入 $y' = p$, 可得

$$p = f_x + f_p\frac{\mathrm{d}p}{\mathrm{d}x}, \tag{1.58}$$

它是一个以 x 为自变量, 能方便解出导数 p' 的一阶方程, 我们可考虑应用前几节介绍的方法对其进行研究. 若 (1.58) 能求出通解为

$$p = \varphi(x, C),$$

将上式代入 (1.57), 得到

$$y = f(x, \varphi(x, C)),$$

就是 $y=f(x,y')$ 的通解.

附注 当从方程 (1.58) 中解出 $p=\varphi(x,C)$ 时, 只要将其代入式 (1.57), 就得到 (1.57) 的通解了. 这时就不要再将 p 当作 y' 去积分来求 y. 这是因为 x,y,$y'=p$ 要求满足的方程也即 (1.57).

若 (1.58) 能求出通解为

$$x=\varphi(p,C),$$

则将上式与 (1.57) 联立, 得

$$\begin{cases} x=\phi(p,C), \\ y=f(x,p). \end{cases}$$

这就是 $y=f(x,y')$ 的以 p 为参数的通解.

若 (1.58) 能求出通解

$$\varphi(x,p,C)=0,$$

则将上式与 (1.57) 联立得 $y=f(x,y')$ 的以 p 为参数的通解为

$$\begin{cases} \varphi(x,p,C)=0, \\ y=f(x,p). \end{cases}$$

例 1.19 求解方程 $y=y'-xy'+\frac{1}{2}x^2$.

解 令 $y'=p$, 则

$$y=p^2-xp+\frac{1}{2}x^2, \tag{1.59}$$

式 (1.59) 两边对 x 求导, 代入 $y'=p$ 并整理可得

$$(2p-x)\frac{\mathrm{d}p}{\mathrm{d}x}-(2p-x)=0,$$

上式又可化为 $(2p-x)\left(\frac{\mathrm{d}p}{\mathrm{d}x}-1\right)=0$. 所以, 由 $2p-x=0$, 得 $p=\frac{x}{2}$, 代入 (1.59), 得原程的一个特解 $y=\frac{x^2}{4}$, 由 $\frac{\mathrm{d}p}{\mathrm{d}x}-1=0$, 解得 $p=x+C$, 代入 (1.59), 得原方程的通解 $y=\frac{1}{2}x^2+Cx+C^2$.

例 1.20 求解方程

$$y=xy'+\varphi(y'), \tag{1.60}$$

其中假定 φ 是已知的二次可微函数.

解 令 $y'=p$, 则

$$y=xp+\varphi(p), \tag{1.61}$$

式 (1.61) 两边对 x 求导, 代入 $y' = p$ 并整理可得 $(x+\varphi'(p))\,p' = 0$. 所以, 由 $\dfrac{\mathrm{d}p}{\mathrm{d}x} = 0$, 得 $p = C$, 代入 (1.61), 得原方程通解为

$$y = Cx + \varphi(C), \tag{1.62}$$

由于 $\varphi''(p) \neq 0$, 再由 $x + \varphi'(p) = 0$ 解得隐函数 $p = p(x)$, 代入 (1.61), 得到原方程的一个特解为

$$y = xp(x) + \varphi(p(x)). \tag{1.63}$$

方程 (1.61) 称为**克莱罗**(Clairaut)**方程**. 由式 (1.62) 可知, 它的通解恰好是在方程 (1.60) 中用 C 取代 y' 而成的, 而特解 (1.63) 由 $x + \varphi'(p) = 0$ 解出 $p = p(x)$, 并用 $p = p(x)$ 取代 (1.60) 中 y' 而成. **如果要找一条曲线,使得它的每一切线都具有某种性质,而这性质只与切线相关,与切点无关,则这曲线所满足的方程一定是克莱罗方程**. 这是因为, 曲线的切线方程可表示为

$$Y - y = y'\,(X - x), \quad \text{即} \quad Y = y'X + (y - xy'),$$

其中 (x, y) 表示切点, (X, Y) 表示切线上的动点. 于是, 这样的切线的性质都可以用 y' 与 $y - xy'$ 的关系式表示为 $f\,(y', y - xy') = 0$, 由此可以解出 $y - xy'$, 因而得到克莱罗方程 (1.60).

1.6.2 方程 $x = f(y, y')$ 的解法

设 $y' = p($ 参变数), 则

$$x = f(y, p), \tag{1.64}$$

式 (1.64) 两边对 x 求导并代入 $y' = p$, 可得

$$1 = f_y p + f_p \frac{\mathrm{d}p}{\mathrm{d}x},$$

注意到 $\dfrac{\mathrm{d}p}{\mathrm{d}x} = \dfrac{\mathrm{d}p}{\mathrm{d}y}\dfrac{\mathrm{d}y}{\mathrm{d}x} = p\dfrac{\mathrm{d}p}{\mathrm{d}y}$, 上式可写成

$$f_y p + f_p p \frac{\mathrm{d}p}{\mathrm{d}y} = 1, \tag{1.65}$$

它是一个以 y 为自变量, 能方便解出导数 p' 的一阶方程, 可以考虑应用前面几节中所介绍的方法对其进行研究.

若 (1.65) 能求出通解 $p = \varphi\,(y, C)$, 将其代入 (1.64), 得到 $x = f(y, \varphi\,(y, C))$ 是 $x = f(y, y')$ 的通积分.

若 (1.65) 能求出通解 $y=\varphi(p,C)$, 将其与 (1.64) 联立得 $\begin{cases} x=f(y,p), \\ y=\varphi(p,C) \end{cases}$ 就是 $x=f(y,y')$ 的以 p 为参数的通解.

若 (1.65) 能求出通解 $\varphi(y,p,C)=0$, 将其与 (1.64) 联立得 $\begin{cases} \varphi(y,p,C)=0, \\ x=f(y,p) \end{cases}$ 就是 $x=f(y,y')$ 的以 p 为参数的通解.

1.6.3 方程 $F(x,y')=0$ 的解法

从几何上看,$F(x,y')=0$ 表示 (x,y') 平面上的曲线, 可以把这曲线表示为适当的参数形式

$$\begin{cases} x=\varphi(t), \\ y'=\psi(t), \end{cases} \tag{1.66}$$

其中 t 是参数, 当然有

$$F(\varphi(t),\psi(t))=0 \tag{1.67}$$

成立.

现在来介绍求 $F(x,y')=0$ 的参数形式解.

由基本关系式 $\mathrm{d}y=y'\mathrm{d}x$, 把 (1.66) 代入后, 得 $\mathrm{d}y=\psi(t)\dot{\varphi}(t)\mathrm{d}t$, 由积分得到

$$y=\int\psi(t)\dot{\varphi}(t)\mathrm{d}t+C,$$

于是, 上式与 $x=\varphi(t)$ 联立得

$$\begin{cases} x=\varphi(t), \\ y=\displaystyle\int\psi(t)\dot{\varphi}(t)\mathrm{d}t+C, \end{cases} \tag{1.68}$$

它是方程 $F(x,y')=0$ 的参数形式的通解. 通过验证可知, 将 (1.68) 代入 $F(x,y')=0$ 得到 (1.67), 这说明 (1.68) 确实是方程的参数形式通解.

例 1.21 求解方程 $x\sqrt{1+y'^2}=y'$.

解 令 $y'=\tan t\left(|t|<\dfrac{\pi}{2}\right)$, 代入原方程可得 $x=\sin t$, 原方程的参数形式为

$$\begin{cases} x=\sin t, \\ y'=\tan t. \end{cases}$$

代入 $\mathrm{d}y=y'\mathrm{d}x$, 又有 $\mathrm{d}y=\tan t\cdot\cos t\mathrm{d}t=\sin\mathrm{d}t$, 积分得到 $y=-\cos t+C$. 从而原方程的参数形式通解为 $\begin{cases} x=\sin t, \\ y=-\cos t+C, \end{cases}$ 这里可以方便地消去参数 t, 得到原方程的通积分为 $x^2+(y-C)^2=1$.

例 1.22　求解方程 $x^3+(y')^3-3xy'=0$.

解　令 $y'=tx$ 代入原方程可得 $x=\dfrac{3t}{1+t^3}$, 进而有 $y'=\dfrac{3t^2}{1+t^3}$, 于是有

$$\mathrm{d}y=\frac{9(1-2t^3)t^2}{(1+t^3)^3}\mathrm{d}t,$$

由积分可得 $y=\displaystyle\int\frac{9(1-2t^3)t^2}{(1+t^3)^3}\mathrm{d}t=\frac{3}{2}\frac{1+4t^3}{(1+t^3)^2}+C$. 所以, 原方程有参数形式通解

$$\begin{cases} x=\dfrac{3t}{1+t^3}, \\ y=\dfrac{3}{2}\dfrac{1+4t^3}{(1+t^3)^2}+C. \end{cases}$$

1.6.4　方程 $F(y,y')=0$ 的解法

与上面情况类似, 设 $F(y,y')=0$ 有参数形式

$$\begin{cases} y=\varphi(t), \\ y'=\psi(t). \end{cases} \tag{1.69}$$

由基本关系式 $\mathrm{d}y=y'\mathrm{d}x$, 把 (1.69) 代入后, 得 $\dot{\varphi}(t)\mathrm{d}t=\psi(t)\mathrm{d}x$, 也即 $\mathrm{d}x=\dfrac{\dot{\varphi}(t)\mathrm{d}t}{\psi(t)}$, 由其积分, 得 $x=\displaystyle\int\frac{\dot{\varphi}(t)}{\psi(t)}\mathrm{d}t+C$. 于是, 将其与 $y=\varphi(t)$ 联立, 得到方程 $F(y,y')=0$ 的参数形式通解为

$$\begin{cases} x=\displaystyle\int\frac{\dot{\varphi}(t)}{\psi(t)}\mathrm{d}t+C, \\ y=\varphi(t). \end{cases}$$

例 1.23　求解方程 $y^2(y'-1)=(2-y')^2$.

解　令 $2-y'=yt$ 与原方程联立可解得 $y=\dfrac{1}{t}+t$ 且 $y'=1-t^2$. 于是,$y'\neq 0$ 时由 $\mathrm{d}y=y'\mathrm{d}x$ 得 $\mathrm{d}x=\dfrac{\mathrm{d}y}{y'}=-\dfrac{1}{t^2}\mathrm{d}t$, 进而可得 $x=\dfrac{1}{t}+C$. 所以, 原方程有参数形式的通解 $\begin{cases} x=\dfrac{1}{t}+C, \\ y=\dfrac{1}{t}+t, \end{cases}$ 消去参数得显式通解为 $y=x+\dfrac{1}{x-C}-C$. 另外,$y'=0$ 时, 代入原方程可知 $y=\pm 2$, 也是方程的解.

1.7　几种可降阶的高阶方程

本节要介绍三种高阶方程的解法, 这些解法的基本思想就是把高阶方程通过某些变换降为较低阶方程加以求解, 所以称为 “降阶法”.

1.7.1 方程 $F(x,y^{(k)},y^{(k+1)},\cdots,y^{(n)})=0$ 的解法

方程

$$F(x,y^{(k)},y^{(k+1)},\cdots,y^{(n)})=0,\quad k\geqslant 1,\tag{1.70}$$

只要令 $y^{(k)}=z$, 代入 (1.70) 中就化成

$$F(x,z,z',\cdots,z^{(n-k)})=0.\tag{1.71}$$

如果 (1.71) 能求出通解 $z=z(x,C_1,\cdots,C_{n-k})$, 则 $y^{(k)}=z(x,C_1,\cdots,C_{n-k})$, 对其积分 k 次, 就可以求出 y. 注意每积分一次, 要产生一个独立的任意常数.

例 1.24 求解方程 $\dfrac{\mathrm{d}^5y}{\mathrm{d}x^5}-\dfrac{1}{x}\dfrac{\mathrm{d}^4y}{\mathrm{d}x^4}=0$.

解 令 $z=\dfrac{\mathrm{d}^4y}{\mathrm{d}x^4}$, 则有 $\dfrac{\mathrm{d}z}{\mathrm{d}x}-\dfrac{z}{x}=0,z=Cx$, 从而 $\dfrac{\mathrm{d}^4y}{\mathrm{d}x^4}=Cx$, 积分可得到原方程的通解为

$$y=C_1x^5+C_2x^3+C_3x^2+C_4x+C_5.$$

例 1.25 (悬链线方程) 如图 1.5 所示, 有一完全柔软的质量均匀线条, 悬挂在 A,B 两点, 在重力作用下处于平衡状态, 试求这曲线的方程 $y=y(x)$. 这是数学历史上的一个名题, 最初在 1690 年由詹姆斯 伯努利提出来. 有人, 如伽利略 (Galileo) 曾猜想这是条双曲线. 但后来发现不对, 最后由约翰 伯努利解决了. 莱布尼茨 (Leibniz) 把它命名为悬链线, 它在工程中应用很广泛.

解 设 ρ 是悬链线单位长度所受到的重力, $T(x)$ 表示曲线在点 $P(x,y)$ 处的张力, 在曲线上任取一小段 $\widetilde{PQ}$, 长为 Δs, 点 Q 的横坐标为 $x+\Delta x$, 由平衡条件在水平方向有 $T(x)\cos(\theta(x))=T(x+\Delta x)\cos(\theta(x+\Delta x))$, 其中 θ 为曲线切线与 Ox 轴的夹角.

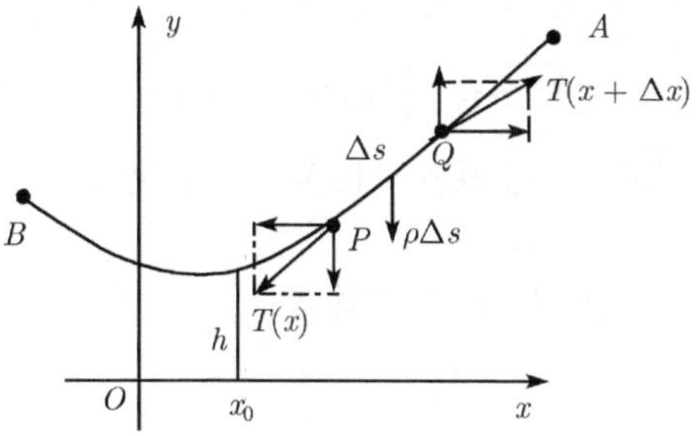

图 1.5

于是, 在悬链线上任意点, 其水平张力为常数, 即

$$T(x)\cos(\theta(x))=H(\text{常量}).$$

再看 $\widetilde{PQ}$ 在垂直方向上的平衡条件, 得

$$H\tan\theta(x+\Delta x)=H\tan\theta(x)+\rho\Delta s.$$

又注意到 $y'(x)=\tan\theta(x)$, 进而有

$$y'(x+\Delta x)-y'(x)=\frac{\rho}{H}\Delta s,$$

$$y''=\lim_{\Delta x\to 0}\frac{y'(x+\Delta x)-y'(x)}{\Delta x}=\frac{\rho}{H}\lim_{\Delta x\to 0}\frac{\Delta s}{\Delta x}=\frac{\rho}{H}\sqrt{1+y'^2},$$

即悬链线所满足的方程为 $y''=\dfrac{\rho}{H}\sqrt{1+y'^2}$, 使用变换 $y'=z$ 求解, 可得方程的通解为

$$y=\frac{H}{\rho}\mathrm{ch}\frac{\rho(x-C_1)}{H}+C_2,$$

设悬链线最低点的横坐标为 x_0, 纵坐标为 h, 则有初始条件 $y(x_0)=h$, $y'(x_0)=0$. 将其代入通解可得 $C_1=x_0$, $C_2=h-\dfrac{H}{\rho}$. 所以, 悬链线曲线方程为

$$y=y=\frac{H}{\rho}\mathrm{ch}\frac{\rho(x-x_0)}{H}+h-\frac{H}{\rho}.$$

悬链线在高压线架设中常用到. 设两等高铁塔间的距离为 $2l$, 垂直高度为 f, 试求导线中的水平张力 H, 如图 1.6 建立坐标系, 则导线方程为

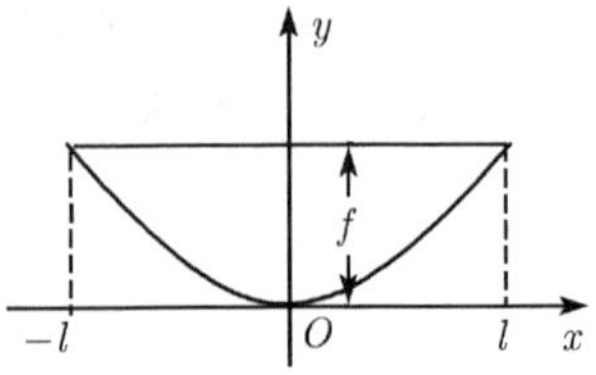

图 1.6

$$y=\frac{H}{\rho}\mathrm{ch}\frac{\rho x}{H}-\frac{H}{\rho}.$$

因为 $y(l)=f$, 故有 $f=\dfrac{H}{\rho}\mathrm{ch}\dfrac{\rho l}{H}-\dfrac{H}{\rho}$ 或 $\mathrm{ch}\dfrac{\rho l}{H}=\dfrac{\rho f}{H}+1$, 令 $u=\dfrac{\rho l}{H}$ 后可得 $\mathrm{ch}u=\dfrac{f}{l}u+1$, 这是一个超越方程, 其近似解可设为 u_0, 于是有 $H\approx\dfrac{\rho l}{u_0}$.

1.7.2　方程 $F(y,y',\cdots,y^{(n)})=0$ 的解法

方程

$$F(y,y',\cdots,y^{(n)})=0 \tag{1.72}$$

的特点是不显含自变量 x. 这时, 总可以利用代换 $y'=p$, 使方程降低一阶. 以二阶方程

$$F(y,y',y'')=0$$

为例, 令 $y'=p$, 于是有 $y''=\frac{\mathrm{d}p}{\mathrm{d}x}=\frac{\mathrm{d}p}{\mathrm{d}y}\frac{\mathrm{d}y}{\mathrm{d}x}=p\frac{\mathrm{d}p}{\mathrm{d}y}$, 代入原方程就有

$$F\left(y,p,\frac{\mathrm{d}p}{\mathrm{d}y}\right)=0,$$

这是一个关于未知函数 p 的一阶方程. 如果由它可求得 $p=\varphi(y,C)$, 则有 $y'=\varphi(y,C)$, 是一个关于 x,y 的变量可分离方程, 可求得通积分.

例 1.26 求解方程 $y''+y=0$.

解 令 $y'=p$, 则 $y''=p\frac{\mathrm{d}p}{\mathrm{d}y}$ 代入原方程得 $p\frac{\mathrm{d}p}{\mathrm{d}y}+y=0$ 或 $p\mathrm{d}p+y\mathrm{d}y=0$, 由积分可得

$$p^2=C_1^2-y^2 \quad 或 \frac{\mathrm{d}y}{\mathrm{d}x}=\pm\sqrt{C_1^2-y^2},$$

进而有

$$\frac{\mathrm{d}y}{\sqrt{C_1^2-y^2}}=\pm\mathrm{d}x,$$

对上式积分后得

$$\arcsin\frac{y}{C_1}=C_2\pm x,$$

于是有 $y=C_1\sin(C_2\pm x)$ 或 $y=\overline{C_1}\sin x+\overline{C_2}\cos x$ 为要求方程的通解.

例 1.27 求解方程 $\frac{y''}{(1+y'^2)^{3/2}}=\frac{1}{R}$.

解 令 $y'=\tan t\left(|t|<\frac{\pi}{2}\right)$, 则 $y''=\frac{\mathrm{d}y'}{\mathrm{d}t}\frac{\mathrm{d}t}{\mathrm{d}x}=\frac{1}{\cos^2 t}\frac{\mathrm{d}t}{\mathrm{d}x}$, 原方程即为

$$\frac{\mathrm{d}x}{\mathrm{d}t}=R\cos t,\quad x=R\sin t+c_1,$$

而且, 由 $\mathrm{d}y=y'\mathrm{d}x$ 可得

$$\mathrm{d}y=(\tan t)R\cos t\mathrm{d}t=R\sin t\mathrm{d}t,\quad y=-R\cos t+c_2,$$

所以, 原方程的参数形式的解为

$$\begin{cases} x=R\sin t+c_1,\\ y=-R\cos t+c_2,\end{cases}$$

即以 c_1,c_2 为参数的圆 $(x-c_1)^2+(y-c_2)^2=R^2$.

如果回想到数学分析中曲线的曲率公式 $k=\frac{|y''|}{(1+y'^2)^{3/2}}$, 那么此处的例子说明: **给定曲线的曲率$k$为常数时, 其曲线一定是圆**.

例 1.28 从船上向海中沉放某种探测仪器, 按探测要求, 需确定仪器的下沉深 y(从海平面算起) 与下沉速度 v 之间的函数关系. 设仪器在重力作用下, 从海

平面由静止开始铅直下沉, 在下沉过程中还受到阻力和浮力的作用. 设仪器的质量为 m, 体积为 B, 海水密度为 ρ, 仪器所受的阻力与下沉速度成正比, 比例系数为 $k\,(k>0)$. 试建立 y 与 v 所满足的微分方程, 并求出函数关系式 $y=y\,(x)$.

解　取沉放点为原点 O, Oy 轴正向为铅直向下, 则由牛顿第二运动定律得

$$m\frac{\mathrm{d}^2y}{\mathrm{d}t^2}=mg-B\rho-kv,$$

其中 $v=\dfrac{\mathrm{d}y}{\mathrm{d}t}$, 注意到 $\dfrac{\mathrm{d}^2y}{\mathrm{d}t^2}=\dfrac{\mathrm{d}v}{\mathrm{d}y}\dfrac{\mathrm{d}y}{\mathrm{d}t}=v\dfrac{\mathrm{d}v}{\mathrm{d}y}$, 上述方程即变量可分离方程:

$$mv\frac{\mathrm{d}v}{\mathrm{d}y}=mg-B\rho-kv,$$

进一步可得

$$y=-\frac{m}{y}v-\frac{m\,(mg-B\rho)}{k^2}\ln\,(mg-B\rho-kv)+C.$$

再将初始条件 $v\,|_{y=0}=0$ 代入上式, 可得

$$C=\frac{m\,(mg-B\rho)}{k^2}\ln\,(mg-B\rho)\,,$$

所以函数为

$$y=-\frac{m}{y}v-\frac{m\,(mg-B\rho)}{k^2}\ln\frac{mg-B\rho-kv}{mg-B\rho}.$$

1.7.3　方程 $F(x,y,y',\cdots,y^{(n)})=0$ 的解法

方程

$$F(x,y,y',\cdots,y^{(n)})=0. \tag{1.73}$$

若存在函数 $\varPhi(x,y,y',\cdots,y^{(n-1)})$ 满足 $\dfrac{\mathrm{d}}{\mathrm{d}x}\varPhi(x,y,y',\cdots,y^{(n-1)})=F(x,y,y',\cdots,y^{(n)})$, 则 (1.73) 为**恰当导数方程**, 其解法与全微分方程的解法相类似, 它可降低一阶, 化为

$$\varPhi(x,y,y',\cdots,y^{(n-1)})=C$$

之后去求解这个方程.

例 1.29　求解方程 $yy''+y'^2=0$.

解　可将方程写成 $(yy')'=0$, 故有 $yy'=C_1$ 也即 $(y^2)'=2C_1$ 积分后即得通解

$$y^2=2C_1x+C_2.$$

这一段的解法技巧较高, 其中的关键问题是配导数.

1.8 可积方程研究

前面几节介绍了几种可积类型的方程. 19 世纪中叶以前的数学家们曾企图应用初等积分法解决当时遇到的一切常微分方程. 然而, 对一些形式简单的方程, 如**里卡蒂**(Riccati)**方程**$y' = x^2 + y^2$ 长期不能得到求解, 这与代数学中曾企图应用根式求解一切次数的代数方程的情况非常类似. 直到 1841 年, 法国数学家刘维尔 (Liouville) 证明了里卡蒂方程

$$y' = p(x)\,y^2 + q(x)\,y + r(x), \quad p(x) \neq 0. \tag{1.74}$$

除了个别特殊类型外, 一般是不可能用初等积分法求解的. 注意到, 在使用变换

$$u = \mathrm{e}^{-\int yp(x)\mathrm{d}x}$$

时, 可将 (1.74) 化为线性微分方程

$$pu'' - (p' + pq)u' + p^2ru = 0,$$

这还说明, **二阶线性方程一般是不能用初等积分法求解的**. 因此, 用初等积分法求解微分方程很是有局限的.

但是, 很多实际问题与理论问题又迫切地希望求解方程, 或者即使不求出方程解也要能够了解给定方程的解的某些性质. 于是, 在初等积分法的基础上就发展起来了近似解法, 以及极为深刻的微分方程的定性与稳定性理论. 当然, 时至今日, 人们从未停止过寻找可积类型微分方程的研究工作.

1.8.1 能使用变换 $y = \varphi(x)u$ 求解的一阶方程

我们已经知道: 齐次方程的解法是使用变换 $y = xu$, 一阶线性方程和伯努利方程都可以使用变换 $y = C(x)\,\mathrm{e}^{-\int p(x)\mathrm{d}x}$ 而得到方便地求解. 这里通过使用变换 $y = \varphi(x)\,u$($\varphi(x)$ 是已知可微函数) 去研究 (1.9)

$$y' = f(x, y)$$

的一些可积分情况.

现在, 将变换 $y = \varphi(x)\,u$ 代入方程 (1.9) 得

$$\varphi'(x)\,u + \varphi(x)\,u' = f(x, \varphi(x)\,u).$$

应用前面几节的结果, 考虑一些特殊情况, 可得到下面一些结果:

(1) $\dfrac{f(x,\varphi(x)u)-\varphi'(x)u}{\varphi(x)}=\bar{g}(x)h(u)$, 即方程

$$y'=g(x)h\left(\frac{y}{\varphi(x)}\right)+\frac{\varphi'(x)}{\varphi(x)}y, \tag{1.75}$$

使用变换 $y=\varphi(x)u$, 可化为变量可分离的方程 $\varphi(x)u'=g(x)h(u)$, 它是可积方程.

特别地, 通过使用变换 $y=x^{\alpha}u$, 方程

$$y'=g(x)h\left(\frac{y}{x^{\alpha}}\right)+\alpha\frac{y}{x} \tag{1.76}$$

可化为变量可分离方程 $x^{\alpha}u'=g(x)h(u)$.

注意到 $x^{\alpha-1}g\left(\dfrac{y}{x^{\alpha}}\right)=x^{\alpha-1}\left(g\left(\dfrac{y}{x^{\alpha}}\right)-\alpha\dfrac{y}{x^{\alpha}}\right)+\alpha\dfrac{y}{x}$, 更特别的情况是, 方程

$$y'=x^{\alpha-1}g\left(\frac{y}{x^{\alpha}}\right), \tag{1.77}$$

使用变换 $y=x^{\alpha}u$, 可以化为变量可分离方程 $xu'=g(u)-\alpha u$(当 $\alpha=1$ 时, 它是经典的齐次微分方程).

例 1.30 求解方程 $y'=\mathrm{e}^{x}\cos(xy)-\dfrac{y}{x}$.

解 原方程为 (1.76) 对应 $\alpha=-1$ 的情况, 使用变换 $y=\dfrac{u}{x}$ 可化为变量可分离方程 $u'=x\mathrm{e}^{x}\cos u$, 进而有 $\displaystyle\int\frac{\mathrm{d}u}{\cos u}=\int x\mathrm{e}^{x}\mathrm{d}x+C$,$\ln|\sec u-\tan u|=\mathrm{e}^{x}(x-1)+C$, 这就是所给方程的通积分解.

(2) $\dfrac{f(x,\varphi(x)u)-\varphi'(x)u}{\varphi(x)}=\dfrac{1}{g(u)x+h(u)x^{\beta}}$, 即方程

$$y'=\frac{\varphi(x)}{xg\left(\dfrac{y}{\varphi(x)}\right)+x^{\beta}h\left(\dfrac{y}{\varphi(x)}\right)}+\frac{\varphi'(x)}{\varphi(x)}y \tag{1.78}$$

或

$$\left(xg\left(\frac{y}{\varphi(x)}\right)+x^{\beta}h\left(\frac{y}{\varphi(x)}\right)\right)y'=\varphi(x)+\frac{\varphi'(x)}{\varphi(x)}\left(\varphi\left(\frac{y}{\varphi(x)}\right)+x^{\beta-1}g\left(\frac{y}{\varphi(x)}\right)\right)xy, \tag{1.79}$$

使用变换 $y=\varphi(x)u$, 可化为伯努利方程 $\dfrac{\mathrm{d}x}{\mathrm{d}u}=g(u)x+h(u)x^{\beta}$, 它是可积方程.

特别地, 方程

$$y'=\frac{x^{\alpha}}{xg\left(\dfrac{y}{x^{\alpha}}\right)+x^{\beta}h\left(\dfrac{y}{x^{\alpha}}\right)}+\alpha\frac{y}{x} \tag{1.80}$$

或

$$\left(xg\left(\frac{y}{x^{\alpha}}\right)+x^{\beta}h\left(\frac{y}{x^{\alpha}}\right)\right)y'=x^{\alpha}+\alpha y\left(g\left(\frac{y}{x^{\alpha}}\right)+x^{\beta-1}h\left(\frac{y}{x^{\alpha}}\right)\right), \tag{1.81}$$

使用变换 $y=x^{\alpha}u$, 可化为伯努利方程 $\dfrac{\mathrm{d}x}{\mathrm{d}u}=g(u)x+h(u)x^{\beta}$.

例 1.31 求解方程 $y'=\dfrac{1}{x^2(\cos(xy)+x^2y)}-\dfrac{y}{x}$.

解 原方程为 (1.80) 对应 $\alpha=-1,\beta=2,g(u)=\cos u,h(u)=u$ 的情况, 使用变换 $y=\dfrac{u}{x}$ 可得伯努利方程 $\dfrac{\mathrm{d}x}{\mathrm{d}u}=x\cos u+x^2u$. 所以, 原方程的解可通过解此伯努利方程给出 (后续过程略, 请读者补充完成).

(3) $\dfrac{f(x,\varphi(x)u)-\varphi'(x)u}{\varphi(x)}=\dfrac{1}{p(u)x^2+q(u)x+r(u)}$, 即方程

$$y'=\frac{\varphi(x)}{p\left(\dfrac{y}{\varphi(x)}\right)x^2+q\left(\dfrac{y}{\varphi(x)}\right)x+r\left(\dfrac{y}{\varphi(x)}\right)}+\frac{\varphi'(x)}{\varphi(x)}y, \tag{1.82}$$

使用变换 $y=\varphi(x)u$ 可化为里卡蒂方程 $\dfrac{\mathrm{d}x}{\mathrm{d}u}=p(u)x^2+q(u)x+r(u)$.

特别地, 方程

$$y'=\frac{x^{\alpha}}{p\left(\dfrac{y}{x^{\alpha}}\right)x^2+q\left(\dfrac{y}{x^{\alpha}}\right)x+r\left(\dfrac{y}{x^{\alpha}}\right)}+\alpha\frac{y}{x}, \tag{1.83}$$

使用变换 $y=x^{\alpha}u$ 可化为里卡蒂方程 $\dfrac{\mathrm{d}x}{\mathrm{d}u}=p(u)x^2+q(u)x+r(u)$.

例 1.32 求解方程 $y'=\dfrac{1}{x(ax^2+bx+c)}-\dfrac{y}{x}$.

解 原方程为 (1.83) 对应$\alpha=-1$, $p(u)=a$, $q(u)=b$, $r(u)=c$ 的情况, 使用变换 $y=\dfrac{u}{x}$ 可得一特殊的里卡蒂方程 $\dfrac{\mathrm{d}x}{\mathrm{d}u}=ax^2+bx+c$—— 变量可分离 (后续过程略).

其实, 这里所给的方程, 通过简单化简后, 得 $xy'+y=\dfrac{1}{ax^2+bx+c}$, 即

$$\frac{\mathrm{d}(xy)}{\mathrm{d}x}=\frac{1}{ax^2+bx+c},$$

这与上面所得的结果一致.

附注 (1) 当 $\dfrac{f(x,\varphi(x)u)-\varphi'(x)u}{\varphi(x)}=\bar{g}(x)u+\bar{h}(x)u^{\beta}$, 即

$$f(x,y)=g(x)y+h(x)y^{\beta}$$

时, 方程 $y'=f(x,y)$ 是伯努利方程, 使用变换 $y=\varphi(x)u$ 无效, 应该直接考虑求解伯努利方程的方法.

(2) 当 $\dfrac{f(x,\varphi(x)u)-\varphi'(x)u}{\varphi(x)}=\bar{p}(x)u^2+\bar{q}(x)u+\bar{r}(x)$, 即

$$f(x,y)=p(x)y^2+q(x)y+r(x)$$

时, 方程 $y'=f(x,y)$ 是里卡蒂方程, 使用变换 $y=\varphi(x)u$ 也无效, 应该考虑求解里卡蒂方程的另外方法.

下面再给出方程 (1.75) 和 (1.78) 的两个特例, 它们都是可以使用变换 $y=u\mathrm{e}^{\int p(x)\mathrm{d}x}$ 求解的可积方程.

$$y'=p(x)y+g(x)h\left(y\mathrm{e}^{-\int p(x)\mathrm{d}x}\right),$$

$$y'=p(x)y+\frac{\mathrm{e}^{\int p(x)\mathrm{d}x}}{xg\left(y\mathrm{e}^{-\int p(x)\mathrm{d}x}\right)+x^{\beta}h\left(y\mathrm{e}^{-\int p(x)\mathrm{d}x}\right)}.$$

1.8.2 几个特殊的可积里卡蒂方程

这里给出几个特殊的可积里卡蒂方程的结果如下 (证明略):

(1) 如果已知里卡蒂方程 (1.74) 的一个特解 $y=\varphi(x)$, 则使用变换 $y=u+\varphi(x)$ 可将其转化成以 u 为未知函数的伯努利方程

$$u'=p(x)u^2+(2p(x)\varphi(x)+q(x))u$$

去求解; 使用变换 $y=u+\dfrac{1}{\varphi(x)}$ 可将其转化成以 u 为未知函数的线性方程

$$u'+q(x)u=p(x)+2\varphi(x)$$

去求解.

(2) 形如

$$y'=\frac{g(x)}{\varphi(x)}y^2+\frac{\varphi'(x)}{\varphi(x)}y+kg(x)\varphi(x)$$

的里卡蒂方程, 使用变换 $y=\varphi(x)u$, 可转化为可积方程 $u'=g(x)\left(u^2+k\right)$ 去求解, 其中 k 为常数.

附注 这里取 $\varphi(x)=\mathrm{e}^{\int q(x)\mathrm{d}x}$ 的特例, 便给出文献 (朱祥翠等, 2007) 建立了的结果: 里卡蒂方程中若系数函数满足 $\dfrac{r(x)}{p(x)}=k\mathrm{e}^{2\int q(x)\mathrm{d}x}$($k$ 为常数), 则应用变换 $y=u\mathrm{e}^{\int q(x)\mathrm{d}x}$ 可转化为可积方程 $u'=p(x)\mathrm{e}^{\int q(x)\mathrm{d}x}\left(u^2+k\right)$ 求解.

(3) 形如

$$y'=\frac{1}{(\lambda x+\mu x^{\beta})\varphi(x)}y^2+\frac{\varphi'(x)}{\varphi(x)}y+\frac{\varphi(x)}{(\lambda x+\mu x^{\beta})}$$

的里卡蒂方程, 使用变换 $y=\varphi(x)u$, 可转化为可积方程 $\dfrac{\mathrm{d}x}{\mathrm{d}u}=\dfrac{1}{u^2+1}(\lambda x+\mu x^{\beta})$, 其中 λ,μ,β 均为常数.

附注 (1) 这里关于可积方程研究, 其实是前面研究过的变量可分离方程、齐次方程、线性方程、伯努利方程的解法应用, 其主要内容来源于文献 (赵奎奇, 2009);

(2) 里卡蒂方程不仅在数学方面说明有许多不可积方程存在, 而且在现代控制理论中已找到了它的有意义应用;

(3) 关于可积方程类型包括里卡蒂方程为可积类型的情况研究, 在文献 (卡姆克, 1980) 中有许多丰富的结果.

习 题 1

1. $y(x)=2\mathrm{e}^{-x}+x\mathrm{e}^{-x}$ 是方程 $y''+2y'+y=0$ 的一个解吗? ____.

2. 方程 $y^{(3)}+xy'+y=2\mathrm{e}^x$, $(y'')^3+5(y')^4-y^5+x^7=0$ 的阶数分别为________.

3. 方程 $\dfrac{\mathrm{d}y}{\mathrm{d}x}=2x$ 的通解为________, 过点 (1.4) 的特积分为________, 与直线 $y=2x+3$ 相切的解积分曲线为__________, 满足条件 $\int_0^1 y\mathrm{d}x=2$ 的特解为______.

4. 形如 $y'=p(x)y+q(x)$ 的方程称为____________方程, 当 $p(x),q(x)$ 是连续函数时, 它的通解公式由常数变易法, 使用变换________可以导出.

5. 齐次方程 $y'=\dfrac{x-y}{x+y}$, 使用变换________可化为变量可分离方程.

6. 设函数 $M(x,y),N(x,y)$ 连续可微, 一阶方程 $M(x,y)\mathrm{d}x+N(x,y)\mathrm{d}y=0$ 为全微分方程的充要条件是______, 而且, 是全微分方程时, 求其通积分的公式是________________.

7. 方程 $(y-1-xy)\mathrm{d}x+x\mathrm{d}y=0$ 具有的积分因子为____________.

8. 方程 $xy'=y\ln y$ 的通解为____________.

9. 里卡蒂方程的一般形式为________________.

10. 由牛顿冷却定律知道, 物体在空气中的冷却速度与物体和空气的温差成正比. 如果物体在 20 分钟内由 100°C 冷至 60°C, 那么, 在多长时间内, 这个物体的温度达到 30°C, 假设空气的温度为 20°C.

11. 设对任意 $x>0$, 曲线 $y=f(x)$ 上点 $(x,f(x))$ 处的切线在 y 轴上的截距等于 $\dfrac{1}{x}\int_0^x f(t)\mathrm{d}t$, 求 $f(x)$ 的一般表达式.

12. 求解方程 $(xy^2+x)\mathrm{d}x+(y-x^2y)\mathrm{d}y=0$.

13. 求解方程 $y^2y'+\mathrm{e}^{y^3+x}=0$.

14. 求方程 $\dfrac{\mathrm{d}y}{\mathrm{d}x}+\cos\dfrac{1}{2}(x-y)=\cos\left(\dfrac{x+y}{2}\right)$ 满足 $y(0)=\pi$ 的特解.

15. 求解方程 $y\ln x\mathrm{d}x-x\ln y\mathrm{d}y=0$.

16. 已知函数 $y=y(x)$ 在任意点 x 处的增量 $\Delta y=\dfrac{y\Delta x}{1+x^2}+\alpha$, 且当 $\Delta x\to 0$ 时, α 是 Δx 的高阶无穷小, $y(0)=\pi$, 求 $y(1)$.

17. 求解方程 $(1+x^2)\mathrm{d}y+x(1+y)\mathrm{d}x=0$.

18. 求方程 $xy\dfrac{\mathrm{d}y}{\mathrm{d}x}=x^2+y^2$ 满足条件 $y|_{x=\mathrm{e}}=2\mathrm{e}$ 的特解.

19. 求解方程 $\dfrac{\mathrm{d}y}{\mathrm{d}x}=\dfrac{y-\sqrt{x^2+y^2}}{x}$.

20. 求解方程 $\left(x-y\cos\dfrac{y}{x}\right)\mathrm{d}x+x\cos\dfrac{y}{x}\mathrm{d}y=0$.

21. 求解方程 $\dfrac{\mathrm{d}y}{\mathrm{d}x}=\dfrac{1}{x-y}+1$.

22. 求解方程 $\dfrac{\mathrm{d}y}{\mathrm{d}x}+x^3(y-x)^2=1$.

23. 求解方程 $y'=\cos(x+y+1)$.

24. 求解方程 $\dfrac{\mathrm{d}y}{\mathrm{d}x}=\dfrac{x-y+1}{x+y-3}$.

25. 求解方程 $(x-y+2)\mathrm{d}x+(x-y+3)\mathrm{d}y=0$.

26. 求解方程 $(x-2\sin y+3)\mathrm{d}x-(2x-4\sin y-3)\cos\mathrm{d}y=0$.

27. 求解方程 $x+y\dfrac{\mathrm{d}y}{\mathrm{d}x}=(\tan x)\left(\sqrt{x^2+y^2}-1\right)$.

28. 求解方程 $\dfrac{\mathrm{d}y}{\mathrm{d}x}=\dfrac{y}{2x}+\dfrac{1}{2y}\tan\dfrac{y^2}{x}$.

29. 求解方程 $(y+xy^2)\mathrm{d}x+(x-x^2y)\mathrm{d}y=0$.

30. 求解方程 $(y^4-3x^2)\mathrm{d}y+xy\mathrm{d}x=0$.

31. 求解方程 $2y+(x^2y+1)xy'=0$.

32. 求解方程 $(x^2-y^2-2y)\mathrm{d}x+(x^2+2x-y^2)\mathrm{d}y=0$.

33. 求解方程

$$\left(y+\sqrt{y^2+x^2}+(y^2-x^2)\sin a-2xy\cos a\right)y'$$
$$+x\sqrt{y^2+x^2}+2xy\sin a+(y^2-x^2)\cos a=0\quad(a\text{为常数}).$$

34. 求解方程 $\dfrac{\mathrm{d}y}{\mathrm{d}x}-y\cot x=2x\sin x$.

35. 求解方程 $x\mathrm{d}y=(y+x^3\mathrm{e}^x)\mathrm{d}x$.

36. 求方程 $xy'+y=3$满足$y(1)=0$ 的特解.

37. 求解方程 $y\cos x\mathrm{d}x+(2y-\sin x)\mathrm{d}y=0$.

38. 求解方程 $y'-1=\mathrm{e}^{x+2y}$.

39. 求解方程 $3y'-y\sec x=y^4\tan x$.

40. 求解方程 $(y^4-3x^2)\mathrm{d}y+xy\mathrm{d}x=0$.

41. 求解方程 $y'=1-x(y-x)-x^3(y-x)^2$.

42. 求解方程 $\dfrac{\mathrm{d}y}{\mathrm{d}x}=4x-4+\dfrac{3}{x}y-\dfrac{y^2}{x}$.

43. 求解方程 $(x^2y^2-2)\mathrm{d}x-x^2\mathrm{d}y=0$.

44. 求解方程 $(x^2-1)y'+y^2-2xy+1=0$.

45. 证明 $y^2\mathrm{d}x+2xy\mathrm{d}y=0$ 是恰当方程, 并求其解.

46. 证明 $(xy\cos xy+\sin xy)\mathrm{d}x+(x^2\cos xy+\mathrm{e}^y)\mathrm{d}y=0$ 是恰当方程, 并求其解.

47. 求解方程 $(x+y+1)\mathrm{d}x+(x-y^2+3)\mathrm{d}y=0$.

48. 求解方程 $\left(1+\mathrm{e}^{\frac{x}{y}}\right)\mathrm{d}x+\mathrm{e}^{\frac{x}{y}}\left(1-\dfrac{x}{y}\right)\mathrm{d}y=0$.

49. 求解方程 $(x^3-3xy^2)\mathrm{d}x+(y^3-3x^2y)\mathrm{d}y=0$.

50. 求解方程 $y\mathrm{d}x+(3+3x-y)\mathrm{d}y=0$.

51. 求解方程 $(xy^2+y)\mathrm{d}x+x\mathrm{d}y=0$.
52. 求解方程 $(x+3y^2)\mathrm{d}x+2xy\mathrm{d}y=0$.
53. 求解方程 $(2y^2+4x^2y)\mathrm{d}x+(4xy+3x^3)\mathrm{d}y=0$.
54. 求解方程 $(x+y^3)\mathrm{d}x+(x^3+y)\mathrm{d}y=0$.
55. 求解方程 $y\mathrm{d}x+(x-3x^3y^2)\mathrm{d}y=0$.
56. 求解方程 $2x\mathrm{d}y-y\mathrm{d}x=2y^2\mathrm{d}y$.
57. 求解方程 $xy'+1=\mathrm{e}^y$.
58. 求解方程 $(y')^7+4y'+5=0$.
59. 求解方程 $(y')^2=\sin(1+y')+4$.
60. 求解方程 $x^2(y'-1)=(2-y')^2$.
61. 求解方程 $x\sqrt{1+y'^2}=y'$.
62. 求解方程 $y'^3-3y'^2-9y^4-12y^2=0$.
63. 求解方程 $y=y'^5+4y'+5$.
64. 求解方程 $xy'^2-2yy'+x=0$.
65. 求解方程 $y'(x-\ln y')=1$.

66. 设函数 $y(x)(x\geqslant 0)$ 二阶可导, 且 $y'(x)>0$, $y(0)=1$. 过曲线 $y=y(x)$ 上任意一点 $P(x,y)$ 作该曲线的切线及 x 轴的垂线, 上述两直线与 x 轴所围成的三角形的面积记为 S_1, 区间 $[0,x]$ 上以 $y=y(x)$ 为曲边的曲边梯形面积记为 S_2, 并设 $2S_1-S_2$ 恒为 1, 求此曲线 $y=y(x)$ 的方程.

67. 质量为 1000kg 的物体, 在水中由静止开始铅直下沉, 下沉过程中除受到重力作用外, 还受到浮力为 200N, 阻力为 $100v$N(其中 v 为下沉速度, 单位为 m/s) 的作用, 试求物体下沉 5s 所至水深, 并求物体下沉的极限速度.

68. 设 $y(x)$ 在 $[0,+\infty)$ 上连续可微, 且有 $\lim\limits_{x\to+\infty}(y'(x)+y(x))=0$, 试证明

$$\lim_{x\to+\infty}y(x)=0.$$

参 考 文 献

丁同仁, 李承治. 1985. 常微分方程. 北京：高等教育出版社.

东北师范大学微分方程教研室. 2005. 常微分方程. 第二版. 北京：高等教育出版社.

金福临, 李训经. 1997. 常微分方程. 上海：上海科技出版社.

卡姆克 E. 1980. 常微分方程手册. 张鸿林译. 北京：科学出版社.

塞蒙斯 G F. 1981. 微分方程. 张京理译. 北京：人民教育出版社.

史捷班诺夫 B B. 1956. 常微分方程教程. 卜元震译. 北京：高等教育出版社.

斯米尔诺夫 B N. 1955. 高等数学教程 (第二卷. 第一分册). 孙念增译. 北京：人民教育出版社.

同济大学应用数学系. 2002. 高等数学 (下册). 第五版. 北京：高等教育出版社.

王高雄, 周之铭, 朱思铭等. 2006. 常微分方程. 第三版. 北京：高等教育出版社.

魏俊杰, 潘家齐, 蒋达清. 2002. 常微分方程. 北京：高等教育出版社.
叶彦谦. 1982. 常微分方程讲义. 第二版. 北京：人民教育出版社.
赵奎奇. 2006. 几个特殊类型微分方程的统一法. 高等数学研究, 9(3): 30,31.
赵奎奇. 2009. 两个新的可积类型的微分方程. 高等数学研究, 12(3), 已录用
朱祥翠, 郭玉翠. 2007. 黎卡提方程的初等解法. 中国科技论文在线, http//www.paper.edu.cn.

第 2 章　高阶线性微分方程的解法

线性微分方程在常微分方程理论中是一类很重要的方程. 一方面, 它不仅在自然科学与工程技术中, 而且在经济与管理等社会科学中都有着极为广泛的应用. 另一方面, 不仅它的理论已发展得比较完善, 而且其理论是进一步研究非线性微分方程的基础, 许多非线性微分方程还考虑拟合为线性微分方程进行研究. 本章主要选讲线性微分方程的一般基础理论和常系数线性微分方程的一般解法.

2.1　n 阶线性微分方程的一般理论

2.1.1　线性微分方程的一般概念

一般形式方程为

$$y^{(n)}+p_1(x)y^{(n-1)}+\cdots+p_{n-1}(x)y'+p_n(x)y=f(x). \tag{2.1}$$

如果 $f(x)\equiv 0$, 有特殊形式

$$y^{(n)}+p_1(x)y^{(n-1)}+\cdots+p_{n-1}(x)y'+p_n(x)y=0, \tag{2.2}$$

则称它为 **n阶齐次线性微分方程**, 也简称为**齐次线性微分方程**, 而称一般方程 (2.1) 为 **n阶非齐次线性微分方程**, 也简称**非齐次线性微分方程**, 并且它们的差别仅在 $f(x)$ 是否零时, 也称**(2.2) 是与 (2.1) 对应的齐次线性微分方程**. 若 $n\geqslant 2$, 有时也简单地称 (2.1) 或 (2.2) 为**高阶线性微分方程**. 此外, 形如

$$a_0(x)y^{(n)}+a_1(x)y^{(n-1)}+\cdots+a_{n-1}(x)y'+a_n(x)y=f(x)$$

的方程, 由于可以方便地转化为 (2.1) 的形式, 也称为线性微分方程, 但高阶线性微分方程的研究一般仅研究 (2.1) 的形式.

例 2.1　(1) $y''-xy'+x^2y=\sqrt{x}$, (2) $y'''-xe^xy'-y=x$ 都是非齐次线性微分方程; (3) $y''-xy'+x^2y=0$, (4) $y'''+xy''-y=0$ 都是齐次线性微分方程, 其中方程 (3) 是方程 (1) 对应的齐次线性微分方程.

由一阶线性微分方程的求解公式知, 在其系数函数 $p(x),q(x)$ 及自由项函数 $f(x)$ 都连续的共同区间上, 方程的解关于给定初始条件是存在唯一的. n 阶线性微分方程也有如下存在唯一性定理, 这里只写出定理, 证明略去. 如无特殊声明, 本章

讨论内容约定方程 (2.1) 中**系数函数**$p_k(x)\,(i=1,2,\cdots,n)$ 及**自由项函数**$f(x)$ 都在某个共同区间上连续, 即满足如下定理的条件.

定理 2.1　如果方程 (2.1) 的系数 $p_k(x)\ (k=1,2,\cdots,n)$ 及 $f(x)$ 在区间 I 上有连续, 则对于 I 上的任一 x_0 及任意给定的 $y_0, y_0', \cdots, y_0^{(n-1)}$, 方程 (2.1) 的满足初始条件

$$y(x_0)=y_0,\quad y'(x_0)=y_0',\quad \cdots,\quad y^{(n-1)}(x_0)=y_0^{(n-1)} \tag{2.3}$$

的解在 I 上存在且唯一.

为今后在书写上的方便, 引入下述符号:

$$L[y]=y^{(n)}+p_1(x)y^{(n-1)}+\cdots+p_{n-1}(x)y'+p_n(x)y, \tag{2.4}$$

并将 L 称为**线性微分算子**, 约定: 说把线性微分算子 L 作用于 y, 是指对 y 施加如 (2.4) 右边的运算. 例如, 当 (2.4) 右边满足 $p_k(x)=p_k(p_k$ 是常数, $k=1,2,\cdots,n)$ 时, (2.4) 的特殊情况为

$$L[y]=y^{(n)}+p_1y^{(n-1)}+\cdots+p_{n-1}y'+p_ny.$$

L 作用于函数 $\mathrm{e}^{\lambda x}$(λ 为常数), 有

$$L[\mathrm{e}^{\lambda x}]=(\lambda^n+p_1\lambda^{n-1}+\cdots+p_{n-1}\lambda+p_n)\mathrm{e}^{\lambda x}. \tag{2.5}$$

应用 (2.4), 非齐次线性微分方程 (2.1) 可写成 $L[y]=f(x)$, 齐次线性微分方程 (2.2) 可写成 $L[y]=0$.

线性微分算子 L 具有如下两个线性性质:

(1) $L[cy]=cL[y]$ (c 为常数);

(2) $L[y_1+y_2]=L[y_1]+L[y_2]$.

证明　(1)

$$\begin{aligned}L[cy]&=(cy)^{(n)}+p_1(x)(cy)^{(n-1)}+\cdots+p_{n-1}(x)(cy)'+p_n(x)(cy)\\&=cy^{(n)}+cp_1(x)y^{(n-1)}+\cdots+cp_{n-1}(x)y'+cp_n(x)y\\&=c[y^{(n)}+p_1(x)y^{(n-1)}+\cdots+p_{n-1}(x)y'+p_n(x)y]\\&=cL[y].\end{aligned}$$

(2)

$$\begin{aligned}L[y_1+y_2]&=(y_1+y_2)^{(n)}+p_1(x)(y_1+y_2)^{(n-1)}\\&\quad+\cdots+p_{n-1}(x)(y_1+y_2)'+p_n(x)(y_1+y_2)\\&=y_1^{(n)}+p_1(x)y_1^{(n-1)}+\cdots+p_{n-1}(x)y_1'+p_n(x)y_1\end{aligned}$$

$$+ y_2^{(n)} + p_1(x)y_2^{(n-1)} + \cdots + p_{n-1}(x)y_2' + p_n(x)y_2$$
$$= L[y_1] + L[y_2].$$

证毕.

2.1.2 线性齐次微分方程的一般理论

这里讨论线性齐次微分方程 (2.2)

$$y^{(n)} + p_1(x)y^{(n-1)} + \cdots + p_{n-1}(x)y' + p_n(x)y = 0$$

的一般理论.

线性齐次微分方程的解具有以下性质:

(1) 线性齐次微分方程中如果 y_1 是 (2.2) 的解, 则对任意常数 c, 函数 $y = cy_1$ 也是方程 (2.2) 的解.

(2) 如果 $y_1, y_2, \cdots, y_k$ 是 (2.2) 的解, 则对任意常数 $c_1, c_2, \cdots, c_k$, 线性组合

$$y = c_1y_1 + c_2y_2 + \cdots + c_ky_k$$

也是方程 (2.2) 的解.

证明 (1) 由算子 L 的线性性质 (1) 可知 $L[cy_1] = cL[y_1]$, 而由假设可知 $L[y_1] = 0$, 故有 $L[cy_1] = 0$. 所以, $y = cy_1$ 也是方程 (2.2) 的解.

(2) 由算子 L 的线性性质 (1)、(2) 及 $y_1, y_2, \cdots, y_k$ 是 (2.2) 的解可知

$$\begin{aligned} L\left[c_1y_1 + c_2y_2 + \cdots + c_ky_k\right] &\equiv L\left[c_1y_1\right] + L\left[c_2y_2\right] + \cdots + L\left[c_ky_k\right] \\ &\equiv c_1L\left[y_1\right] + c_2L\left[y_2\right] + \cdots + c_kL\left[y_k\right] \\ &\equiv 0. \end{aligned}$$

证毕.

由解的性质 (1)、(2) 立即得知: **齐次微分方程 (2.2) 的解集合构成一个向量空间**.

由解的性质 (2) 可能提出问题: 如果 $y_1, y_2, \cdots, y_n$ 是 (2.2) 的 n 个解, 则方程 (2.2) 的解 $y = c_1y_1 + c_2y_2 + \cdots + c_ny_n$ 是否就是齐次 (2.2) 的通解? 为回答这个问题, 先来介绍函数组的线性相关与线性无关概念.

定义 2.1 函数组 $y_1, y_2, \cdots, y_n$ 在区间 I 上是**线性相关**的, 是指存在一组不全为零的常数 $c_1, c_2, \cdots, c_n$, 使得 $c_1y_1 + c_2y_2 + \cdots + c_ny_n \equiv 0$ 在 I 上成立. 反之, 如果只有 $c_1 = c_2 = \cdots = c_n = 0$ 时, 才有上面恒等式成立, 则称函数组 $y_1, y_2, \cdots, y_n$ 在 I 上**线性无关**.

由此定义不难推出如下的两个结论 (证明请同学给出):

(1) 在 I 上有定义的函数组 $y_1, y_2, \cdots, y_n$ 中如果有一个函数为零, 则 $y_1, y_2, \cdots, y_n$ 在 I 上线性相关.

(2) 如果两个函数 y_1, y_2 之比 $\dfrac{y_1}{y_2}$ 在 I 上有定义, 则它们在 I 上线性无关等价于比式 $\dfrac{y_1}{y_2}$ 在 I 上不恒等于常数.

例 2.2 函数组 $\mathrm{e}^x, \mathrm{e}^{-x}$ 在任意区间上都是线性无关的; 函数组 $1, x, x^2$ 也是在任意区间上都是线性无关的; 函数组 $1, \sin^2 x, \cos^2 x$ 在任意区间上都是线性相关的.

下面来建立函数组线性相关与线性无关的几个性质定理和判别定理, 为此先引入如下定义.

定义 2.2 设函数组 $\varphi_1(x), \varphi_2(x), \cdots, \varphi_n(x)$ 中每一个函数均具有 $n-1$ 阶导数, 称行列式

$$W(x) = W(\varphi_1(x), \varphi_2(x), \cdots, \varphi_n(x)) = \begin{vmatrix} \varphi_1(x) & \varphi_2(x) & \cdots & \varphi_n(x) \\ \varphi_1'(x) & \varphi_2'(x) & \cdots & \varphi_n'(x) \\ \vdots & \vdots & & \vdots \\ \varphi_1^{(n-1)}(x) & \varphi_2^{(n-1)}(x) & \cdots & \varphi_n^{(n-1)}(x) \end{vmatrix}$$

为函数组的朗斯基 (Wronski) 行列式.

定理 2.2(线性相关的性质定理) 如果具有 $n-1$ 阶导数的函数组 $y_1, y_2, \cdots, y_n$ 在区间 I 上线性相关, 则它的朗斯基行列式在 I 上恒等于零.

证明 由假设知, 存在一组不全为零的常数 $c_1, c_2, \cdots, c_n$, 使得

$$c_1y_1 + c_2y_2 + \cdots + c_ny_n \equiv 0, \quad x \in I.$$

对上述恒等式逐次求导可得

$$\begin{cases} c_1y_1 + c_2y_2 + \cdots + c_ny_n \equiv 0, \\ c_1y_1' + c_2y_2' + \cdots + c_ny_n' \equiv 0, \\ \cdots\cdots \\ c_1y_1^{(n-1)} + c_2y_2^{(n-1)} + \cdots + c_ny_n^{(n-1)} \equiv 0. \end{cases}$$

上述方程组是关于 $c_1, c_2, \cdots, c_n$ 的齐次方程组, 由假设知, $\forall x \in I$, 它都有非零解, 因而据代数学中齐次方程组的知识知, 它的系数行列式等于零, 即

$$W(x) = \begin{vmatrix} y_1 & y_2 & \cdots & y_n \\ y_1' & y_2' & \cdots & y_n' \\ \vdots & \vdots & & \vdots \\ y_1^{(n-1)} & y_2^{(n-1)} & \cdots & y_n^{(n-1)} \end{vmatrix} = 0, \quad \forall x \in I.$$

证毕.

考虑如上定理的逆否等价情况, 即可给出如下定理.

定理 2.3(线性无关的判定定理) 如果函数组 $y_1, y_2, \cdots, y_n$ 的朗斯基行列式在区间 I 上某一点 x_0 处不等于零, 则该函数组在 I 上线性无关.

例 2.3 函数组 $\mathrm{e}^{\lambda_1 x}, \mathrm{e}^{\lambda_2 x}, \cdots, \mathrm{e}^{\lambda_n x}(i \neq j$ 时 $\lambda_i \neq \lambda_j)$ 在区间 I 上线性无关.

证明 因为此处有

$$W(x) = \begin{vmatrix} \mathrm{e}^{\lambda_1 x} & \mathrm{e}^{\lambda_2 x} & \cdots & \mathrm{e}^{\lambda_n x} \\ \lambda_1 \mathrm{e}^{\lambda_1 x} & \lambda_2 \mathrm{e}^{\lambda_2 x} & \cdots & \lambda_n \mathrm{e}^{\lambda_n x} \\ \vdots & \vdots & & \vdots \\ \lambda_1^{n-1} \mathrm{e}^{\lambda_1 x} & \lambda_2^{n-1} \mathrm{e}^{\lambda_2 x} & \cdots & \lambda_n^{n-1} \mathrm{e}^{\lambda_n x} \end{vmatrix}$$

$$= \mathrm{e}^{(\lambda_1+\lambda_2+\cdots+\lambda_n)x} \begin{vmatrix} 1 & 1 & \cdots & 1 \\ \lambda_1 & \lambda_2 & \cdots & \lambda_n \\ \vdots & \vdots & & \vdots \\ \lambda_1^{n-1} & \lambda_2^{n-1} & \cdots & \lambda_n^{n-1} \end{vmatrix}.$$

上式中, 第二个等号右边的行列式为著名的范德蒙德 (Vandermond) 行列式. 它等于 $\prod\limits_{1 \leqslant j < i \leqslant n} (\lambda_i - \lambda_j)$, 由假设 $i \neq j$ 时 $\lambda_i \neq \lambda_j$, 故此行列式不等零, 进而所给函数组在区间 I 上线性无关.

需要指出, 定理 2.3 的逆定理不成立.

反例 在实数集 $\mathbf{R}$ 上定义的函数组

$$y_1(x) = \begin{cases} x^2, & x \leqslant 0, \\ 0, & x \geqslant 0, \end{cases} \qquad y_2(x) = \begin{cases} 0, & x \leqslant 0, \\ x^2, & x \geqslant 0. \end{cases}$$

由于 $c_1 y(x) + c_2 y(x) \equiv \begin{cases} c_1 x^2, x \leqslant 0, \\ c_2 x^2, x \geqslant 0 \end{cases} \equiv 0$, 只有 $c_1 = c_2 = 0$ 时成立, 故 $y_1(x), y_2(x)$ 在 $\mathbf{R}$ 上线性无关. 但是, 却有其朗斯基行列式 $W(x) \equiv 0$.

但是, 当函数组 $y_1, y_2, \cdots, y_n$ 是齐次方程 $L[y] = 0$ 的解时, 有如下定理.

定理 2.4 设是 $y_1, y_2, \cdots, y_n$ 齐次方程 $L[y] = 0$ 的 n 个解, 则

$$y_1, y_2, \cdots, y_n \text{在区间} I \text{上线性无关}$$
$$\Leftrightarrow W(y_1, y_2, \cdots, y_n) \neq 0 \text{在区间} I \text{上恒成立}.$$

证明 只需证明必要性, 应用反证法. 设 $W(x_0) = 0 \ (x_0 \in I)$, 则以 $W(x_0)$ 为

系数行列式的方程组

$$\begin{cases} C_1y_1(x_0)+C_2y_2(x_0)+\cdots+C_ny_n(x_0)=0, \\ C_1y_1'(x_0)+C_2y_2'(x_0)+\cdots+C_ny_n'(x_0)=0, \\ \cdots\cdots \\ C_1y_1^{(n-1)}(x_0)+C_2y_2^{(n-1)}(x_0)+\cdots+C_ny_n^{(n-1)}(x_0)=0. \end{cases}$$

有非零解 $\tilde{C}_1,\tilde{C}_2,\cdots,\tilde{C}_n$ ($\tilde{C}_i$ 不全为零), $y_1,y_2,\cdots,y_n$ 的线性组合

$$y=\tilde{C}_1y_1+\tilde{C}_2y_2+\cdots+\tilde{C}_ny_n$$

是方程 (2.2) 满足初始条件

$$y(x_0)=y'(x_0)=\cdots=y^{(n-1)}(x_0)=0$$

的解. 又因为, $y=0$ 也是方程 (2.2) 满足上述初始条件的解, 所以由解的存在唯一性定理, 立即可知 $\tilde{C}_1y_1+\tilde{C}_2y_2+\cdots+\tilde{C}_ny_n\equiv 0$, $\tilde{C}_1,\tilde{C}_2,\cdots,\tilde{C}_n$不全为零, 故 $y_1,y_2,\cdots,y_n$ 线性相关, 与条件矛盾. 证毕.

定理 2.4 结合定理 2.2 可立即给出下列定理和推论.

定理 2.5 设是 $y_1,y_2,\cdots,y_n$ 齐次方程 $L[y]=0$ 的 n 个解, 则

$$y_1,y_2,\cdots,y_n\text{在区间}I\text{上线性相关}\Leftrightarrow\text{在区间}I\text{上}W(y_1,y_2,\cdots,y_n)\equiv 0.$$

推论 2.1 设是 $y_1,y_2,\cdots,y_n$ 齐次方程 $L[y]=0$ 在区间 I 上的 n 个解, 则

(1) $W(y_1,y_2,\cdots,y_n)$ 在区间 I 上要么恒等于零, 要么恒不等于零 —— 分别对应于 $y_1,y_2,\cdots,y_n$ 在区间 I 上线性相关或线性无关.

(2) $\exists x_0\in I, W(x_0)=0\Rightarrow y_1,y_2,\cdots,y_n$在区间$I$上线性相关;
$\exists x_0\in I, W(x_0)\neq 0\Rightarrow y_1,y_2,\cdots,y_n$在区间$I$上线性无关.

例 2.4 由验证知证函数 $y_1=\cos x, y_2=\sin x$ 是方程

$$y''+y=0$$

的解, 并且 $W(y_1,y_2)=\begin{vmatrix}\cos x & \sin x\\ -\sin x & \cos x\end{vmatrix}=1\neq 0$, 因此 $\cos x,\sin x$ 是方程 $y''+y=0$ 的两个线性无关解.

定义 2.3 方程 (2.2) 的定义在区间 I 上的 n 个线性无关解称为 (2.2) 的**基本解组**.

定理 2.6 方程 (2.2) 总存在定义在区间 I 上的基本解组.

证明 在 I 上任取 x_0, 考虑方程 (2.2) 分别满足下列 n 个初始条件的初值问题:

$$\begin{aligned}
&y(x_0)=1, \quad y'(x_0)=0, \quad y''(x_0)=0, \quad \cdots, \quad y^{(n-1)}(x_0)=0;\\
&y(x_0)=0, \quad y'(x_0)=1, \quad y''(x_0)=0, \quad \cdots, \quad y^{(n-1)}(x_0)=0;\\
&\cdots\cdots\\
&y(x_0)=0, \quad y'(x_0)=0, \quad y''(x_0)=0, \quad \cdots, \quad y^{(n-1)}(x_0)=1.
\end{aligned}$$

由解的存在唯一性定理知, 方程 (2.2) 存在 n 个解, 而且, 其朗斯基行列式满足 $W(x_0)=1$, 所以这 n 个解是线性无关的, 是方程 (2.2) 在区间 I 上的一个基本解组. 证毕.

方程 (2.2) 的 n 个解若其朗斯基行列式满足 $W(x_0)=1$, 则称为**标准基本解组.**

定理 2.7(线性微分方程的基本定理) 如果 $y_1, y_2, \cdots, y_n$ 是方程 (2.2) 一个基本解组, $y=y(x)$ 是方程 (2.2) 的任意一个解, 则存在常数组 $\tilde{C}_1, \tilde{C}_2, \cdots, \tilde{C}_n$ 使得

$$y(x)=\tilde{C}_1 y_1+\tilde{C}_2 y_2+\cdots+\tilde{C}_n y_n.$$

证明 设 $y=y(x)$ 是方程 (2.2) 的任意一个解, 它满足条件

$$y(x_0)=y_0, \quad y'(x_0)=y_0', \quad \cdots, \quad y^{(n-1)}(x_0)=y_0^{(n-1)}.$$

现在, 考虑以基本解组 $y_1, y_2, \cdots, y_n$ 的 $W(x_0)$ 为系数行列式的方程组

$$\begin{cases}
C_1 y_1(x_0)+C_2 y_2(x_0)+\cdots+C_n y_n(x_0)=y_0,\\
C_1 y_1'(x_0)+C_2 y_2'(x_0)+\cdots+C_n y_n'(x_0)=y_0',\\
\cdots\cdots\\
C_1 y_1^{(n-1)}(x_0)+C_2 y_2^{(n-1)}(x_0)+\cdots+C_n y_n^{(n-1)}(x_0)=y_0^{(n-1)}.
\end{cases}$$

由于 $W(x_0)\neq 0$, 所以, 上述方程组关于 $C_1, C_2, \cdots, C_n$ 有解: $\tilde{C}_1, \tilde{C}_2, \cdots, \tilde{C}_n$, 并且使得方程 (2.2) 的解 $\tilde{y}=\tilde{C}_1 y_1+\tilde{C}_2 y_2+\cdots+\tilde{C}_n y_n$ 满足

$$\tilde{y}(x_0)=y_0, \quad \tilde{y}'(x_0)=y_0', \quad \cdots, \quad \tilde{y}^{(n-1)}(x_0)=y_0^{(n-1)},$$

所以, 由解的存在唯一性定理知 $y(x)\equiv\tilde{y}(x)$, 即 $y(x)=\tilde{C}_1 y_1+\tilde{C}_2 y_2+\cdots+\tilde{C}_n y_n$. 证毕.

由定义 2.3 知线性微分方程的基本定理表明: **方程 (2.2) 的所有解的集合是一个 n 维线性空间, 而且其通解可由它的基本解组的线性组合表示.**

推论 2.2 n 阶齐次方程 (2.2) 的线性无关解的个数不超过 n.

2.1.3 线性齐次方程的解与其系数函数之间的关系

下面来讨论方程 (2.2) 的解与它的系数函数之间有关系, 这里的内容已经使一般教材所写情况得到了补充和完善 (赵奎奇, 2004). 考虑 $W(x)$ 的导数, 可得到

定理 2.8 设 $y_1,y_2,\cdots,y_n$ 是方程 (2.2) 的任意 n 个解, $W(x)$ 是它们的朗斯基行列式, 则对区间 I 上的任一 x_0 有

$$W(x)=W(x_0)\mathrm{e}^{-\int_{x_0}^{x}p_1(t)\mathrm{d}t}\quad 或W(x)=C\mathrm{e}^{-\int p_1(t)\mathrm{d}t}. \tag{2.6}$$

关系式 (2.6) 称为**刘维尔公式**.

证明 应用行列式函数求导法则及其性质, 由于

$$W'(x)=\underset{(对W(x)第一行求导)}{\begin{vmatrix} y_1' & y_2' & \cdots & y_n' \\ y_1' & y_2' & \cdots & y_n' \\ \vdots & \vdots & & \vdots \\ y_1^{(n-1)} & y_2^{(n-1)} & \cdots & y_n^{(n-1)} \end{vmatrix}}+\underset{(对W(x)第二行求导)}{\begin{vmatrix} y_1 & y_2 & \cdots & y_n \\ y_1'' & y_2'' & \cdots & y_n'' \\ \vdots & \vdots & & \vdots \\ y_1^{(n-1)} & y_2^{(n-1)} & \cdots & y_n^{(n-1)} \end{vmatrix}}$$

$$+\cdots+\underset{(对W(x)第n行求导)}{\begin{vmatrix} y_1 & y_2 & \cdots & y_n \\ y_1' & y_2' & \cdots & y_n' \\ \vdots & \vdots & & \vdots \\ y_1^{(n-2)} & y_2^{(n-2)} & \cdots & y_n^{(n-2)} \\ y_1^{(n)} & y_2^{(n)} & \cdots & y_n^{(n)} \end{vmatrix}}$$

$$=\underset{(对W(x)第n行求导)}{\begin{vmatrix} y_1 & y_2 & \cdots & y_n \\ y_1' & y_2' & \cdots & y_n' \\ \vdots & \vdots & & \vdots \\ y_1^{(n-2)} & y_2^{(n-2)} & \cdots & y_n^{(n-2)} \\ y_1^{(n)} & y_2^{(n)} & \cdots & y_n^{(n)} \end{vmatrix}},$$

而且由 $y_1,y_2,\cdots,y_n$ 是方程 (2.2) 的 n 个解知

$$y_k^{(n)}\equiv-\Big(p_1(x)\,y_k^{(n-1)}(x)+p_2(x)\,y_k^{(n-2)}(x)+\cdots+p_{n-1}(x)\,y_k'(x)$$
$$+p_n(x)\,y_k(x)\Big),\quad k=1,2,\cdots,n.$$

将其代入行列式 $W'(x)$, 再应用行列式性质立即可得 $W'(x)=-p_1(x)\,W(x)$, 这是关于 $W(x)$ 的一阶线性方程, 它的解就是 (2.6). 证毕.

由公式 (2.6) 可以再次得到推论 2.1 的结论 (1).

对公式 (2.6) 再观察, 我们会联想到代数学中根与系数的下列韦达公式:

设方程 $x^n + a_1x^{n-1} + \cdots + a_{n-1}x + a_n = 0$ 的根为 $x_1, x_2, \cdots, x_n$, 则

$$\sum_{i=1}^{n} x_i = -a_1, \quad \sum x_{n_1} x_{n_2} \cdots x_{n_s} = (-1)^s a_s,$$

其中求和是取遍 $1, 2, \cdots, n$ 中 s 个数 $n_1, n_2, \cdots, n_s$ 的所有组合.

由类比猜想, 方程 (2.2) 的解与系数函数间应该存在一组关系式, (2.6) 是其一.

设 $y_1, y_2, \cdots, y_n$ 中每一个函数均具有 n 阶导数, 称函数矩阵

$$\begin{bmatrix} y_1 & y_2 & \cdots & y_n \\ y_1' & y_2' & \cdots & y_n' \\ \vdots & \vdots & & \vdots \\ y_1^{(n)} & y_2^{(n)} & \cdots & y_n^{(n)} \end{bmatrix}$$

去除第 $n-k+1\,(k=1, 2, \cdots, n)$ 行后得到的方阵的行列式为给定函数组的第 k 个**增添朗斯基行列式**, 并记为 $W_k(x)$. 注意, 这里矩阵去除第 $n+1$ 行后得到的矩阵的行列式是前述朗斯基行列式 $W(x)$.

定理 2.9 设 $y_1, y_2, \cdots, y_n$ 是方程 (2.2) 的任意 n 个解, $W_k(x)$ 是它们对应的第 k 个朗斯基行列式, 则

$$W_k(x) = (-1)^k p_k(x) W(x), \quad k = 1, 2, \cdots, n.$$

证明 由于 $y_1, y_2, \cdots, y_n$ 是方程 (2.2) 的任意解组, 所以有

$$y_i^{(n)} = \sum_{l=1}^{n} p_l(x) y_i^{(n-l)}, \quad i = 1, 2, \cdots, n,$$

把上式代入 $W_k(x)$ 所表示的行列式中, 并应用行列式的性质进行简化, 便可得到定理 2.9 的结论. 证毕.

应用定理 2.8 和定理 2.9 立即可得下列几个推论.

推论 2.3 设 $y_1, y_2, \cdots, y_n$ 是方程 (2.2) 在区间 I 上的一组解, 则

$$W_k(x) = (-1)^k C p_k(x) \mathrm{e}^{-\int p_1(x)\mathrm{d}x}$$

或

$$W_k(x) = (-1)^k p_k(x) W(x_0) \mathrm{e}^{-\int_{x_0}^{x} p_1(x)\mathrm{d}x}, \quad k = 1, 2, \cdots, n.$$

若 $y_1, y_2, \cdots, y_n$ 是基本解组, 即

$$p_k(x) = (-1)^k \frac{W_k(x)}{W(x)}, \quad k = 1, 2, \cdots, n.$$

如上定理 2.8 和定理 2.9 及推论 2.3 就是**线性齐次方程的解与其系数函数之间关系的刘维尔公式组**.

推论 2.4　设方程 (2.2) 与方程 $y^{(n)} + q_1(x)y^{(n-1)} + \cdots + q_{n-1}(x)y' + q_n(x)y = 0$ 有相同的基本解组, 则

$$p_k(x) \equiv q_k(x), \quad k = 1, 2, \cdots, n.$$

推论 2.5　设 $y_1, y_2, \cdots, y_n$ 中每一个函数均具有 n 阶导数, 而且对应

$$W(x) \neq 0, \quad \forall x \in I,$$

则以 $y_1, y_2, \cdots, y_n$ 为基本解组的最高阶导数的系数函数为 1 的线性齐线方程具有如下唯一的形式:

$$\begin{aligned} & y^{(n)} - \frac{W_1(x)}{W(x)} y^{(n-1)} + \frac{W_2(x)}{W(x)} y^{(n-1)} \\ & - \cdots + (-1)^{n-1} \frac{W_{n-1}(x)}{W(x)} y' + (-1)^n \frac{W_{n-1}(x)}{W(x)} y = 0, \end{aligned} \tag{2.7}$$

注意到, $W(x) \neq 0$ $(\forall x \in I)$, 所以, 式 (2.7) 在 I 上有下列同解方程:

$$\begin{vmatrix} y_1 & y_2 & \cdots & y_n & y \\ y_1' & y_2' & \cdots & y_n' & y' \\ \vdots & \vdots & & \vdots & \vdots \\ y_1^{(n)} & y_2^{(n)} & \cdots & y_n^{(n)} & y^{(n)} \end{vmatrix} = 0 \quad \text{或} \quad W(y_1, y_2, \cdots, y_n, y) = 0.$$

例 2.5　求作一个线性微分方程, 它以函数组 $y_1 = 1, y_2 = x^2, y_3 = \mathrm{e}^x$ 为基本解组.

解　首先, 有

$$W(y_1, y_2, y_3) = \begin{vmatrix} 1 & x^2 & \mathrm{e}^x \\ 0 & 2x & \mathrm{e}^x \\ 0 & 2 & \mathrm{e}^x \end{vmatrix} = 2\mathrm{e}^x(x-1) \neq 0 \Leftrightarrow x \neq 1,$$

应用推论 2.5 知, 要求方程可由 $W(y_1, y_2, y_3, y) = 0$ 给出, 所以由

$$\begin{vmatrix} 1 & x^2 & \mathrm{e}^x & y \\ 0 & 2x & \mathrm{e}^x & y' \\ 0 & 2 & \mathrm{e}^x & y'' \\ 0 & 0 & \mathrm{e}^x & y''' \end{vmatrix} = 0$$

展开整理, 得 $(x-1)y''-xy''+y'=0$ 即为要求方程, 函数组 $y_1=1, y_2=x^2, y_3=e^x$ 为其在 $(-\infty,1)$ 或 $(1,+\infty)$ 上的基本解组.

例 2.6 求方程 $x^3y'''-3x^2y''+6xy'-6y=0$ 的通解. 已知它有两个特解 $y_1=x, y_2=x^2$.

解 设 $y=y(x)$ 是所给方程的解, 则对函数组 y_1, y_2, y 应用推论 2.3 计算 $W_3(x)$ 有

$$\begin{vmatrix} 1 & 2x & y' \\ 0 & 2 & y'' \\ 0 & 0 & y''' \end{vmatrix} = (-1)^3 \frac{-6C}{x^3} e^{\int \frac{3}{x} dx},$$

将其展开即 $y'''=3C$(C 为任意常数), 所以可取 $y=x^3$, 它与 $y_1=x, y_2=x^2$ 一起构成所给方程的基本解组, 所以 $y_1=C_1x+C_2x^2+C_3x^3$ 是所给方程的解的通解.

例 2.7 设 $y_1=y_1(x)$ 是二阶线性齐次方程

$$y''+p(x)y'+q(x)y=0$$

的一个已知非零解, 则此方程有求解公式

$$y=y_1\left(C_1\int \frac{1}{y_1^2} e^{-\int p(x)dx} dx + C_2\right).$$

证明 设 $y=y(x)$ 是所给方程的任意解, 由于

$$W(y_1,y)=\begin{vmatrix} y_1 & y \\ y_1' & y' \end{vmatrix} = C_1 e^{-\int p(x)dx},$$

即

$$y_1y'-y_1'y=C_1e^{-\int p(x)dx} \quad 或 \left(\frac{y}{y_1}\right)' = \frac{C_1}{y_1^2} e^{-\int p(x)dx},$$

所以

$$\frac{y}{y_1}=C_1\int \frac{1}{y_1^2} e^{-\int p(x)dx} dx + C_2.$$

证毕.

附注 事实上, 一般二阶线性方程为

$$y''+p(x)y'+q(x)y=f(x),$$

若已知它对应齐线性方程的一个非零解 $y_1=y_1(x)$, 应用变换 $y=y_1(x)u$, 可转化为 u 的一阶线性方程, 导出求解公式

$$y=y_1\left(C_2+\int \frac{1}{y_1^2} e^{-\int p(x)dx}\left(C_1+\int f(x)y_1^2 e^{\int p(x)dx} dx\right) dx\right).$$

2.1.4　n 阶线性非齐次微分方程的一般理论

考虑 n 阶非齐次线性方程 (2.1)

$$y^{(n)}+p_1(x)y^{(n-1)}+\cdots+p_{n-1}(x)y'+p_n(x)y=f(x),$$

即 $L[y]=f(x)$, 应用线性微分算子 L 的性质, 可立即给出下面的性质与定理.

性质 2.1　如果 $\bar{y}(x)$ 是方程 (2.1) 的解, 而 $y(x)$ 是方程 (2.2) 的解, 则 $\bar{y}(x)+y(x)$ 是方程 (2.1) 的解.

性质 2.2　方程 (2.1) 的任意两个解之差必为方程 (2.2) 的解.

定理 2.10(线性方程的解的结构定理)　设 $y_1(x),y_2(x),\cdots,y_n(x)$ 为方程 (2.2) 的基本解组, 而 $\bar{y}(x)$ 是方程 (2.1) 的某一解, 则方程 (2.1) 的通解可表为

$$y=c_1y_1(x)+c_2y_2(x)+\cdots+c_ny_n(x)+\bar{y}(x), \tag{2.8}$$

其中 $c_1,c_2,\cdots,c_n$ 为任意常数, 而且这个通解 (2.8) 包括了方程 (2.1) 的所有解.

和一阶非齐次线性微分方程组一样, 对于非齐次方程 (2.1), 也有由对应齐次方程的一个基本解组求出它本身的一个特解的常数变易法 (也称拉格朗日法). 下面就来介绍这一方法.

设 $y_1,y_2,\cdots,y_n$ 是 (2.1) 对应齐次方程的 n 个线性无关解, 则函数

$$y=C_1y_1+C_2y_2+\cdots+C_ny_n$$

是 (2.1) 对应齐次方程的通解, 其中 $C_1,C_2,\cdots,C_n$ 是任意常数.

现在来选择一组函数 $C_1(x),C_2(x),\cdots,C_n(x)$, 使

$$y=C_1(x)y_1+C_2(x)y_2+\cdots+C_n(x)y_n \tag{2.9}$$

成为非齐次方程 (2.1) 的解. 将其代入 (2.1), 就得到 $C_1(x),C_2(x),\cdots,C_n(x)$ 必须满足的一个方程, 但是待定的 n 个 $C_1(x),C_2(x),\cdots,C_n(x)$ 要得到确定, 必须再找出 $n-1$ 个 (限制条件) 方程. 理论上, 它们有一定的任意的灵活性, 处理以运算方便为宜, 这里有如下法. 由 (2.9) 考虑求 x 的导数得

$$\begin{aligned}y'=&C_1(x)y_1'+C_2(x)y_2'+\cdots+C_n(x)y_n'\\&+C_1'(x)y_1+C_2'(x)y_2+\cdots+C_n'(x)y_n,\end{aligned}$$

令

$$C_1'(x)y_1+C_2'(x)y_2+\cdots+C_n'(x)y_n=0, \tag{2.10$_1$}$$

得到

$$y'=C_1(x)y_1'+C_2(x)y_2'+\cdots+C_n(x)y_n', \tag{2.11$_1$}$$

由 $(2.11)_1$ 考虑求 x 的导数, 像上面一样处理, 令含有 $C_i'(x)$ 的部分为零, 又令

$$C_1'(x)y_1' + C_2'(x)y_2' + \cdots + C_n'(x)y_n' = 0, \tag{2.10$_2$}$$

随之又得

$$y'' = C_1(x)y_1'' + C_2(x)y_2'' + \cdots + C_n(x)y_n''. \tag{2.11$_2$}$$

继续上面的做法, 最后到令

$$C_1'(x)y_1^{(n-2)} + C_2'(x)y_1^{(n-2)} + \cdots + C_n'(x)y_1^{(n-2)} = 0, \tag{2.10$_{n-1}$}$$

随之又得

$$y^{(n-1)} = C_1(x)y_1^{(n-1)} + C_2(x)y_1^{(n-1)} + \cdots + C_n(x)y_1^{(n-1)}. \tag{2.11$_{n-1}$}$$

再由 $(2.11)_{n-1}$ 考虑求 x 的导数得

$$\begin{aligned} y^{(n)} = {} & C_1(x)y_1^{(n)} + C_2(x)y_2^{(n)} + \cdots + C_n(x)y_n^{(n)} \\ & + C_1'(x)y_1^{(n-1)} + C_2'(x)y_2^{(n-1)} + \cdots + C_n'(x)y_n^{(n-1)}. \end{aligned} \tag{2.11$_n$}$$

现将 (2.9), $(2.11)_1 \sim (2.11)_n$ 代入 (2.1), 并注意到 $y_1, y_2, \cdots, y_n$ 是 (2.1) 对应齐次方程的 n 个解, 可得

$$C_1'(x)y_1^{(n-1)} + C_2'(x)y_1^{(n-1)} + \cdots + C_n'(x)y_1^{(n-1)} = f(x). \tag{2.10$_n$}$$

综合 $(2.10)_1 \sim (2.10)_n$ 可知, $C_1'(x), C_2'(x), \cdots, C_n'(x)$, 满足下面的非齐次方程组:

$$\begin{bmatrix} y_1(x) & y_2(x) & \cdots & y_n(x) \\ y_1'(x) & y_2'(x) & \cdots & y_n'(x) \\ \vdots & \vdots & & \vdots \\ y_1^{(n-1)}(x) & y_2^{(n-1)}(x) & \cdots & y_n^{(n-1)}(x) \end{bmatrix} \begin{bmatrix} C_1'(x) \\ C_2'(x) \\ \vdots \\ C_n'(x) \end{bmatrix} = \begin{bmatrix} 0 \\ \vdots \\ 0 \\ 1 \end{bmatrix} f(x), \tag{2.12}$$

它是关于变量 $C_i'(x)(i = 1, 2, \cdots, n)$ 的线性代数方程组, 由于它的系数行列式恰好是 (2.1) 对应齐次方程的 n 个线性无关解的朗斯基行列式 $W(x)$, 它恒不为零. 因此, 上述方程组关于 $C_i'(x)$ 有唯一解, 解出后再积分, 代入 (2.9) 中, 便可得到 (2.1) 的一个特解.

例 2.8 求非齐次方程 $y'' + y = \dfrac{1}{\cos x}$ 的通解.

解 由例 2.4 知 $y_1 = \cos x, y_2 = \sin x$ 是对应齐次方程的线性无关解, 通解为

$$y_1 = C_1 \cos x + C_2 \sin x,$$

现在求已知方程形如 $y_1 = C_1(x)\cos x + C_2(x)\sin x$ 的一个特解, 由关系式 (2.12), $C_1'(x), C_2'(x)$ 满足方程组

$$\begin{bmatrix} \cos x & \sin x \\ -\sin x & \cos x \end{bmatrix} \begin{bmatrix} C_1'(x) \\ C_2'(x) \end{bmatrix} = \begin{bmatrix} 0 \\ 1 \end{bmatrix} \frac{1}{\cos x}$$

或

$$\begin{cases} C_1'(x)\cos x + C_2'(x)\sin x = 0, \\ -C_1'(x)\sin x + C_2'(x)\cos x = \dfrac{1}{\cos x}. \end{cases}$$

解上述方程组得 $C_1'(x) = -\dfrac{\sin x}{\cos x}, C_2'(x) = 1$, 积分得

$$C_1(x) = \ln|\cos x|, \quad C_2(x) = x,$$

所要求通解为

$$y = C_1 \cos x + C_2 \sin x + \cos x \ln|\cos x| + x\sin x.$$

2.1.5 线性方程的幂级数解法简介

我们已经知道一般线性微分方程的解的结构, 而且知道里卡蒂方程

$$y' = p(x)\,y^2 + q(x)\,y + r(x), \quad p(x) \neq 0$$

除了个别特殊类型外, 一般是不能用初等积分法求解的, 使用变换

$$u = \mathrm{e}^{-\int yp(x)\mathrm{d}x}$$

可将其化为线性方程

$$pu'' - (p' + pq)u' + p^2 ru = 0,$$

这说明, 二阶线性微分方程一般也是不能用初等积分法求解的.

但是, 当线性微分方程的系数函数是多项式或能展成 $x - x_0$ 的幂级数时, 除了可用初等积分法求解探究外, 还可以考虑用**幂级数解法**. 所谓幂级数解法, 就是在某个点的邻域上, 把待求方程的解表为系数待定的幂级数, 代入方程以后, 再确定待定系数. 幂级数解法也是一个比较普遍的方法, 适用范围较广, 可借助于解析函数的理论进行讨论.

例 2.9　求方程 $y'' - xy = 0$ 的幂级数解.

解　设所给方程有幂级数解 $y = \sum\limits_{k=0}^{\infty} a_k x^k$, 将其代入方程, 并令 x 同次幂项的系数和为零可知

$$2\cdot 1a_2 = 0, \quad 3\cdot 2a_3 - a_0 = 0, \quad 4\cdot 3a_4 - a_1 = 0, \quad 5\cdot 4a_5 - a_2 = 0, \quad \cdots,$$

$$(s+2)(s+1)\,a_{s+2} - a_{s-1} = 0, \cdots.$$

设 $a_0 = 1,\ a_1 = 0$, 可得

$$a_2 = 0,\quad a_3 = \frac{1}{2\cdot 3},\quad a_4 = a_5 = 0,\quad a_6 = \frac{1}{2\cdot 3\cdot 5\cdot 6},$$
$$a_7 = a_8 = 0,\quad a_9 = \frac{1}{2\cdot 3\cdot 5\cdot 6\cdot 8\cdot 9},\quad \cdots,$$

并且得到要求方程满足初始条件 $y(0) = 1,\ y'(0) = 0$ 的解为

$$y_1 = 1 + \sum_{k=1}^{\infty} \frac{1\cdot 4\cdot 7\cdot\cdots\cdot(3k-2)}{(3k)!}x^{3k}.$$

设 $a_0 = 0,\ a_1 = 1$, 由类似方法, 可得要求方程满足初始条件 $y(0) = 0, y'(0) = 1$ 的解为

$$y_2 = x + \sum_{k=1}^{\infty} \frac{2\cdot 5\cdot 8\cdot\cdots\cdot(3k-1)}{(3k+1)!}x^{3k+1}.$$

y_1, y_2 的朗斯基行列式满足 $W(0) = 1$, 并且 y_1, y_2 表达式的级数, 应用达朗贝尔判别法可知, 它们在 $\mathbf{R}$ 上收敛. 所以, y_1, y_2 是要求方程在 $\mathbf{R}$ 上的两个线性无关解, 要求通解为

$$y = C_1y_1 + C_2y_2.$$

定理 2.11 若给定函数 $p(x), q(x)$ 都能展成 $x - x_0$ 的幂级数, 且收敛区间为 $|x - x_0| < R$, 则方程二阶线性方程 $y'' + p(x)y' + q(x)y = 0$ 有幂级形式的特解

$$y = \sum_{n=0}^{\infty} a_nx^n,$$

$|x - x_0| < R$ 为幂级数的收敛区间.

例 2.9 的方程是满足定理 2.11 条件的, 此处定理证明略.

2.2 n 阶常系数线性齐次方程

本节讨论常系数线性齐次方程

$$y^{(n)} + a_1y^{(n-1)} + \cdots + a_{n-1}y' + a_ny = 0 \tag{2.13}$$

的求解问题, 其中 $a_1, a_2, \cdots, a_n$ 为实常数. 由定理 2.7, 我们知道 (2.13) 的求解问题归结为求其基本解组. 虽然对于一般的线性齐次微分方程, 人们至今没有找到一个求其基本解组的一般方法, 但是方程 (2.13) 的求解却可以转化为一个求多项式的零点问题, 如果可以获得相应的代数方程的所有根, 方程 (2.13) 的基本解组也就随之确定.

2.2.1　复值函数与复值解

这里准备复值函数与复值解的知识是为讨论方程 (2.13) 的基本解组所需要的.

定义 2.4　如果对于区间 I 中的每一实数 x, 有复数 $z(x)=\varphi(x)+\mathrm{i}\psi(x)$ 与它对应, 其中 $\varphi(x)$ 和 $\psi(x)$ 是在区间 I 上定义的实函数, i 是虚数单位, 就说在区间 I 上确定了一个实自变量复值函数 $z(x)$.

定义 2.5　如果实函数 $\varphi(x),\psi(x)$ 当 $x\to x_0$ 时有极限, 就称复值函数 $z(x)$ 当 $x\to x_0$ 时有极限, 并且定义 $\lim\limits_{x\to x_0}z(x)=\lim\limits_{x\to x_0}\varphi(x)+\mathrm{i}\lim\limits_{x\to x_0}\psi(x)$.

定义 2.6　如果 $\lim\limits_{x\to x_0}z(x)=z(x_0)$, 就称 $z(t)$ 在 x_0 连续. 当 $z(x)$ 在区间 I 上每点都连续时, 就称 $z(x)$ 在区间 I 上连续.

定义 2.7　如果极限 $\lim\limits_{x\to x_0}\dfrac{z(x)-z(x_0)}{x-x_0}$ 存在, 就称 $z(x)$ 在 x_0 可导 (可微), 并记其极限为 $\dfrac{\mathrm{d}z(x)}{\mathrm{d}x}$ 或 $z'(x)$, 当 $z(x)$ 在区间 I 上每点都可导, 就称 $z(x)$ 在区间 I 上可导. 对于高阶导数可以类似的定义.

可以验证：若 $z_1(x),z_2(x)$ 是定义在 I 上的可微函数, c 是复值常数, 则

$$
\begin{aligned}
&[z_1(x)+z_2(x)]'=z_1'(x)+z_2'(x),\\
&[cz_1(x)]'=cz_1'(x),\\
&[z_1(x)\cdot z_2(t)]'=z_1'(x)\cdot z_2(x)+z_1(x)\cdot z_2'(x).
\end{aligned}
$$

定义 2.8　设 $k=\alpha+\mathrm{i}\beta$ 是任意复数, 这里 α,β 是实数, 而 x 为实变量. 定义

$$
\mathrm{e}^{kx}=\mathrm{e}^{(\alpha+\mathrm{i}\beta)x}=\mathrm{e}^{\alpha x}(\cos\beta x+\mathrm{i}\sin\beta x).
$$

可以验证, $\cos\beta x=\dfrac{1}{2}(\mathrm{e}^{\mathrm{i}\beta x}+\mathrm{e}^{-\mathrm{i}\beta x}),\sin\beta x=\dfrac{1}{2\mathrm{i}}(\mathrm{e}^{\mathrm{i}\beta x}-\mathrm{e}^{-\mathrm{i}\beta x})$, $\mathrm{e}^{(k_1+k_2)x}=\mathrm{e}^{k_1x}\cdot\mathrm{e}^{k_2x}$ 且 $\bar{k}=\alpha-\mathrm{i}\beta$ 表示复数 $k=\alpha+\mathrm{i}\beta$ 的共轭复数, 那么 $\overline{\mathrm{e}^{kx}}=\mathrm{e}^{\bar{k}x}$, 也有 $(\mathrm{e}^{kx})'=k\mathrm{e}^{kx}$, $(\mathrm{e}^{kx})^{(n)}=k^n\mathrm{e}^{kx}$, 其中 x 为实变量.

上面列出的有关复值函数结论的证明留给读者去完成. 它们的一个简单的综合结论是：**实自变量的复值函数的求导公式与实自变量的实函数的求导公式完全类似, 复指数函数与实复指数函数有完全类似性质.**

定义 2.9　若实自变量复值函数 $z(x)$ 满足

$$
\frac{\mathrm{d}^{(n)}z(x)}{\mathrm{d}x^n}+p_1(x)\frac{\mathrm{d}^{(n-1)}z(x)}{\mathrm{d}x^{n-1}}+\cdots+p_{n-1}(x)\frac{\mathrm{d}z(x)}{\mathrm{d}x}+p_n(x)z(x)=f(x),\quad\forall x\in I,
$$

则称 $z(x)$ 是方程 (2.1) 在 I 上的复值解.

定理 2.12　如果方程 (2.2) 中所有系数 $p_i(x)(i=1,2,\cdots,n)$ 都是实值函数, 而 $z(x)=\varphi(x)+\mathrm{i}\psi(x)$ 是方程的复值解, 则 $z(t)$ 的实部 $\varphi(x)$、虚部 $\psi(x)$ 和共轭复值函数 $\bar{z}(x)$ 也都是方程 (2.2) 的解.

定理 2.13　若方程

$$\frac{\mathrm{d}^{(n)}z}{\mathrm{d}x^n}+a_1(x)\frac{\mathrm{d}^{(n-1)}z}{\mathrm{d}x^{n-1}}+\cdots+a_{n-1}(x)\frac{\mathrm{d}z}{\mathrm{d}x}+a_n(x)z=u(x)+\mathrm{i}v(x)$$

有复值解 $z=U(x)+\mathrm{i}V(x)$, 这里 $a_i(x)(i=1,2,\cdots,n)$ 及 $u(x),v(x)$ 都是实函数, 那么这个解的实部 $U(x)$ 和虚部 $V(x)$ 分别是方程

$$\frac{\mathrm{d}^{(n)}z}{\mathrm{d}x^n}+a_1(x)\frac{\mathrm{d}^{(n-1)}z}{\mathrm{d}x^{n-1}}+\cdots+a_{n-1}(x)\frac{\mathrm{d}z}{\mathrm{d}x}+a_n(x)z=u(x)$$

和

$$\frac{\mathrm{d}^{(n)}z}{\mathrm{d}x^n}+a_1(x)\frac{\mathrm{d}^{(n-1)}z}{\mathrm{d}x^{n-1}}+\cdots+a_{n-1}(x)\frac{\mathrm{d}z}{\mathrm{d}x}+a_n(x)z=v(x)$$

的解

上述定理 2.12 和定理 2.13 的证明留给读者去完成.

2.2.2　n 阶常系数线性齐次方程解法

首先, 简单的一阶方程

$$y'+ay=0, \tag{2.14}$$

其中 a 是常数, 它有通解 $y=C\mathrm{e}^{-ax}$, 启示我们猜想方程 (2.13) 有形如

$$y=\mathrm{e}^{\lambda x} \tag{2.15}$$

的解, 其中 λ 是待定常数. 将 (2.15) 代入 (2.13) 中得到

$$(\lambda^n+a_1\lambda^{n-1}+\cdots+a_{n-1}\lambda+a_n)\mathrm{e}^{\lambda x}=0.$$

因为 $\mathrm{e}^{\lambda x}\neq 0$, 所以有

$$P(\lambda)=\lambda^n+a_1\lambda^{n-1}+\cdots+a_{n-1}\lambda+a_n=0, \tag{2.16}$$

称 (2.16) 为方程 (2.13) 的**特征方程**, 它的根称为**特征根**.

这样, $y=\mathrm{e}^{\lambda x}$ 是方程 (2.16) 的解, 当且仅当 λ 是特征方程 (2.16) 的根.

下面分两种情形讨论.

1. 特征根都是单根

定理 2.14　若特征方程 (2.16) 有 n 个互异根 $\lambda_1, \lambda_2, \cdots, \lambda_n$, 则

$$y_1 = \mathrm{e}^{\lambda_1 x}, \quad y_2 = \mathrm{e}^{\lambda_2 x}, \quad \cdots, \quad y_n = \mathrm{e}^{\lambda_n x} \tag{2.17}$$

是方程 (2.13) 的一个基本解组.

证明　因为 $\lambda_1, \lambda_2, \cdots, \lambda_n$ 是特征方程 (2.16)n 个互异根, 所以,

$$y_i = \mathrm{e}^{\lambda_i x}, \quad i = 1, 2, \cdots, n$$

是方程 (2.13) 的一组解, 而且由例 2.3 知它们的朗斯基行列式

$$W(x) = \mathrm{e}^{(\lambda_1+\lambda_2+\cdots+\lambda_n)x} \prod_{1 \leqslant j < i \leqslant n} (\lambda_i - \lambda_j) \neq 0, \quad x \in (-\infty, +\infty),$$

从而 (2.17) 是方程 (2.16) 的一个基本解组. 证毕.

例 2.10　求方程 $y'' - y' - 2y = 0$ 的通解.

解　特征方程为 $\lambda^2 - \lambda - 2 = 0$, 特征根为 $\lambda_1 = -1$, $\lambda_2 = 2$, 要求通解为

$$y = C_1 \mathrm{e}^{-x} + C_2 \mathrm{e}^{2x},$$

其中 C_1, C_2 为任意常数.

现在考虑, 特征方程 (2.16) 有复根时, 基解组 (2.17) 中出现的复值解部分的实值化. 由于 (2.16) 的系数是实的, 它的复根一定是共轭成对地出现, 即此时在相异特征根 $\lambda_1, \lambda_2, \cdots, \lambda_n$ 中若有复数, 如 $\lambda_k = a + \mathrm{i}b$($a$, b 为实数), 则有 $\lambda_{k+1} = a - \mathrm{i}b$ 也是 (2.16) 的根. 基解组 (2.17) 中出现复值解

$$y_k = \mathrm{e}^{(a+\mathrm{i}b)x} = \mathrm{e}^{ax}\cos bx + \mathrm{i}\mathrm{e}^{ax}\sin bx, \quad y_{k+1} = \mathrm{e}^{(a-\mathrm{i}b)x} = \mathrm{e}^{ax}\cos bx - \mathrm{i}\mathrm{e}^{ax}\sin bx,$$

可以由一对实部和虚部

$$\mathrm{e}^{ax}\cos bx, \quad \mathrm{e}^{ax}\sin bx$$

给出的实值解替代, 这是由如下定理保证的.

定理 2.15　如果 $y_1, y_2, \cdots, y_n$ 是在区间 I 上的 n 个线性无关的函数, b_1, b_2 是两个不等于零的常数, 则函数组

$$b_1(y_1 + y_2), \quad b_2(y_1 - y_2), \quad y_3, \quad \cdots, \quad y_n \tag{2.18}$$

在区间 I 上仍然是线性无关的.

证明　因为, 若常数组 $c_1, c_2, \cdots, c_n$, 使得

$$c_1 b_1(y_1 + y_2) + c_2 b_2(y_1 - y_2) + \cdots + c_n y_n \equiv 0, \quad x \in I,$$

即

$$(c_1b_1+c_2b_2)\,y_1+(c_1b_1-c_2b_2)\,y_2+\cdots c_ny_n\equiv 0,\quad x\in I,$$

进而由 $y_1,y_2,\cdots,y_n$ 在 I 上线性相关有

$$c_1b_1+c_2b_2=0,\quad c_1b_1-c_2b_2=0,\quad c_2=0,\quad \cdots,\quad c_n=0,$$

所以, 必须有 $c_1=0,c_2=0,\cdots,c_n=0$, 也即函数组 (2.18) 在 I 上线性无关. 证毕.

例 2.11　求方程 $y'''-3y''+9y'+13y=0$ 的通解.

解　特征方程为

$$\lambda^3-3\lambda^2+9\lambda+13=0,$$

即

$$(\lambda+1)(\lambda^2-4\lambda+13)=0.$$

特征根为

$$\lambda_1=-1,\quad \lambda_2=2+3\mathrm{i},\quad \lambda_3=2-3\mathrm{i}.$$

基本解组为

$$\mathrm{e}^{-x},\quad \mathrm{e}^{2x}\cos 3x,\quad \mathrm{e}^{2x}\sin 3x.$$

所要求通解为

$$y=C_1\mathrm{e}^{-x}+\mathrm{e}^{2x}(C_2\cos 3x+C_3\sin 3x).$$

例 2.12　求方程 $y'''-y''+4y'-4y=0$ 的通解.

解　特征方程为 $\lambda^3-\lambda^2+4\lambda-4=0$, 并且

$$\lambda^3-\lambda^2+4\lambda-4=\lambda^2(\lambda-1)+4(\lambda-1)=(\lambda-1)(\lambda^2+4).$$

特征根为

$$\lambda_1=1,\quad \lambda_2=2\mathrm{i},\quad \lambda_3=-2\mathrm{i}.$$

基本解组为

$$\mathrm{e}^{x},\quad \cos 2x,\quad \sin 2x.$$

所要求通解为

$$y=C_1\mathrm{e}^{x}+C_2\cos 2x+C_3\sin 2x.$$

2. 特征根有重根

设 λ_1 是特征方程 (2.16) 的 $k(1<k\leqslant n)$ 重根 (实的或复的), 先看一下简单的二阶常系数方程

$$y''+py'+qy=0,$$

当 $q=\dfrac{p^2}{4}$ 时, 特征方程 $\lambda^2+p\lambda+q=0$ 为 $\left(\lambda+\dfrac{p}{2}\right)^2=0, \lambda_1=-\dfrac{p}{2}$ 是二重特征根, 首先有解 $y_1=\mathrm{e}^{-\frac{p}{2}x}$, 其次, 由公式 (2.7) 还有解

$$y_2=y_1\int\frac{\mathrm{e}^{-\int p(x)\mathrm{d}x}}{y_1^2}\mathrm{d}x=\mathrm{e}^{-\frac{p}{2}x}\int\frac{\mathrm{e}^{-px}}{\mathrm{e}^{-px}}\mathrm{d}x=x\mathrm{e}^{-\frac{p}{2}x}.$$

这样, 二重特征根 $\lambda_1=-\dfrac{p}{2}$ 对应有两个线性无关解 $\mathrm{e}^{-\frac{p}{2}x}, x\mathrm{e}^{-\frac{p}{2}x}$.

现在猜想, 若 λ_1 是 (2.16) 的 k 重根时,(2.13) 有形如

$$\mathrm{e}^{\lambda_1 x},\quad x\mathrm{e}^{\lambda_1 x},\quad \cdots,\quad x^{k-1}\mathrm{e}^{\lambda_1 x}$$

的 k 个特解. 为此, 只需证明：对 $m=0,1,\cdots,k-1$, 总有

$$L[x^m\mathrm{e}^{\lambda_1 x}]\equiv 0,$$

其中 L 是由方程 (2.13) 左端所定义的线性微分算子, 即

$$L[y]=y^{(n)}+a_1y^{(n-1)}+\cdots+a_{n-1}y'+a_ny. \tag{2.19}$$

首先, 若 λ_1 是 (2.16) 的 k 重根, 则有

$$p(\lambda_1)=p'(\lambda_1)=\cdots=p^{(k-1)}(\lambda_1)=0,\quad p^{(k)}(\lambda_1)\neq 0. \tag{2.20}$$

其次, 由于

$$L[\mathrm{e}^{\lambda x}]=p(\lambda)\mathrm{e}^{\lambda x},\quad \frac{\partial^m}{\partial\lambda^m}\mathrm{e}^{\lambda x}=x^m\mathrm{e}^{\lambda x},$$

又由于

$$\begin{aligned}L[x^m\mathrm{e}^{\lambda x}]&=L\left[\frac{\partial^m}{\partial\lambda^m}\mathrm{e}^{\lambda x}\right]=\frac{\partial^m}{\partial\lambda^m}L[\mathrm{e}^{\lambda x}]=\frac{\partial^m}{\partial\lambda^m}(p(\lambda)\mathrm{e}^{\lambda x})\\&=\bigg(p^{(m)}(\lambda)+mp^{(m-1)}(\lambda)x\\&\quad+\frac{m(m-1)}{2!}p^{(m-2)}(\lambda)x^2+\cdots+p(\lambda)x^m\bigg)\mathrm{e}^{\lambda x},\end{aligned} \tag{2.21}$$

于是由 (2.20) 立刻得到 $L[x^m\mathrm{e}^{\lambda_1 x}]\equiv 0$, $m=0,1,\cdots,k-1$, 即函数

$$\mathrm{e}^{\lambda_1 x},\quad x\mathrm{e}^{\lambda_1 x},\quad \cdots,\quad x^{k-1}\mathrm{e}^{\lambda_1 x}$$

都是 (2.13) 的解.

一般地, 当特征方程有多个重根时, 有下面的定理.

定理 2.16 如果方程 (2.13) 有互异的特征根 $\lambda_1, \lambda_2, \cdots, \lambda_p$, 它们的重数分别为 $m_1, m_2, \cdots, m_p, m_i \geqslant 1, \quad m_1+m_2+\cdots+m_p=n$, 则 (2.13) 有与之对应的一组特解

$$\begin{cases} \mathrm{e}^{\lambda_1 x}, x\mathrm{e}^{\lambda_1 x}, \cdots, x^{m_1-1}\mathrm{e}^{\lambda_1 x}, \\ \mathrm{e}^{\lambda_2 x}, x\mathrm{e}^{\lambda_2 x}, \cdots, x^{m_2-1}\mathrm{e}^{\lambda_2 x}, \\ \cdots\cdots \\ \mathrm{e}^{\lambda_p x}, x\mathrm{e}^{\lambda_p x}, \cdots, x^{m_p-1}\mathrm{e}^{\lambda_p x}. \end{cases} \tag{2.22}$$

且 (2.22) 构成 (2.13) 在区间 $(-\infty,+\infty)$ 上的基本解组.

证明 由上述论证, 已知 (2.22) 中每一个函数都是方程 (2.13) 的解. 现在只需证明它们在 $(-\infty,+\infty)$ 上线性无关即可. 使用反证法, 设关系式

$$\sum_{k=1}^{p}\left(c_{k,0}+c_{k,1}x+\cdots+c_{k,m_k-1}x^{m_k-1}\right)\mathrm{e}^{\lambda_k x}\equiv 0 \tag{2.23}$$

在 $(-\infty,+\infty)$ 上成立, 且常数 $c_{k,i}\,(k=1,2,\cdots,p, i=0,1,\cdots,m_k-1)$ 中至少有一个不为零

关系式 (2.23) 可以写成

$$\sum_{k=1}^{p} P_{m_k}(x)\,\mathrm{e}^{\lambda_k x}\equiv 0,$$

其中 $P_{m_k}(x)=c_{k,0}+c_{k,1}x+\cdots+c_{k,m_k-1}x^{m_k-1}$ 是 m_k-1 次多项式, 且 $P_{m_k}(x)\,(k=1,2,\cdots,p)$ 中至少有一个在 $(-\infty,+\infty)$ 上不恒为零.

不妨设 $P_{m_p}(x)\not\equiv 0$, 用 $\mathrm{e}^{-\lambda_1 x}$ 乘上式两端可得

$$P_{m_1}(x)+\sum_{k=2}^{p} P_{m_k}(x)\,\mathrm{e}^{(\lambda_k-\lambda_1)x}\equiv 0,$$

对上式关于 x 求 m_1 阶导数可得

$$\sum_{k=2}^{p} P_{m_k}^{[1]}(x)\,\mathrm{e}^{(\lambda_k-\lambda_1)x}\equiv 0,$$

其中 $P_{m_k}^{[1]}(x)$ 为 m_k 次多项式, 并且 $P_{m_p}^{[1]}(x)\not\equiv 0$, 这是因为

$$\left(P_{m_p}(x)\,\mathrm{e}^{(\lambda_p-\lambda_1)x}\right)^{(m_1)}=P_{m_p}^{[1]}(x)\,\mathrm{e}^{(\lambda_p-\lambda_1)x},$$

故 $P_{m_p}^{[1]}(x)$ 与 $P_{m_p}(x)$ 是同次多项式. 用 $\mathrm{e}^{-(\lambda_2-\lambda_1)x}$ 乘上式两端可得

$$P_{m_2}^{[1]}(x)+\sum_{k=3}^{p}P_{m_k}^{[1]}(x)\,\mathrm{e}^{(\lambda_k-\lambda_2)x}\equiv 0,$$

对上式关于 x 求 m_2 阶导数可得

$$\sum_{k=3}^{p}P_{m_k}^{[2]}(x)\,\mathrm{e}^{(\lambda_k-\lambda_2)x}\equiv 0,$$

并且 $P_{m_p}^{[2]}(x)\not\equiv 0,\cdots$. 如上做法继续下去, 最后可得

$$P_{m_p}^{[p-1]}(x)\,\mathrm{e}^{(\lambda_p-\lambda_{p-1})x}\equiv 0,$$

进而得

$$P_{m_p}^{[p-1]}(x)\equiv 0.$$

但是, 由假设 $P_{m_p}(x)\not\equiv 0$ 知 $P_{m_p}^{[p-1]}(x)\not\equiv 0$, 与上式矛盾. 所以, (2.22) 所给的是 (2.13) 在区间 $(-\infty,+\infty)$ 上的基本解组. 证毕.

若在 (2.22) 中出现复值解, 如 $\lambda_1=a+\mathrm{i}b$ 是方程的 m_1 重特征根, 则有共轭 $\lambda_2=a-\mathrm{i}b$ 也是 (2.13) 的 m_1 重特征根. 因此, 此时 (2.22) 中含有如下的 $2m_1$ 个解:

$$\begin{aligned}
&\mathrm{e}^{(a+\mathrm{i}b)x},\quad x\mathrm{e}^{(a+\mathrm{i}b)x},\quad \cdots,\quad x^{m_1-1}\mathrm{e}^{(a+\mathrm{i}b)x},\\
&\mathrm{e}^{(a-\mathrm{i}b)x},\quad x\mathrm{e}^{(a-\mathrm{i}b)x},\quad \cdots,\quad x^{m_1-1}\mathrm{e}^{(a-\mathrm{i}b)x}.
\end{aligned}$$

用单特征根情况下处理复值解的实值化的同样方法, 可将上面 $2m_1$ 复值解用下面的 $2m_1$ 个实值解替换:

$$\begin{aligned}
&\mathrm{e}^{ax}\cos bx,\quad x\mathrm{e}^{ax}\cos bx,\quad \cdots,\quad x^{m_1-1}\mathrm{e}^{ax}\cos bx,\\
&\mathrm{e}^{ax}\sin bx,\quad x\mathrm{e}^{ax}\sin bx,\quad \cdots,\quad x^{m_1-1}\mathrm{e}^{ax}\sin bx.
\end{aligned}$$

对于其他复根作同样处理, 最后得到方程 (2.13) 的 n 个线性无关的实值解.

例 2.13　求方程 $y''+4y'+4y=0$ 的通解.

解　特征方程为 $\lambda^2+4\lambda+4=0$,$\lambda_1=-2$ 是二重特征根, 要求通解是

$$y=\mathrm{e}^{-2x}(C_1+C_2x).$$

例 2.14　求方程 $y^{(4)}-4y'''+5y''-4y'+4y=0$ 的通解.

解　特征方程是

$$\lambda^4-4\lambda^3+5\lambda^2-4\lambda+4=0,$$

并且

$$\lambda^4 - 4\lambda^3 + 5\lambda^2 - 4\lambda + 4 = (\lambda - 2)^2(\lambda^2 + 1).$$

特征根是

$$\lambda_{1,2} = 2, \quad \lambda_3 = \mathrm{i}, \quad \lambda_4 = -\mathrm{i}.$$

所要求通解为

$$y = c_1\mathrm{e}^{2x} + c_2x\mathrm{e}^{2x} + c_3\cos x + c_4\sin x.$$

例 2.15 求方程 $y''' - 3y'' + 3y' - y = 0$ 的通解.

解 特征方程是

$$\lambda^3 - 3\lambda^2 + 3\lambda - 1 = 0,$$

并且

$$\lambda^3 - 3\lambda^2 + 3\lambda - 1 = (\lambda - 1)^3,$$

特征根 $\lambda_{1,2,3} = 1$ 是三重根, 所要求通解为

$$y = \mathrm{e}^x(C_1 + C_2x + C_3x^2).$$

本节所介绍的求解方程 (2.13) 的方法, 不仅可以求出其通解和初值问题的解, 而且还能求出边值问题的解, 初值问题和边值问题都是常微分方程的定解问题. 常微分方程的边值问题是给定未知函数在区间两个端点处值时的定解问题, 它与求解某些偏分微方程密切相关, 例如, 弦振动方程的求解问题就可以归结为讨论下面的二阶常系数线性方程边值问题是否存在非零解.

例 2.16 试讨论 λ 为何值时, 方程 $y'' + \lambda y = 0$ 有满足 $y(0) = y(1) = 0$ 的非零解.

解 当 $\lambda = 0$ 时, 方程的通解是 $y = C_1 + C_2x$, 要使 $y(0) = y(1) = 0$, 必须有 $C_1 = C_2 = 0$, 于是 $y(x) \equiv 0$.

当 $\lambda < 0$ 时, 方程的通解是 $y = C_1\mathrm{e}^{\sqrt{-\lambda}x} + C_2\mathrm{e}^{-\sqrt{-\lambda}x}$, 要使 $y(0) = y(1) = 0$, 必须

$$\begin{cases} C_1 + C_2 = 0, \\ C_1\mathrm{e}^{\sqrt{-\lambda}} + C_2\mathrm{e}^{-\sqrt{-\lambda}} = 0, \end{cases}$$

即 $C_1 = 0, C_2 = 0$, 于是 $y(x) \equiv 0$.

当 $\lambda > 0$ 时, 方程的通解是

$$y = C_1\cos\sqrt{\lambda}x + C_2\sin\sqrt{\lambda}x,$$

要使 $y(0) = y(1) = 0$, 必须有

$$\begin{cases} C_1 = 0, \\ C_2 \sin\sqrt{\lambda} = 0, \end{cases}$$

所以由 $\sin\sqrt{\lambda} = 0, \lambda = n^2\pi^2$, 得到所要求的非零解为

$$y_n(x) = C_2 \sin n\pi x, \quad C_2 \neq 0, n = \pm 1, \pm 2, \cdots.$$

2.3 n 阶常系数线性非齐次方程

本节讨论 n 阶常系数线性非齐次方程

$$y^{(n)} + a_1 y^{(n-1)} + \cdots + a_{n-1} y' + a_n y = f(x) \tag{2.24}$$

的解法. 由 2.1 和 2.2 节的内容已经知道, (2.24) 的通解等于它的对应齐次方程通解和本身一个特解之和. 在 2.2 节, 我们已经掌握了它对应的齐次方程的通解求法, 这里的问题归结到如何求 (2.24) 的一个特解, 一般方法是常数变易法, 这已在 2.1 节中介绍过, 但其计算比较麻烦. 下面介绍第二种方法, 即待定系数法, 其计算较为简便, 不过, 它仅适用于非齐次项的某些情形. 这里考虑如下两种情形.

2.3.1 具有第一类型非齐次项的常系数线性方程特解的待定系数解法

现在, 考虑 $f(x) = p_m(x)\mathrm{e}^{\alpha x}$ 时, 非齐次方程 (2.24) 的非齐次特解的求法.

先从简单的二阶方程

$$y'' + py' + qy = \mathrm{e}^{\alpha x} \tag{2.25}$$

开始.

因为 $\mathrm{e}^{\alpha x}$ 及其导数与常数线性组合, 结果类型为 $e^{\alpha x}$ 与常数之积, 猜想 (2.25) 有形如

$$y = A\mathrm{e}^{\alpha x} \tag{2.26}$$

的特解, 其中 A 为待定常数. 将它代入 (2.25) 得到 $A(\alpha^2 + p\alpha + q)\mathrm{e}^{\alpha x} = \mathrm{e}^{\alpha x}$,

$$A = \frac{1}{\alpha^2 + p\alpha + q}. \tag{2.27}$$

当 α 不是特征方程

$$\lambda^2 + p\lambda + q = 0 \tag{2.28}$$

的根时, 用 (2.27) 所确定的 A 可得到 (2.25) 的特解.

当 α 是特征方程 (2.28) 的根, $\alpha^2+p\alpha+q=0$ 时, (2.27) 无法确定 A, 联想到对应齐次方程在特征根为重根时, 由重根对应的解有由一个解乘以 x 得出又一个解的情况, 可以产生如下猜想：

当 α 是特征方程 (2.28) 的单根 $(\alpha^2+p\alpha+q=0, 2\alpha+p\neq 0)$ 时, 猜想 (2.25) 有形如

$$y = Ax\mathrm{e}^{\alpha x} \tag{2.29}$$

的特解. 将它代入式 (2.25), 得 $A(\alpha^2+p\alpha+q)x\mathrm{e}^{\alpha x}+A(2\alpha+p)\mathrm{e}^{\alpha x}=\mathrm{e}^{\alpha x}$, 即

$$A(2\alpha+p)\mathrm{e}^{\alpha x}=\mathrm{e}^{\alpha x}, \quad A=\frac{1}{2\alpha+p}, \tag{2.30}$$

这时 (2.25) 有形如 (2.29) 的特解, 其中 A 由 (2.30) 确定.

当 α 是特征方程 (2.28) 的二重根 $(\alpha^2+p\alpha+q=0,\ 2\alpha+p=0)$ 时, (2.30) 无法确定 A, 此时, 猜想 (2.25) 有形如

$$y = Ax^2\mathrm{e}^{\alpha x}$$

的特解. 将它代入式 (2.25), 得

$$A(\alpha^2+p\alpha+q)x^2\mathrm{e}^{\alpha x}+2A(2\alpha+p)x\mathrm{e}^{\alpha x}+2A\mathrm{e}^{\alpha x}=\mathrm{e}^{\alpha x},$$

即 $2A\mathrm{e}^{\alpha x}=\mathrm{e}^{\alpha x}$, 可解出 $A=\dfrac{1}{2}$, 确定出 (2.25) 的特解.

综上所述, 可以得到结论：如果 α 不是 (2.28) 的根, 则 (2.25) 有形如 $A\mathrm{e}^{\alpha x}$ 的特解; 如果 α 是 (2.28) 的单根, 则 (2.25) 有形如 $Ax\mathrm{e}^{\alpha x}$ 的特解; 如果 α 是 (2.28) 的二重根, 则 (2.25) 有形如 $Ax^2\mathrm{e}^{\alpha x}$ 的特解.

现在, 猜想 n 阶常系数线性非齐次方程 (2.24) 的特解有如下推广.

定理 2.17 设 $P_m(x)$ 是 m 次实或复系数的多项式,

$$f(x)=P_m(x)\mathrm{e}^{\alpha x}=\left(p_0x^m+p_1x^{m-1}+\cdots+p_{m-1}x+p_m\right)\mathrm{e}^{\alpha x}, \quad m\geqslant 1, \tag{2.31}$$

则有

(1) 当 α 不是特征根时, (2.24) 有形如

$$y_1(x)=Q_m(x)\mathrm{e}^{\alpha x}$$

的特解, 其中待定多项式

$$Q_m(x)=q_0x^m+q_1x^{m-1}+\cdots+q_{m-1}x+q_m.$$

(2) 当 α 是 $k\,(\geqslant 1)$ 重特征根时, (2.24) 有形如

$$y_1(x)=x^kQ_m(x)\mathrm{e}^{\alpha x}$$

的特解, 其中 $Q_m(x)$ 也是上述待定多项式.

证明　注意到结论 (1) 可视为结论 (2) 中取 $k=0$ 情况, 只需证明结论 (2) 的结果.

因为 α 是 $P(\lambda)=0$ 的 k 重根, 则有

$$P(\alpha)=P'(\alpha)=\cdots=P^{(k-1)}(\alpha)=0,\quad P^{(k)}(\alpha)\neq 0,$$

又由式 (2.21) 知 (无论 λ 是实数还是虚的复数)

$$L[x^m\mathrm{e}^{\lambda x}]=\sum_{v=0}^{m}\mathrm{C}_m^v P^{(v)}(\lambda)x^{m-v}\mathrm{e}^{\lambda x}.$$

所以, 若 α 是 $P(\lambda)=0$ 的 k 重根, 则 $P^{(k)}(\alpha)\neq 0$ 并且

$$\begin{aligned}
&L[x^k\mathrm{e}^{\alpha x}]=\mathrm{C}_k^k P^{(k)}(\alpha)\mathrm{e}^{\alpha x},\\
&L[x^{k+1}\mathrm{e}^{\alpha x}]=\left(\mathrm{C}_{k+1}^k P^{(k)}(\alpha)x+\mathrm{C}_{k+1}^{k+1}P^{(k+1)}(\alpha)\right)\mathrm{e}^{\alpha x},\\
&L[x^{k+2}\mathrm{e}^{\alpha x}]=\left(\mathrm{C}_{k+2}^k P^{(k)}(\alpha)x^2+\mathrm{C}_{k+2}^{k+1}P^{(k+1)}(\alpha)x+\mathrm{C}_{k+2}^{k+2}P^{(k+2)}(\alpha)\right)\mathrm{e}^{\alpha x},\\
&\cdots\cdots\\
&L[x^{k+m}\mathrm{e}^{\alpha x}]=\left(\mathrm{C}_{k+m}^k P^{(k)}(\alpha)x^m+\cdots\right)\mathrm{e}^{\alpha x}.
\end{aligned}$$

可见: 上列各式右边从上到下依次为 x 的 0 到 m 次多项式与 $\mathrm{e}^{\alpha x}$ 的积. 故 $P_m(x)\mathrm{e}^{\alpha x}$ 可由上列几个等式的右边, 也即左边线性表示, 即存在常数 $b_0,b_1,b_2,\cdots,b_n$ 使得

$$b_0L[x^{k+m}\mathrm{e}^{\alpha x}]+b_1L[x^{k+m-1}\mathrm{e}^{\alpha x}]+\cdots+b_{m-1}L[x^{k+1}\mathrm{e}^{\alpha x}]+b_mL[x^k\mathrm{e}^{\alpha x}]=P_m(x)\mathrm{e}^{\alpha x},$$

即

$$L[x^k(b_0x^m+b_1x^{m-1}+\cdots+b_{m-1}x+b_m)e^{\alpha x}]=P_m(x)\mathrm{e}^{\alpha x}.$$

所以方程 $L[y]=P_m(x)\mathrm{e}^{\alpha x}$ 具有如上所述形如 $y_1=x^kQ_m(x)\mathrm{e}^{\alpha x}$ 的特解. 证毕.

附注　定理 2.17 的证明说明: 当定理中 α 为复数时结论也成立.

例 2.17　求方程 $y''=5y'+6y=6x^2-10x+2$ 的通解.

解　对应齐次方程的特征方程是

$$\lambda^2-5\lambda+6=0,$$

特征根 $\lambda_1=2,\lambda_2=3$, 因为 $\alpha=0$ 不是特征根, 因而原方程有形如

$$y_1=Ax^2+Bx+C$$

的特解. 将它代入原方程可得

$$2A-5(2Ax+B)+6(Ax^2+Bx+C)=6x^2-10x+2,$$

即

$$6Ax^2+(6B-10A)x+2A-5B+6C=6x^2-10x+2,$$

比较上式等号两端 x 的同次幂系数, 可得

$$\begin{cases}6A=6,\\6B-10A=-10,\\2A-5B+6C=2.\end{cases}$$

解上述方程组可得

$$A=1,\quad B=0,\quad C=0,$$

故已知方程有特解 $y_1=x^2$, 通解为

$$y=C_1\mathrm{e}^{2x}+C_2\mathrm{e}^{3x}+x^2.$$

例 2.18 求方程 $y''-y'=x^2-x$ 的通解.

解 对应齐次方程的特征方程是

$$\lambda^2-\lambda=0,\quad \lambda(\lambda-1)=0,$$

特征根为 $\lambda_1=0$, $\lambda_2=1$, 由于 $\alpha=0$ 是单特征根, 因而原方程有形如

$$y_1=x(Ax^2+Bx+C)$$

的特解. 将它代入已知方程, 并比较 x 的同次幂系数, 得

$$A=-\frac{1}{3},\quad B=-\frac{1}{2},\quad C=-1,$$

要求通解为

$$y=C_1+C_2\mathrm{e}^{5x}-\frac{1}{3}x^3-\frac{1}{2}x^2-x.$$

例 2.19 求方程 $y''-4y'+4y=3\mathrm{e}^{2x}$ 的通解.

解 对应齐次方程的特征方程是

$$\lambda^2-4\lambda+4=0,$$

特征根为 $\lambda_{1,2}=2$, 由于 $\alpha=2$ 是二重特征根, 因而原方程有形如

$$y_1=Ax^2\mathrm{e}^{2x}$$

的特解. 将它代入已知方程, 并比较 x 的同次幂系数, 得 $A=\dfrac{3}{2}$, 要求通解为

$$y=(C_1+C_2x)\mathrm{e}^{2x}+\frac{3x^2}{2}\mathrm{e}^{2x}.$$

2.3.2 具有第二类型非齐次项的常系数线性方程特解的待定系数解法

现在, 考虑

$$f(x)=\left(P_m^{[1]}(x)\cos\beta x+P_m^{[2]}(x)\sin\beta x\right)\mathrm{e}^{\alpha x}$$

时, 非齐次方程 (2.24) 的特解的求法.

设上式中 $P_m^{[1]}(x)$ 与 $P_m^{[2]}$ 是 x 的次数不高于 m 的多项式, 但二者至少有一个为 m 次.

根据 Euler 公式, 有

$$\cos\beta x=\frac{\mathrm{e}^{\mathrm{i}\beta x}+\mathrm{e}^{-\mathrm{i}\beta x}}{2},\quad \sin\beta x=\frac{\mathrm{e}^{\mathrm{i}\beta x}-\mathrm{e}^{-\mathrm{i}\beta x}}{2\mathrm{i}},$$

这样一来, $f\,(x)$ 可改写成

$$\begin{aligned}f(x)&=P_m^{[1]}(x)\mathrm{e}^{\alpha x}\cdot\frac{\mathrm{e}^{\mathrm{i}\beta x}+\mathrm{e}^{-\mathrm{i}\beta x}}{2}+P_m^{[2]}(x)\mathrm{e}^{\alpha x}\cdot\frac{\mathrm{e}^{\mathrm{i}\beta x}-\mathrm{e}^{-\mathrm{i}\beta x}}{2\mathrm{i}}\\&=\tilde{P}_m^{[1]}(x)\mathrm{e}^{(\alpha+\mathrm{i}\beta)x}+\tilde{P}_m^{[2]}(x)\mathrm{e}^{(\alpha-\mathrm{i}\beta)x},\end{aligned}\tag{2.32}$$

其中 $\tilde{P}_m^{(1)}(x),\tilde{P}_m^{(2)}(x)$ 是 m 次多项式. 因此, 式 (2.32) 相当于两个 (2.31) 形状的函数相加. 再由非齐次方程的一个性质 —— 叠加原理, 情形 (2.32) 可化为情形 (2.31).

非齐次方程叠加原理 设有非齐次方程

$$L[y]=f_1(x)+f_2(x),\tag{2.33}$$

且 $y_1(x),y_2(x)$ 分别是方程 $L[y]=f_1(x),L[y]=f_2(x)$ 的解, 则函数 $y_1(x)+y_2(x)$ 是方程 (2.33) 的解.

证明 由于 $L[y_1(x)]=f_1(x)$, $L[y_2(x)]=f_2(x)$, 故有

$$L[y_1(x)+y_2(x)]=L[y_1(x)]+L[y_2(x)]\equiv f_1(x)+f_2(x).$$

证毕.

根据上述叠加原理, 就可以把情形 (2.32) 化为 (2.31) 了, 再根据定理 2.17, 可给出如下的定理.

定理 2.18 设上式中 $P_m^{[1]}(x)$ 与 $P_m^{[2]}$ 是 x 的次数不高于 m 的多项式, 但二者至少有一个为 m 次, $f(x)=\left(P_m^{[1]}(x)\cos\beta x+P_m^{[2]}(x)\sin\beta x\right)\mathrm{e}^{\alpha x}$, 则有

(1) 如果 $\alpha \pm \mathrm{i}\beta$ 不是特征根时, 方程 (2.24) 有形如

$$y_1 = Q_m^{[1]}(x)\mathrm{e}^{(\alpha+\mathrm{i}\beta)x} + Q_m^{[2]}(x)\mathrm{e}^{(\alpha-\mathrm{i}\beta)x} \tag{2.34}$$

的特解, 其中 $Q_m^{[1]}(x)$ 与 $Q_m^{[2]}(x)$ 是 m 次待定多项式.

(2) 如果 $\alpha \pm \mathrm{i}\beta$ 是 k 重特征根时, 方程 (2.24) 有形如

$$y_1 = x^k\left(Q_m^{[1]}(x)\mathrm{e}^{(\alpha+\mathrm{i}\beta)x} + Q_m^{[2]}(x)\mathrm{e}^{(\alpha-\mathrm{i}\beta)x}\right) \tag{2.35}$$

的特解, 其中 $Q_m^{[1]}(x)$ 与 $Q_m^{[2]}(x)$ 是 m 次待定多项式.

为了求得 (2.32) 情况下, 方程 (2.24) 的实特解, 可以由 $\mathrm{e}^{(\alpha\pm\mathrm{i}\beta)x}$ 的定义, 将 (2.34) 与 (2.35) 化成三角函数的形式, 析出实部或虚部解, 使对应于上述两种情形有如下结果.

(3) 如果 $\alpha \pm \mathrm{i}\beta$ 不是特征根, 则特解具有形状

$$y_1 = \mathrm{e}^{\alpha x}\left(Q_m^{[1]}(x)\cos\beta x + Q_m^{[2]}(x)\sin\beta x\right),$$

其中 $Q_m^{[1]}(x)$ 与 $Q_m^{[2]}(x)$ 是 m 次待定多项式.

(4) 如果 $\alpha \pm \mathrm{i}\beta$ 是 k 重特征根, 则特解应具形状

$$y_1 = x^k\mathrm{e}^{\alpha x}\left(Q_m^{[1]}(x)\cos\beta x + Q_m^{[2]}(x)\sin\beta x\right),$$

其中 $Q_m^{[1]}(x)$ 与 $Q_m^{[2]}(x)$ 是 m 次待定多项式, $Q_m^{[1]}(x)$,$Q_m^{[2]}(x)$ 的系数的求法可应用待定系数法.

附注 即使在 $P_m^{[1]}(x), P_m^{[2]}(x)$ 中有一个恒为零, 方程 (2.24) 的特解仍具有形状 (2.34), (2.35). 即不能为如下情形：当 $P_m^{[1]}(x) \equiv 0$ 时, 就在 (2.34) 或 (2.35) 中令 $Q_m^{[1]}(x) \equiv 0$; 当 $P_m^{[2]}(x) \equiv 0$ 时, 就令 $Q_m^{[2]}(x) \equiv 0$.

例 2.20 求方程 $y'' + y' - 2y = (\cos x - 7\sin x)\,\mathrm{e}^x$ 的通解.

解 对应齐次方程的特征方程是

$$\lambda^2 + \lambda - 2 = 0,$$

特征根为 $\lambda_1 = 1, \lambda_2 = -2$, 因为数 $\alpha \pm \mathrm{i}\beta = 1 \pm \mathrm{i}$ 不是特征根, 故原方程具有形如

$$y_1 = (A\cos x + B\sin x)\mathrm{e}^x$$

的特解, 将上式及

$$y_1' = ((A+B)\cos x + (A-B)\sin x)\,\mathrm{e}^x,$$

$$y_1'' = (2B\cos x - 2A\sin x)\,\mathrm{e}^x$$

代入原方程有

$$\begin{aligned}&(2B\cos x - 2A\sin x)\,\mathrm{e}^x + ((A+B)\cos x + (B-A)\sin x)\,\mathrm{e}^x\\&-2\,(A\cos x + B\sin x)\,\mathrm{e}^x = \mathrm{e}^x(\cos x - 7\sin x),\end{aligned}$$

即

$$(3B-A)\cos x - (B+3A)\sin x = \cos x - 7\sin x,$$

比较上式两端 $\cos x, \sin x$ 的系数, 可得 $\begin{cases}-A+3B=1,\\3A+B=7,\end{cases}$ $A=2, B=1$, 要求通解为

$$y = C_1\mathrm{e}^x + C_2\mathrm{e}^{-2x} + y_1 = C_1\mathrm{e}^x + C_2\mathrm{e}^{-2x} + (2\cos x + \sin x)\,\mathrm{e}^x.$$

例 2.21　求方程 $y'' + y = 2\sin x$ 的通解.

解　对应齐次方程的特征方程是

$$\lambda^2 + 1 = 0,$$

特征根为 $\lambda_{1,2} = \pm\mathrm{i}$, 因为 $\alpha \pm \mathrm{i}\beta = \pm\mathrm{i}$ 是特征方程的单根, 故所求特解应具有形如

$$y_1 = x(A\cos x + B\sin x)$$

的特解, 将上式及

$$\begin{aligned}y_1' &= (A\cos x + B\sin x) + x(-A\sin x + B\cos x)\\&= (A+Bx)\cos x + (B-Ax)\sin x,\\y_1'' &= B\cos x - (A+Bx)\sin x - A\sin x + (B-Ax)\cos x\\&= (2B-Ax)\cos x - (2A+Bx)\sin x\end{aligned}$$

代入原方程, 有

$$\begin{aligned}&(2B-Ax)\cos x - (2A+Bx)\sin x + x(A\cos x + B\sin x)\\=&\,2B\cos x - 2A\sin x = 2\sin x,\end{aligned}$$

比较上式两端 $\cos x, \sin x$ 的系数, 可知 $A=-1,\ B=0$, 要求通解为

$$y = C_1\cos x + C_2\sin x - x\cos x.$$

例 2.22　求方程 $y'' - 6y' + 5y = -3\mathrm{e}^x + 5x^2$ 的通解.

解 对应齐次方程的特征方程是

$$\lambda^2-6\lambda+5=0,$$

特征根为 $\lambda_1=1,\lambda_2=5$, 因为原方程右端由两个加项组成, 根据迭加原理, 可考虑在分别求出两个方程:

(1)

$$y''-6y'+5y=-3\mathrm{e}^x,$$

(2)

$$y''-6y'+5y=5x^2$$

的特解后, 将它们相加得出原方程的一个特解.

对于方程 (1), 有特解 $y_1=Ax\mathrm{e}^x$, 代入可得 $A=\dfrac{3}{4}$, 故

$$y_1=\frac{3}{4}x\mathrm{e}^x.$$

对于方程 (2), 有特解 $y_2=Ax^2+Bx+C$, 代入后可得 $A=1,B=\dfrac{12}{5},C=\dfrac{62}{25}$, 故

$$y_2=x^2+\frac{12}{5}x+\frac{62}{25}.$$

于是, 原方程有特解

$$y_1+y_2=\frac{3}{4}x\mathrm{e}^x+x^2+\frac{12}{5}x+\frac{62}{25},$$

通解为

$$y=C_1\mathrm{e}^x+C_2\mathrm{e}^{5x}+\frac{3}{4}x\mathrm{e}^x+x^2+\frac{12}{5}x+\frac{62}{25}.$$

2.3.3 Euler 方程

形如

$$x^n\frac{\mathrm{d}^ny}{\mathrm{d}x^n}+a_1x^{n-1}\frac{\mathrm{d}^{n-1}y}{\mathrm{d}x^{n-1}}+\cdots+a_{n-1}x\frac{\mathrm{d}y}{\mathrm{d}x}+a_ny=0 \tag{2.36}$$

的方程称为**Euler 方程**.

解法 使用变换 $x=\mathrm{e}^t$, 通过计算可得

$$\frac{\mathrm{d}y}{\mathrm{d}x}=\frac{\mathrm{d}y}{\mathrm{d}t}\frac{\mathrm{d}t}{\mathrm{d}x}=\mathrm{e}^{-t}\frac{\mathrm{d}y}{\mathrm{d}t},\quad \frac{\mathrm{d}^2y}{\mathrm{d}x^2}=\frac{\mathrm{d}t}{\mathrm{d}x}\frac{\mathrm{d}}{\mathrm{d}t}\left(\mathrm{e}^{-t}\frac{\mathrm{d}y}{\mathrm{d}t}\right)=\mathrm{e}^{-2t}\frac{\mathrm{d}}{\mathrm{d}t}\left(\frac{\mathrm{d}^2y}{\mathrm{d}t^2}-\frac{\mathrm{d}y}{\mathrm{d}t}\right),\quad\cdots,$$
$$\frac{\mathrm{d}^ky}{\mathrm{d}x^k}=\mathrm{e}^{-kt}\frac{\mathrm{d}}{\mathrm{d}t}\left(\frac{\mathrm{d}^ky}{\mathrm{d}x^k}+b_1\frac{\mathrm{d}^{k-1}y}{\mathrm{d}t^{k-1}}+\cdots+b_{k-1}\frac{\mathrm{d}y}{\mathrm{d}t}\right),\quad\cdots.$$

将它们 (其中 $b_1,b_2,\cdots,b_k$ 为常数) 代入, Euler 方程 (2.36) 即可转化成以 t 为自变量, y 为未知函数的常系数线性方程, 如果有解 $y=\mathrm{e}^{\lambda t}$, 则 Euler 方程 (2.36) 对应有解 $y=x^\lambda$.

现在, 考虑直接将 $y=x^{\lambda}$ 代入 Euler 方程 (2.36) 可以得到 λ 适合的代数方程

$$\lambda(\lambda-1)\cdots(\lambda-n+1)+a_1\lambda(\lambda-1)\cdots(\lambda-n+2)+\cdots+a_n=0, \tag{2.37}$$

事实上, 到这里已证明了结论：代数方程 (2.37) 是 Euler 方程 (2.36) 在使用变换 $x=\mathrm{e}^t$ 后得到的对应常系数线性齐次方程的特征方程, 也称其为**Euler 方程 (2.36) 的特征方程**. 于是, 方程 (2.37) 的 m 重实根 $\lambda=a$, 对应方程 (2.36) 有 m 个解：

$$x^a,\quad x^a\ln|x|,\quad x^a\ln^2|x|,\quad \cdots,\quad x^a\ln^{m-1}|x|,$$

方程 (2.37) 的 m 重复根 $\lambda=a+\mathrm{i}b(b\neq 0)$, 对应方程 (2.36) 有 $2m$ 个实解：

$$\begin{aligned}&x^a\cos(b\ln|x|),\quad x^a\ln|x|\cos(b\ln|x|),\quad \cdots,\quad x^a\ln^{m-1}|x|\cos(b\ln|x|),\\&x^a\sin(b\ln|x|),\quad x^a\ln|x|\sin(b\ln|x|),\quad \cdots,\quad x^a\ln^{m-1}|x|\sin(b\ln|x|).\end{aligned}$$

例 2.23 求方程 $x^2y''-4xy'+6y=0$ 的通解.

解 原方程是 Euler 方程, 其特征方程是 $\lambda(\lambda-1)-4\lambda+6=0$, 即

$$(\lambda-2)(\lambda-3)=0,$$

特征根为 $\lambda_1=2,\lambda_2=3$, 所要求通解为 $y=c_1x^2+c_2x^3$.

例 2.24 求方程 $x^2y''-xy'+2y=0$ 的通解.

解 原方程是 Euler 方程, 其特征方程是 $\lambda(\lambda-1)-\lambda+2=0$, 即

$$\lambda^2-2\lambda+2=0,$$

特征根为 $\lambda_{1,2}=1\pm\mathrm{i}$, 所要求通解为

$$y=c_1x\cos(\ln|x|)+c_2x\sin(\ln|x|).$$

2.4 二阶常系数线性方程与数学摆分析

日常生活和工程技术中有许多运动, 如钟摆的往复摆动、弹簧的振动、乐器中弦线的振动、电路中的电振荡等振动问题, 在一定条件下, 都具有与微小振动的数学摆的运动规律一样的数学模型 —— 二阶常系数线性方程. 本节对在第 1 章中已建立了方程的做微小振动时数学摆的运动规律作一专门讨论.

2.4.1 无阻尼自由振动 —— 简谐振动

无阻尼自由振动数学摆运动方程 (1.5) 为

$$\frac{\mathrm{d}^2\varphi}{\mathrm{d}t^2}+\frac{g}{l}\varphi=0,$$

令 $\frac{g}{l}=\omega^2\,(\omega>0)$, 上式即

$$\frac{\mathrm{d}^2\varphi}{\mathrm{d}t^2}+\omega^2\varphi=0, \tag{2.38}$$

它的通解为

$$\varphi=C_1\cos\omega t+C_2\sin\omega t.$$

由三角学知识, 可把上式改写成如下形式:

$$\varphi=\sqrt{C_1^2+C_2^2}\left(\frac{C_1}{\sqrt{C_1^2+C_2^2}}\cos\omega t+\frac{C_2}{\sqrt{C_1^2+C_2^2}}\sin\omega t\right),$$

即方程 (3.38) 的通解也可写成

$$\varphi=A\sin(\omega t+\alpha), \tag{2.39}$$

其中 A,α 为任意常数. 由此可见, 物体在平衡位置附近做**简谐振动**(图 2.1). 这里, A 称为**振幅**, 幅角 $\omega t+\alpha$ 称为**振动的相位**, 简称**相位**, 相位在 $t=0$ 时所取的值 α, 称为**初相位**, $\omega=\sqrt{\frac{g}{l}}$ 称为固有**振动频率**, 周期是

$$T=\frac{2\pi}{\omega}=2\pi\sqrt{\frac{l}{g}}.$$

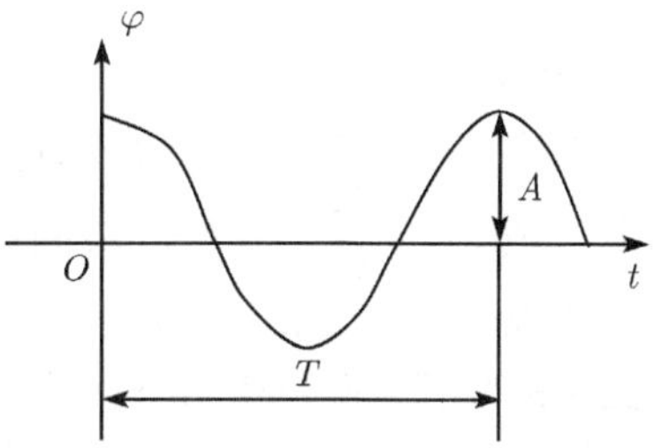

图 2.1

如果把数学摆移至位置 $\varphi=\varphi_0$ 处, 然后突然松开, 使其自由摆动, 那么, 数学摆的运动满足初始条件

$$\varphi(0)=\varphi_0,\quad \varphi'(0)=0, \tag{2.40}$$

将它代入 (2.39) 可得 $\alpha=\frac{\pi}{2},A=\varphi_0$, 进而有, 方程 (2.38) 满足初始条件 (2.40) 的解为

$$\varphi=\varphi_0\cos\omega t.$$

2.4.2 有阻尼自由振动

由 (2.39) 看到, 无阻尼自由振动按正弦规律做周期运动, 摆动将无限期的进行下去, 但实际情况是, 在空气中, 摆总是经过一段时间后就会停下来, 这说明上面所得方程并没有完全反映摆的运动规律. 因为空气阻力实际上存在, 由此必须把运动所受的阻力这一因素考虑进去, 从而有阻尼自由振动方程 (1.6)

$$\frac{\mathrm{d}^2\varphi}{\mathrm{d}t^2}+\frac{\mu}{m}\frac{\mathrm{d}\varphi}{\mathrm{d}t}+\frac{g}{l}\varphi=0,$$

令 $\dfrac{\mu}{m}=2n, \dfrac{g}{l}=\omega^2\ (n>,\omega>0)$, 上式即

$$\frac{\mathrm{d}^2\varphi}{\mathrm{d}t^2}+2n\frac{\mathrm{d}\varphi}{\mathrm{d}t}+\omega^2\varphi=0, \tag{2.41}$$

它是一个二阶常系数线性齐次方程, 特征根是

$$\lambda_{1,2}=-n\pm\sqrt{n^2-\omega^2}. \tag{2.42}$$

现在分三种情况讨论:

(1) $n<\omega$ 时, 对应于介质阻尼相对不太大的情形, 记 $\omega_1=\sqrt{\omega^2-n^2}$, 则方程 (2.41) 的通解为

$$\varphi=\mathrm{e}^{-nt}(C_1\cos\omega_1 t+C_2\sin\omega_1 t),$$

它可化为

$$\varphi=A\mathrm{e}^{-nt}\sin(\omega_1 t+\alpha), \tag{2.43}$$

其中 A, α 为任意常数.

由式 (2.43) 可见, 摆的运动已不是周期的, 振动的最大偏离随时间增加而不断减小, 摆从一个最大偏离到达同侧下一个最大偏离所需的时间为 $T=\dfrac{2\pi}{\omega_1}$. 图 2.2 表示函数 (2.43), 图上虚线是 $\varphi=A\mathrm{e}^{-nt}$ 的图形, 实线则表示摆动运动的偏离随时间变化的规律, 它夹在两条虚线的中间, 因为有阻力存在, 所以摆动的最大偏离随时间增加而不断减小, 最后达到平衡位置 $\varphi=0$.

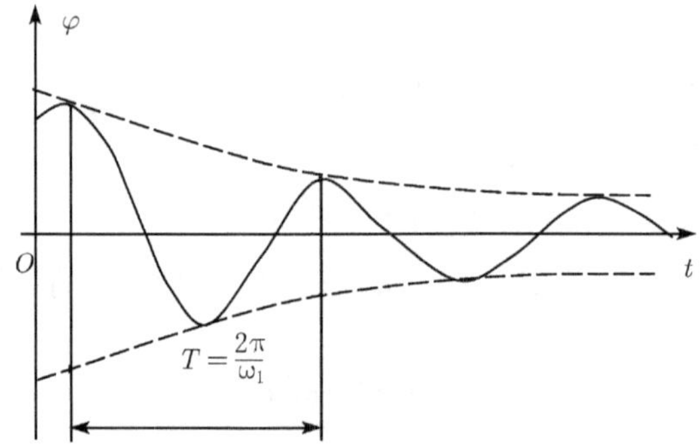

图 2.2

(2) $n>\omega$ 时, 对应于介质阻尼相对较大的情形, 特征根为 $\lambda_2<\lambda_1<0$, 这时方程的通解为

$$\varphi=C_1\mathrm{e}^{\lambda_1 t}+C_2\mathrm{e}^{\lambda_2 t}, \tag{2.44}$$

由式(2.44)可见, 摆的运动也不是周期的, 因为方程 $C_1\mathrm{e}^{\lambda_1 t}+C_2\mathrm{e}^{\lambda_2 t}=0$ 关于 t 最多只有一个解, 所以摆最多只通过平衡位置一次. 由 $\varphi'=\left(C_1\lambda_1+C_2\lambda_2\mathrm{e}^{(\lambda_2-\lambda_1)t}\right)\cdot\mathrm{e}^{\lambda_1 t}$

知道, 当 t 足够大时, φ' 与 C_1 符号相反, 因此, 介质阻尼相对较大的情形, 摆动不是周期的. 但是经过一段时间后, 摆会单调地趋于平衡位置, 运动规律 (2.42) 几何表示如图 2.3 所示.

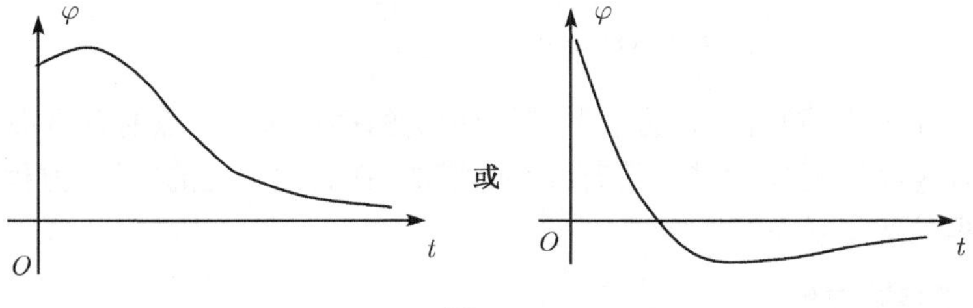

图 2.3

(3) $n=\omega$, 这时对应的介质阻尼称为**临界阻尼**情形, 特征根为 $\lambda_1=\lambda_2=-n$, 这时方程的通解为

$$\varphi=(C_1+C_2t)\,\mathrm{e}^{-nt}. \tag{2.45}$$

由式 (2.45) 可见, 摆的运动也不是周期的, 其运动规律 (2.45) 的几何表示与图 2.3 相类似.

2.4.3 无阻尼强迫振动

如果一个振动系统还受到一个外力的作用, 则称这种振动为**强迫振动**. 常见的外力往往是按周期变化的, 现在考虑按正弦变化的周期外力作用下的强迫振动.

数学摆的微小强迫振动适合方程 (1.7)

$$\frac{\mathrm{d}^2\varphi}{\mathrm{d}t^2}+\frac{\mu}{m}\frac{\mathrm{d}\varphi}{\mathrm{d}t}+\frac{g}{l}\varphi=\frac{1}{ml}F\,(t)\,.$$

现考察无阻尼强迫振动, 即 $\mu=0$ 情况. 令

$$\frac{g}{l}=\omega^2,\quad \frac{1}{ml}F\,(x)=H\sin pt,$$

其中 H 为常数, p 称为外力固有振动频率. 此时, 方程 (1.7) 即

$$\frac{\mathrm{d}^2\varphi}{\mathrm{d}t^2}+\omega^2\varphi=H\sin pt. \tag{2.46}$$

当 $\omega\neq p$ 时, 方程 (2.43) 通解为 (实际求解留给读者)

$$\varphi=A\sin(\omega t+\alpha)+\frac{H}{\omega^2-p^2}\sin pt, \tag{2.47}$$

其中 A,α 为任意常数. 此处通解表达式的两个组成部分, 第一部分 $A\sin(\omega t+\alpha)$ 是无阻尼自由振动的解, 代表固有振动, 第二部分 $\dfrac{H}{\omega^2-p^2}\sin pt$, 代表外力引起的

强迫振动, 是振动频率等于外力频率, 而振幅不同的项. 如果外力的固有振动频率 p 越接近固有振动频率 ω, 则强迫振动项的振幅就越大.

当 $\omega = p$ 时, 方程 (2.43) 通解为 (实际求解留给读者)

$$\varphi = A\sin(\omega t + \alpha) - \frac{H}{2\omega}t\cos\omega t. \tag{2.48}$$

式 (2.48) 表明, 随着时间的增大, 对应情况的摆相对平衡点的偏离将无限增加, 这种现象称为**共振现象**. 但是, 随着时间的增加, 在到达一定的时候, 方程 (2.46) 就不能描述摆的运动状态了.

2.4.4 有阻尼强迫振动

这时摆的运动适合方程

$$\frac{\mathrm{d}^2\varphi}{\mathrm{d}t^2} + 2n\frac{\mathrm{d}\varphi}{\mathrm{d}t} + \omega^2\varphi = H\sin pt. \tag{2.49}$$

这里只讨论 $n < \omega$ 时的小阻尼情况. 这时方程具有形式解

$$\bar{\varphi} = M\cos pt + N\sin pt,$$

将上式代入 (2.49), 比较同类项系数, 可得

$$M = \frac{-2npH}{(\omega^2 - p^2)^2 + 4n^2p^2} N = \frac{(\omega^2 - p^2)H}{(\omega^2 - p^2)^2 + 4n^2p^2},$$

进而得

$$\bar{\varphi} = \frac{H}{\sqrt{(\omega^2 - p^2)^2 + 4n^2p^2}}\left(\frac{-2np\cos pt}{\sqrt{(\omega^2 - p^2)^2 + 4n^2p^2}} + \frac{(\omega^2 - p^2)\sin pt}{\sqrt{(\omega^2 - p^2)^2 + 4n^2p^2}}\right),$$

即

$$\bar{\varphi} = \frac{H}{\sqrt{(\omega^2 - p^2)^2 + 4n^2p^2}}\sin(pt - \theta), \tag{2.50}$$

其中 $\theta = \arctan\dfrac{2np}{\omega^2 - p^2}$. 注意到, (2.49) 对应的齐次方程的通解是 (2.43), 所以有

$$\varphi = A\mathrm{e}^{-nt}\sin(\omega_1 t + \alpha) + \frac{H}{\sqrt{(\omega^2 - p^2)^2 + 4n^2p^2}}\sin(pt - \theta), \tag{2.51}$$

这就是方程 (2.49) 的通解, 其中 A, α 为任意常数, $\omega_1 = \sqrt{\omega^2 - n^2}$.

由 (2.51) 看到, 组成方程 (2.49) 通解的两项中, 第一项是有阻尼的自由振动, $t \to +\infty$ 时, 很快地消失, 因而, 通解的主要部分是第二项. 不难发现, 在考虑强迫振动时, 这部分才是主要的, 它周期性地变化, 与周期外力 $H\sin pt$ 相比较, 频

率一样, 但相位和振幅都不同了. 令 $\Phi(p) = \left(\omega^2 - p^2\right)^2 + 4n^2p^2$, 由于 $\Phi'(p) = -4p\left(\omega^2 - p^2\right) + 8n^2p = 0$ 有 $p^2 = \omega^2 - 2n^2$, 而且在 $2n^2 < \omega^2$ 时, $\Phi''\left(\sqrt{\omega^2 - 2n^2}\right) = 8p^2 > 0$. 所以, 在 $2n^2 < \omega^2$ 的小阻尼情况, $p = \sqrt{k^2 - n^2}$ 时, $\Phi(p)$ 取最小值, 相应解的振幅取最大值为

$$B = \frac{H}{\sqrt{4n^4 + 4n^2\left(\omega^2 - 2n^2\right)}} = \frac{H}{2n\sqrt{\omega^2 - n^2}}.$$

这说明, 外力的频率 $p = \sqrt{\omega^2 - 2n^2}$ 时, 强迫振动项的振幅达到最大值, 这时的外力频率称为**共振频率**, 产生的现象称为**共振现象**, 上式所确定的 B 称为**共振振幅**. 注意到 n 很小时, $p \approx \omega$, 上式还表明, $\lim\limits_{n\to 0} B = +\infty$, 即阻尼力很小时, 系统的固有频率 ω 接近于外力的频率 p, 共振振幅可以变得很大.

习 题 2

1. 函数组 $\pi, \arcsin t, \arccos t$ 的朗斯基行列式为________________.

2. 若 $y = \ln x, y = \mathrm{e}^x$ 是二阶线性微分方程 $L[y] = f(x)$ 的一个基本解组, 则由常数变易法知道此处方程具有形式解 $y = C_1(x)\ln x + C_2(x)\mathrm{e}^x$, 其中 $C_1(x), C_2(x)$ 由方程组________________求出 $C_1'(x), C_2'(x)$ 后去确定.

3. 已知方程 $\ddot{x} + \mathrm{e}^t\dot{x} - t^2x = 0$ 的一个特解为 x_1, 则方程 $\ddot{x} + \mathrm{e}^t\dot{x} - t^2x = f(t)$ 的通解可表示为________________.

4. 线性齐次方程________________的基本解组为 $t, \mathrm{e}^t, t\mathrm{e}^t$.

5. 求作一个线性微分方程, 它具有基本解组 $y_1 = x$, $y_2 = \mathrm{e}^x$, $y_3 = \sin x$.

6. 求解方程 $(1 - t^2)\ddot{x} - 2t\dot{x} + 2x = 0$, 此处方程有特解 $x_1 = t$.

7. 求解方程 $t^3\dddot{x} - 3t^2\ddot{x} + 6t\dot{x} - 6x = 0$, 此处方程有特解 $x_1 = t$, $x_2 = t^2$.

8. 求解方程 $\dddot{x} - 3\ddot{x} + 4x = 0$.

9. 求解方程 $y''' - 2y'' - 3y' + 10y = 0$.

10. 求解方程 $x^{(4)} - 2\dddot{x} + \ddot{x} + 18\dot{x} - 90x = 0$.

11. 求解方程 $y^{(4)} - 4y''' + 8y'' - 8y' + 3y = 0$.

12. 求解方程 $y^{(4)} - 4y''' + 6y'' - 4y' + y = 0$.

13. 求解方程 $y^{(6)} - 2y^{(4)} - y'' + 2y = 0$.

14. 求解方程 $\ddot{x} + 2a\dot{x} + k^2x = 0\,(a > 0)$.

15. 求解方程 $y'' + y = x\mathrm{e}^{-x}$.

16. 求解方程 $y'' - 2y' + 4y = (x + 2)\mathrm{e}^{3x}$.

17. 求解方程 $\ddot{x} + 6\dot{x} + 13x = \mathrm{e}^t(t^2 - 5t + 2)$.

18. 求解方程 $2y'' + 3y' + y = 4 - \mathrm{e}^x$.

19. 求解方程 $\ddot{x} - 4\dot{x} + 4x = \mathrm{e}^t + \mathrm{e}^{2t} + 1$.

20. 求解方程 $y'' + 9y = 18\cos 3x - 30\sin 3x$.

21. 求解方程 $\ddot{x} + 4x = 2\sin t\cos t$.

22. 求解方程 $2y'' + 5y' = \cos^2 x$.

23. 设 $f(x)$ 在 $[a, +\infty)$ 上连续, 且有 $\lim\limits_{x\to+\infty} f(x) = 0$,$y(x)$ 是方程

$$y'' + 3y' + 2y = f(x)$$

的解, 试证明 $\lim\limits_{x\to+\infty} y(x) = 0$.

24. 求解方程 $\ddot{x} - 2\dot{x} + 2x = t\mathrm{e}^t \cos t$.

25. 求解方程 $\ddot{x} - 6\dot{x} + 5x = -3\mathrm{e}^t + 5t^2$.

26. 求解方程 $y'' + 3y' + 2y = \mathrm{e}^{-x} + \sin x$.

27. 求解方程 $y'' - 4y' + 4y = \dfrac{1}{x^2}\mathrm{e}^{2x}$.

28. 求解方程 $t\ddot{x} - t\dot{x} + x = 0$.

29. 求解方程 $x^2y'' + 2xy' - 2y = x^2 + 2$.

30. 求解方程 $t^2\dfrac{\mathrm{d}^2x}{\mathrm{d}t^2} - t\dfrac{\mathrm{d}x}{\mathrm{d}t} + x = t\ln t$.

31. 利用代换 $y = \dfrac{u}{\cos x}$, 求解方程 $y''\cos x - 2y'\sin x + 3y\cos x = \mathrm{e}^x$.

参 考 文 献

丁同仁, 李承治. 1985. 常微分方程. 北京：高等教育出版社.

东北师范大学微分方程教研室. 2005. 常微分方程. 第二版. 北京: 高等教育出版社.

金福临, 李训经. 1997. 常微分方程. 上海：上海科技出版社.

卡姆克 E. 1980. 常微分方程手册. 张鸿林译. 北京：科学出版社.

斯米尔诺夫 B N. 1955. 高等数学教程 (第二卷, 第一分册). 孙念增译. 北京：人民教育出版社.

塞蒙斯 G F. 1981. 微分方程. 张京理译. 北京：人民教育出版社.

史捷班诺夫 B B. 1956. 常微分方程教程. 卜元震译. 北京：高等教育出版社.

同济大学应用数学系. 2002. 高等数学 (下册). 第五版. 北京：高等教育出版社.

王高雄, 周之铭, 朱思铭等. 2006. 常微分方程. 第三版. 北京：高等教育出版社.

魏俊杰, 潘家齐, 蒋达清. 2002. 常微分方程. 北京：高等教育出版社.

叶彦谦. 1982. 常微分方程讲义. 第二版. 北京：人民教育出版社.

赵奎奇. 2004. 关于线性微分方程的刘维尔公式组. 大学数学, 20(6): 102~104.

赵奎奇. 2006. 几个特殊类型微分方程的统一方法. 高等数学研究, 9(3): 30, 31.

赵奎奇. 2007. 常系数非齐次线性微分方程的特解又一分析. 高等数学研究, 10(3): 54.

第 3 章　线性微分方程组的解法

在第 1、2 章中, 我们主要介绍了含有 1 个未知函数的常微分方程及其解法. 本章主要介绍含有多个未知函数的常微分方程, 即微分方程组. 选讲一些比较经典的解法.

3.1　微分方程组的基本概念

3.1.1　线性微分方程组的概念

定义 3.1　含有单个自变量 t, n 个未知函数 $x_1(t), x_2(t), \cdots, x_n(t)$(统一地写成向量形式 $\boldsymbol{x} = \boldsymbol{x}(t) = (x_1(t), x_2(t), \cdots, x_n(t))^{\mathrm{T}}$), 以及 $\boldsymbol{x} = \boldsymbol{x}(t)$ 的直到 n 阶导数的函数方程组

$$\boldsymbol{x}^{(n)}(t) = \boldsymbol{h}(t, \boldsymbol{x}, \boldsymbol{x}', \cdots, \boldsymbol{x}^{(n-1)}) \tag{3.1}$$

称为含有 n 个未知函数 $x_1(t), x_2(t), \cdots, x_n(t)$ 的**微分方程组**. 在微分方程组 (3.1) 中, $\boldsymbol{h}(t, \boldsymbol{x}, \boldsymbol{x}', \cdots, \boldsymbol{x}^{(n-1)}) = (h_1(t, \boldsymbol{x}, \boldsymbol{x}', \cdots, \boldsymbol{x}^{(n-1)}), \cdots, h_n(t, \boldsymbol{x}, \boldsymbol{x}', \cdots, \boldsymbol{x}^{(n-1)}))^{\mathrm{T}}$ 是 n 个已知函数所构成的列向量. 为区分不同的微分方程组, 我们将方程组中实际出现的未知函数的最高阶导数的阶数 n 称为**微分方程组的阶**. 如果 $\boldsymbol{h}(t, \boldsymbol{x}, \boldsymbol{x}', \cdots, \boldsymbol{x}^{(n-1)})$ 关于 $\boldsymbol{x}, \boldsymbol{x}', \cdots, \boldsymbol{x}^{(n-1)}$ 是一次的, 则称此方程组为**线性微分方程组**, 否则称为**非线性微分方程组**. 如果有 n 个函数 $\varphi_1(t), \varphi_2(t), \cdots, \varphi_n(t)$ 使得 (3.1) 成为恒等式, 那么称 $\boldsymbol{x} = \boldsymbol{\varphi}(t) = (\varphi_1(t), \varphi_2(t), \cdots, \varphi_n(t))^{\mathrm{T}}$ 为 (3.1) 的一个**解**.

含有 n 个未知函数 $x_1(t), x_2(t), \cdots, x_n(t)$ 的一阶微分方程组的形式为

$$\begin{cases} \dfrac{\mathrm{d}x_1}{\mathrm{d}t} = f_1(t, x_1, \cdots, x_n), \\ \cdots\cdots \\ \dfrac{\mathrm{d}x_n}{\mathrm{d}t} = f_n(t, x_1, \cdots, x_n). \end{cases} \tag{3.2}$$

定义 3.2　设函数组 $x_1(t), x_2(t), \cdots, x_n(t)$ 在区间 $a \leqslant t \leqslant b$ 上可微, 且有恒等式

$$\frac{\mathrm{d}x_i(t)}{\mathrm{d}t} \equiv f_i(t, x_1(t), x_2(t), \cdots, x_n(t)), \quad i = 1, 2, \cdots, n, \tag{3.3}$$

则称函数组 $x_1(t), x_2(t), \cdots, x_n(t)$ 为一阶微分方程组 (3.2) 在 $[a, b]$ 上的一个**解**. 含有 n 个独立的任意常数 $c_1, c_2, \cdots, c_n$ 的解

$$x_i = \varphi_i(t, c_1, c_2, \cdots, c_n), \quad i = 1, 2, \cdots, n \tag{3.4}$$

称为方程组 (3.2) 的**通解**. 如果通解满足方程组

$$\begin{cases} \Phi_1(t, x_1, x_2, \cdots, x_n; c_1, c_2, \cdots c_n) = 0, \\ \Phi_2(t, x_1, x_2, \cdots, x_n; c_1, c_2, \cdots c_n) = 0, \\ \cdots\cdots \\ \Phi_n(t, x_1, x_2, \cdots, x_n; c_1, c_2, \cdots c_n) = 0, \end{cases} \tag{3.5}$$

则称 (3.5) 为方程组 (3.2) 的**通积分**.

定义 3.3　给定 n 个条件:

$$x_1(t_0) = x_{01}, \quad x_2(t_0) = x_{02}, \quad \cdots, \quad x_n(t_0) = x_{0n}, \tag{3.6}$$

它们称为方程组 (3.2) 的**初始条件.** 一阶微分方程组 (3.2) 和初始条件 (3.6) 一起称为方程组 (3.2) 的**初值问题**.

与第 1, 2 章中方程的情况一样, 如果已经求得 (3.2) 的通解, 而要求满足初始条件 (3.6) 的解, 我们把 (3.6) 代入通解 (3.4) 之中, 得到关于 $c_1, c_2, \cdots, c_n$ 的 n 个方程, 如果能从其中解 $c_1, c_2, \cdots, c_n$, 则将它们再代回 (3.4), 就得所求的解.

3.1.2　函数矩阵、函数向量和连续函数的范数

因为线性微分方程组的讨论与向量、矩阵及其相关运算紧密相连, 所以下面来介绍有关向量、矩阵的一些基本性质.

$n \times n$ 维函数矩阵　$\boldsymbol{A}(t)$定义为

$$\boldsymbol{A}(t) = \begin{bmatrix} a_{11}(t) & a_{12}(t) & \cdots & a_{1n}(t) \\ a_{21}(t) & a_{22}(t) & \cdots & a_{2n}(t) \\ \vdots & \vdots & & \vdots \\ a_{n1}(t) & a_{n2}(t) & \cdots & a_{nn}(t) \end{bmatrix}, \tag{3.7}$$

它由 n^2 个函数 $a_{ij}(t)(i, j = 1, 2, \cdots, n)$ 作为元素构成.

n 维函数列向量　$\boldsymbol{x}(t)$ 或 $n \times 1$ 维函数矩阵定义为

$$\boldsymbol{x}(t) = \begin{bmatrix} x_1(t) \\ x_2(t) \\ \vdots \\ x_n(t) \end{bmatrix}$$

或

$$\boldsymbol{x}(t) = (x_1(t), x_2(t), \cdots, x_n(t))^{\mathrm{T}}. \tag{3.8}$$

此时, 与代数中纯量矩阵相乘等的相关性质在此对以函数为元素的矩阵同样成立.

下面引入函数向量和函数矩阵的连续、可微和可积的概念.

定义 3.4 一个函数矩阵或者一个函数向量在区间 $a \leqslant t \leqslant b$ 上称为**连续的**, 如果它的每一个元素都是区间 $a \leqslant t \leqslant b$ 上的连续函数.

定义 3.5 函数矩阵 $\boldsymbol{A}(t)$ 或函数向量 $\boldsymbol{x}(t)$ 在区间 $a \leqslant t \leqslant b$ 上称为**可微的**, 如果它的每一个元素都是区间 $a \leqslant t \leqslant b$ 上可微的函数. 它们的导数分别由下式给出:

$$\boldsymbol{A}'(t) = \begin{bmatrix} a'_{11}(t) & a'_{12}(t) & \cdots & a'_{1n}(t) \\ a'_{21}(t) & a'_{22}(t) & \cdots & a'_{2n}(t) \\ \vdots & \vdots & & \vdots \\ a'_{n1}(t) & a'_{n2}(t) & \cdots & a'_{nn}(t) \end{bmatrix}, \quad \boldsymbol{x}'(t) = \begin{bmatrix} x'_1(t) \\ x'_2(t) \\ \vdots \\ x'_n(t) \end{bmatrix}.$$

定义 3.6 函数矩阵 $\boldsymbol{A}(t)$ 或函数向量 $\boldsymbol{x}(t)$ 在区间 $a \leqslant t \leqslant b$ 上称为是**可积**的, 如果它的每一个元素都是区间 $a \leqslant t \leqslant b$ 上可积的函数. 它们的积分分别由下式给出:

$$\int_a^b \boldsymbol{A}(t)\mathrm{d}t = \begin{bmatrix} \int_a^b a_{11}(t)\mathrm{d}t & \int_a^b a_{12}(t)\mathrm{d}t & \cdots & \int_a^b a_{1n}(t)\mathrm{d}t \\ \int_a^b a_{21}(t)\mathrm{d}t & \int_a^b a_{22}(t)\mathrm{d}t & \cdots & \int_a^b a_{2n}(t)\mathrm{d}t \\ \vdots & \vdots & & \vdots \\ \int_a^b a_{n1}(t)\mathrm{d}t & \int_a^b a_{n2}(t)\mathrm{d}t & \cdots & \int_a^b a_{nn}(t)\mathrm{d}t \end{bmatrix},$$

$$\int_a^b \boldsymbol{x}(t)\mathrm{d}t = \begin{bmatrix} \int_a^b x_1(t)\mathrm{d}t \\ \int_a^b x_2(t)\mathrm{d}t \\ \vdots \\ \int_a^b x_n(t)\mathrm{d}t \end{bmatrix}.$$

易证, 如果 $n \times n$ 维矩阵 $\boldsymbol{A}(t)$, $\boldsymbol{B}(t)$ 及 n 维向量 $\boldsymbol{x}(t)$, $\boldsymbol{y}(t)$ 在区间 $a \leqslant t \leqslant b$ 上是可微或者可积的, 那么下列等式是成立的:

(1) $[\boldsymbol{A}(t)+\boldsymbol{B}(t)]' = \boldsymbol{A}'(t)+\boldsymbol{B}'(t), \int_a^b [\boldsymbol{A}(t)+\boldsymbol{B}(t)]\mathrm{d}t = \int_a^b \boldsymbol{A}(t)\mathrm{d}t + \int_a^b \boldsymbol{B}(t)\mathrm{d}t,$

$$[\boldsymbol{x}(t)+\boldsymbol{y}(t)]' = \boldsymbol{x}'(t)+\boldsymbol{y}'(t), \int_a^b [\boldsymbol{x}(t)+\boldsymbol{y}(t)]\mathrm{d}t = \int_a^b \boldsymbol{x}(t)\mathrm{d}t + \int_a^b \boldsymbol{y}(t)\mathrm{d}t;$$

(2) $[\boldsymbol{A}(t)\cdot\boldsymbol{B}(t)]'=\boldsymbol{A}'(t)\cdot\boldsymbol{B}(t)+\boldsymbol{A}(t)\cdot\boldsymbol{B}'(t)$,

$$\int_a^b[\boldsymbol{A}(t)\cdot\boldsymbol{B}(t)]\mathrm{d}t=\int_a^b\boldsymbol{A}(t)\mathrm{d}t\cdot\int_a^b\boldsymbol{B}(t)\mathrm{d}t;$$

(3) $[\boldsymbol{A}(t)\boldsymbol{x}(t)]'=\boldsymbol{A}'(t)\boldsymbol{x}(t)+\boldsymbol{A}(t)x'(t),\int_a^b[\boldsymbol{A}(t)\boldsymbol{x}(t)]\mathrm{d}t=\int_a^b\boldsymbol{A}(t)\mathrm{d}t\int_a^b\boldsymbol{x}(t)\mathrm{d}t.$

定义 3.7 对于 $n\times n$ 维矩阵 $\boldsymbol{A}=(a_{ij})_{n\times n}$ 及 n 维列向量 $\boldsymbol{x}=(x_1,x_2,\cdots,x_n)^{\mathrm{T}}$ 分别定义它们的**范数**为

$$\|\boldsymbol{A}\|=\sum_{i,j=1}^{n}|a_{ij}|,\quad \|\boldsymbol{x}\|=\sum_{i=1}^{n}|x_i|. \tag{3.9}$$

设 $\boldsymbol{A}$, $\boldsymbol{B}$ 是 $n\times n$ 维矩阵, $\boldsymbol{x}$ 和 $\boldsymbol{y}$ 是 n 维列向量, 则由 (3.9) 所定义的范数有如下性质:

(1) 正定性.

$$\|\boldsymbol{x}\|\geqslant 0,\quad \|\boldsymbol{x}\|=0\Leftrightarrow\boldsymbol{x}=\boldsymbol{0},$$
$$\|\boldsymbol{A}\|\geqslant 0,\quad \|\boldsymbol{A}\|=0\Leftrightarrow\boldsymbol{A}=\boldsymbol{0}.$$

(2) 齐次性. 对任意常数 α, 有

$$\|\alpha\boldsymbol{x}\|=|\alpha|\,\|\boldsymbol{x}\|,\quad \|\alpha\boldsymbol{A}\|=|\alpha|\,\|\boldsymbol{A}\|.$$

(3) 三角不等式.

$$\|\boldsymbol{x}+\boldsymbol{y}\|\leqslant\|\boldsymbol{x}\|+\|\boldsymbol{y}\|,\quad \|\boldsymbol{A}+\boldsymbol{B}\|\leqslant\|\boldsymbol{A}\|+\|\boldsymbol{B}\|.$$

(4)

$$\|\boldsymbol{A}x\|\leqslant\|\boldsymbol{A}\|\,\|\boldsymbol{x}\|,\quad \|\boldsymbol{AB}\|\leqslant\|\boldsymbol{A}\|\,\|\boldsymbol{B}\|.$$

由式 (3.9) 所定义的范数给出了函数矩阵和函数向量空间的距离, 由此可以引入向量序列和矩阵序列的收敛概念.

定义 3.8 向量序列 $\{\boldsymbol{x}_k\},\boldsymbol{x}_k=(x_{1k},x_{2k},\cdots,x_{nk})^{\mathrm{T}}$ 称为**收敛**的, 如果对于每一个 $i(i=1,2,\cdots,n)$, 数列 $\{x_{ik}\}$ 都是收敛的.

定义 3.9 函数向量序列 $\{\boldsymbol{x}_k(t)\},\boldsymbol{x}_k(t)=(x_{1k}(t),x_{2k}(t),\cdots,x_{nk}(t))^{\mathrm{T}}$ 称为在区间 $a\leqslant t\leqslant b$ 上收敛的 (**一致收敛的**), 如果对于每一个 $i(i=1,2,\cdots,n)$, 函数序列 $\{x_{ik}(t)\}$ 在区间 $a\leqslant t\leqslant b$ 上都是收敛的 (一致收敛的).

定义 3.10 函数向量级数 $\sum\limits_{k=1}^{\infty}\boldsymbol{x}_k(t)$ 称为在区间 $a\leqslant t\leqslant b$ 上是**收敛的**(**一致收敛的**), 如果由其部分和所作成的函数向量序列在区间 $a\leqslant t\leqslant b$ 上是收敛的 (一致收敛的).

在数学分析中函数项级数一致收敛性的维尔斯特拉斯 (Weierstrass) 判别法对于现在的函数向量级数也成立, 即如果

$$\|\boldsymbol{x}_k(t)\| \leqslant M_k, \quad a \leqslant t \leqslant b,$$

而级数 $\sum\limits_{k=1}^{\infty} M_k$ 是收敛的, 则 $\sum\limits_{k=1}^{\infty} \boldsymbol{x}_k(t)$ 在区间 $a \leqslant t \leqslant b$ 上是一致收敛的.

在积分号下取极限的定理对于函数向量也成立, 即如果连续函数向量序列 $\{\boldsymbol{x}_k(t)\}$ 在区间 $a \leqslant t \leqslant b$ 上是一致收敛的, 则有

$$\lim_{k\to\infty}\int_a^b \boldsymbol{x}_k(t)\mathrm{d}t = \int_a^b \lim_{k\to\infty} \boldsymbol{x}_k(t)\mathrm{d}t.$$

以上所给出的是关于函数向量序列的有关定义和结果. 对于一般的矩阵序列, 可以得到类似的定义和结果.

设 $n\times n$ 维矩阵序列 $\{\boldsymbol{A}_k\}$, 其中 $\boldsymbol{A}_k = (a_{ij}^{(k)})_{n\times n}$ 称 $\{\boldsymbol{A}_k\}$ 为**收敛的**, 如果对于 一切 $i,j=1,2,\cdots,n$, 数列 $\left\{a_{ij}^{(k)}\right\}$ 都是收敛的.

无穷矩阵级数 $\sum\limits_{k=1}^{\infty} \boldsymbol{A}_k$ 称为**收敛的**,如果由其部分和所作成的序列是收敛的.

如果对于每一个正整数 k, $\|\boldsymbol{A}_k\| \leqslant M_k$, 而级数 $\sum\limits_{k=1}^{\infty} M_k$ 是收敛的, 则 $\sum\limits_{k=1}^{\infty} \boldsymbol{A}_k$ 也是收敛的.

同样可以给出无穷函数矩阵级数 $\sum\limits_{k=1}^{\infty} \boldsymbol{A}_k(t)$ 的一致收敛性的定义和有关结论.

现在, 考察形如

$$\begin{cases} x'_1 = a_{11}(t)x_1 + a_{12}(t)x_2 + \cdots + a_{1n}(t)x_n + f_1(t), \\ x'_2 = a_{21}(t)x_1 + a_{22}(t)x_2 + \cdots + a_{2n}(t)x_n + f_2(t), \\ \cdots\cdots \\ x'_n = a_{n1}(t)x_1 + a_{n2}(t)x_2 + \cdots + a_{nn}(t)x_n + f_n(t) \end{cases} \tag{3.10}$$

的一阶线性微分方程组, 其中 $a_{ij}(t)(i,j=1,2,\cdots,n)$ 和 $f_i(t)(i=1,2,\cdots,n)$ 都是在区间 $a \leqslant t \leqslant b$ 上连续的.

引入记号

$$\boldsymbol{A}(t) = (a_{ij}(t))_{n\times n}, \quad \boldsymbol{x}(t) = (x_1(t), x_2(t), \cdots, x_n(t))^{\mathrm{T}},$$

$$\boldsymbol{f}(t) = (f_1(t), f_2(t), \cdots, f_n(t))^{\mathrm{T}},$$

则方程组 (3.10) 可以简写成下面的形式：

$$\boldsymbol{x}' = \boldsymbol{A}(t)\boldsymbol{x} + \boldsymbol{f}(t). \tag{3.11}$$

如果方程组 (3.11) 的初始条件是

$$x_1(t_0) = x_{01}, \quad x_2(t_0) = x_{02}, \quad \cdots, \quad x_n(t_0) = x_{0n},$$

记 $\boldsymbol{x}_0 = (x_{01}, x_{02}, \cdots, x_{0n})^{\mathrm{T}}$, 则上述初始条件可以简写为

$$\boldsymbol{x}(t_0) = \boldsymbol{x}_0. \tag{3.12}$$

例 3.1 验证

$$\boldsymbol{u}(t) = \begin{bmatrix} \mathrm{e}^t \\ -\mathrm{e}^t \end{bmatrix}, \quad \boldsymbol{v}(t) = \begin{bmatrix} \mathrm{e}^{5t} \\ 3\mathrm{e}^{5t} \end{bmatrix}$$

分别是一阶微分方程组

$$\boldsymbol{x}' = \begin{bmatrix} 2 & 1 \\ 3 & 4 \end{bmatrix} \boldsymbol{x}$$

在 $-\infty < t < +\infty$ 上满足初始条件

$$\boldsymbol{u}(0) = \begin{bmatrix} 1 \\ -1 \end{bmatrix}, \quad \boldsymbol{v}(0) = \begin{bmatrix} 1 \\ 3 \end{bmatrix}$$

的解.

解 因为

$$\boldsymbol{u}(0) = \begin{bmatrix} \mathrm{e}^0 \\ -\mathrm{e}^0 \end{bmatrix} = \begin{bmatrix} 1 \\ -1 \end{bmatrix}, \quad \boldsymbol{v}(0) = \begin{bmatrix} \mathrm{e}^0 \\ 3\mathrm{e}^0 \end{bmatrix} = \begin{bmatrix} 1 \\ 3 \end{bmatrix}$$

且 e^t 和 e^{3t} 在 $-\infty < t < +\infty$ 连续可导,

$$\boldsymbol{u}'(t) = \frac{\mathrm{d}}{\mathrm{d}t}\begin{bmatrix} \mathrm{e}^t \\ -\mathrm{e}^t \end{bmatrix} = \begin{bmatrix} \mathrm{e}^t \\ -\mathrm{e}^t \end{bmatrix} = \begin{bmatrix} 2 & 1 \\ 3 & 4 \end{bmatrix}\begin{bmatrix} \mathrm{e}^t \\ -\mathrm{e}^t \end{bmatrix} = \begin{bmatrix} 2 & 1 \\ 3 & 4 \end{bmatrix}\boldsymbol{u}(t),$$

$$\boldsymbol{v}'(t) = \frac{\mathrm{d}}{\mathrm{d}t}\begin{bmatrix} \mathrm{e}^{5t} \\ 3\mathrm{e}^{5t} \end{bmatrix} = \begin{bmatrix} 5\mathrm{e}^{5t} \\ 15\mathrm{e}^{5t} \end{bmatrix} = \begin{bmatrix} 2 & 1 \\ 3 & 4 \end{bmatrix}\begin{bmatrix} \mathrm{e}^{5t} \\ 3\mathrm{e}^{5t} \end{bmatrix} = \begin{bmatrix} 2 & 1 \\ 3 & 4 \end{bmatrix}\boldsymbol{v}(t),$$

所以, $\boldsymbol{u}(t)$ 和 $\boldsymbol{v}(t)$ 是在 $-\infty < t < +\infty$ 上给定方程组满足初始条件

$$\boldsymbol{u}(0) = \begin{bmatrix} 1 \\ -1 \end{bmatrix}, \quad \boldsymbol{v}(0) = \begin{bmatrix} 1 \\ 3 \end{bmatrix}$$

的解.

3.2 线性微分方程组的一般理论

3.2.1 存在唯一性定理

首先讨论线性微分方程组解的存在唯一性.

定理 3.1(存在唯一性定理) 如果 $n \times n$ 维矩阵 $\boldsymbol{A}(t)$ 和 n 维列向量 $\boldsymbol{f}(t)$ 都在区间 $a \leqslant t \leqslant b$ 上是连续的, 则对于任意 $t_0 \in [a, b]$, 线性微分方程组的初值问题

$$\begin{cases} \boldsymbol{x}' = \boldsymbol{A}(t)\boldsymbol{x} + \boldsymbol{f}(t), \\ \boldsymbol{x}(t_0) = \boldsymbol{x}_0. \end{cases} \tag{3.13}$$

在区间 $a \leqslant t \leqslant b$ 上存在唯一解 $\boldsymbol{x} = \boldsymbol{x}(t)$.

定理的证明类似于一阶微分方程解的存在唯一性定理的证明, 是用皮卡 (Picard) 逐步逼近法分五个步骤进行.

证明 (1) 设 $\boldsymbol{x}(t)$ 是线性微分方程组初值问题 (3.13) 的定义在区间 $a \leqslant t \leqslant b$ 上的解, 则 $\boldsymbol{x}(t)$ 是积分方程

$$\boldsymbol{x}(t) = \boldsymbol{x}_0 + \int_{t_0}^{t} [\boldsymbol{A}(s)\boldsymbol{x}(s) + \boldsymbol{f}(s)]\mathrm{d}s, \quad a \leqslant t \leqslant b \tag{3.14}$$

定义于 $a \leqslant t \leqslant b$ 上的连续解.

(2) 取 $\boldsymbol{x}(t_0) = \boldsymbol{x}_0$, 构造皮卡 (Picard) 逐步逼近函数向量序列如下:

$$\begin{cases} \boldsymbol{x}_0(t) = \boldsymbol{x}_0, \\ \boldsymbol{x}_k(t) = \boldsymbol{x}_0 + \displaystyle\int_{t_0}^{t} [\boldsymbol{A}(s)\boldsymbol{x}_{k-1}(s) + \boldsymbol{f}(s)]\mathrm{d}s, \quad k = 1, 2, \cdots. \end{cases} \tag{3.15}$$

利用数学归纳法可知, 对一切 k, 由此所构造得到的皮卡迭代序列 $\{\boldsymbol{x}_k(t)\}$ 在区间 $a \leqslant t \leqslant b$ 上都是连续的.

(3) 迭代序列 $\{\boldsymbol{x}_k(t)\}$ 在区间 $a \leqslant t \leqslant b$ 上一致连续.

考虑函数向量级数

$$\boldsymbol{x}_0(t) + \sum_{j=1}^{\infty} [\boldsymbol{x}_j(t) - \boldsymbol{x}_{j-1}(t)], \quad a \leqslant t \leqslant b, \tag{3.16}$$

由于级数 (3.16) 的部分和为

$$\boldsymbol{x}_0(t) + \sum_{j=1}^{k} [\boldsymbol{x}_j(t) - \boldsymbol{x}_{j-1}(t)] = x_k(t).$$

因此, 要证明序列 $\{\boldsymbol{x}_k(t)\}$ 在区间 $a \leqslant t \leqslant b$ 上一致连续, 只需证明级数 (3.16) 在区间 $a \leqslant t \leqslant b$ 上一致收敛即可. 注意到 $\boldsymbol{A}(t)$ 和 $\boldsymbol{f}(t)$ 都在闭区间 $[a,b]$ 上连续, 所以 $\|\boldsymbol{A}(t)\|$ 和 $\|\boldsymbol{f}(t)\|$ 在 $[a,b]$ 上都有界, 即存在正数 L 和 K 使得

$$\|\boldsymbol{A}(t)\| \leqslant L, \quad \|\boldsymbol{f}(t)\| \leqslant K, \quad a \leqslant t \leqslant b.$$

取 $M = L\|\boldsymbol{x}_0\| + K$, 下面证明序列 $\{\boldsymbol{x}_k(t)\}$ 在区间 $t_0 \leqslant t \leqslant b$ 上一致收敛, 在区间 $a \leqslant t \leqslant t_0$ 上的一致收敛性可以类似证明. 为此给出如下估计, 由 (3.16) 可得

$$\begin{aligned}\|\boldsymbol{x}_1(t) - \boldsymbol{x}_0(t)\| &\leqslant \int_{t_0}^{t} \|\boldsymbol{A}(s)\boldsymbol{x}_0(s) + \boldsymbol{f}(s)\|\mathrm{d}s \\ &\leqslant \int_{t_0}^{t} [L\|\boldsymbol{x}_0\| + K]\mathrm{d}s \\ &= M(t - t_0)\end{aligned}$$

及

$$\begin{aligned}\|\boldsymbol{x}_2(t) - \boldsymbol{x}_1(t)\| &\leqslant \int_{t_0}^{t} \|\boldsymbol{A}(s)[\boldsymbol{x}_1(s) - \boldsymbol{x}_0(s)]\|\mathrm{d}s \\ &\leqslant \int_{t_0}^{t} LM(s - t_0)\mathrm{d}s \\ &= \frac{ML}{2!}(t - t_0)^2.\end{aligned}$$

利用数学归纳法, 可以证明

$$\|\boldsymbol{x}_k(t) - \boldsymbol{x}_{k-1}(t)\| \leqslant \frac{ML^{k-1}}{k!}(t - t_0)^k, \tag{3.17}$$

由此可知, 当 $t_0 \leqslant t \leqslant b$ 时,

$$\|\boldsymbol{x}_k(t) - \boldsymbol{x}_{k-1}(t)\| \leqslant \frac{ML^{k-1}}{k!}(b - t_0)^k. \tag{3.18}$$

注意到 (3.18) 的右端是正项级数 $\dfrac{M}{L}\displaystyle\sum_{k=1}^{\infty}\frac{L^k}{k!}(b - t_0)^k$ 的一般项, 由函数向量级数的魏尔斯特拉斯判别法, 级数 (3.18) 在 $t_0 \leqslant t \leqslant b$ 上一致收敛, 因而函数向量序列 $\{\boldsymbol{x}_k(t)\}$ 也在 $t_0 \leqslant t \leqslant b$ 上一致收敛.

设

$$\lim_{k\to\infty} \boldsymbol{x}_k(t) = \boldsymbol{x}(t),$$

因为 $\boldsymbol{x}(t)$ 是 $\boldsymbol{x}_k(t)$ 的一致收敛极限函数, 所以, $\boldsymbol{x}(t)$ 也在区间 $a \leqslant t \leqslant b$ 上连续.

(4) $\boldsymbol{x}(t)$ 是积分方程 (3.14) 定义在区间 $a \leqslant t \leqslant b$ 上的连续解.

事实上, 由 $\{\boldsymbol{x}_k(t)\}$ 在区间 $a \leqslant t \leqslant b$ 上一致收敛于 $\boldsymbol{x}(t)$, 以及 $\boldsymbol{A}(t)$ 在区间 $[a,b]$ 上的连续性, 可知序列 $\{\boldsymbol{A}(s)\boldsymbol{x}_k(s)\}$ 在区间 $a \leqslant s \leqslant b$ 上一致收敛于 $\boldsymbol{A}(s)\boldsymbol{x}(s)$. 对于前面构造的皮卡序列 (3.15) 两边取极限, 得到

$$\begin{aligned}\lim_{k\to\infty} \boldsymbol{x}_k(t) &= \boldsymbol{x}_0 + \lim_{k\to\infty} \int_{t_0}^{t} [\boldsymbol{A}(s)\boldsymbol{x}_{k-1}(s) + \boldsymbol{f}(s)]\mathrm{d}s \\ &= \boldsymbol{x}_0 + \int_{t_0}^{t} \left[\lim_{k\to\infty} \boldsymbol{A}(s)\boldsymbol{x}_{k-1}(s) + \boldsymbol{f}(s)\right]\mathrm{d}s,\end{aligned}$$

即有

$$\boldsymbol{x}(t) = \boldsymbol{x}_0 + \int_{t_0}^{t} [\boldsymbol{A}(s)\boldsymbol{x}(s) + \boldsymbol{f}(s)]\mathrm{d}s.$$

这就是说, $\boldsymbol{x}(t)$ 是积分方程 (3.14) 定义在区间 $a \leqslant t \leqslant b$ 上的连续解, 同时也是初值问题 (3.13) 在区间 $a \leqslant t \leqslant b$ 上的连续解.

(5) 解的唯一性. 设 $\boldsymbol{y}(t)$ 是积分方程 (3.14) 定义在区间 $a \leqslant t \leqslant b$ 上的另一个解, 则

$$\boldsymbol{y}(t) = \boldsymbol{x}_0 + \int_{t_0}^{t} [\boldsymbol{A}(s)\boldsymbol{y}(s) + \boldsymbol{f}(s)]\mathrm{d}s.$$

如同 (3) 中的估计一样, 可以得到下面的估计式:

$$\|\boldsymbol{x}_k(t) - \boldsymbol{y}(t)\| \leqslant \frac{M_1 L^k}{(k+1)!}(t-t_0)^{k+1}, \quad t_0 \leqslant t \leqslant b,$$

其中 M_1 为正数. 因此在 $t_0 \leqslant t \leqslant b$ 上有

$$\|\boldsymbol{x}_k(t) - \boldsymbol{y}(t)\| \leqslant \frac{M_1 L^k}{(k+1)!}(b-t_0)^{k+1}.$$

而且以 $\dfrac{M_1 L^k}{(k+1)!}(b-t_0)^{k+1}$ 作为一般项的级数收敛, 故有

$$k \to \infty\text{时}, \quad \frac{M_1 L^k}{(k+1)!}(b-t_0)^{k+1} \to 0,$$

因而, $\boldsymbol{x}_k(t)$ 在区间 $t_0 \leqslant t \leqslant b$ 上一致收敛于 $\boldsymbol{y}(t)$. 根据极限的唯一性, 得到

$$\boldsymbol{x}(t) = \boldsymbol{y}(t), \quad t_0 \leqslant t \leqslant b.$$

对于 $a \leqslant t \leqslant t_0$, 可以类似证明.

附注 定理 3.1 的证明方法也称为**构造皮卡序列的迭代法**, **迭代法**是数值计算中所采用的主要方法之一.

对于线性微分方程组, 它的解的结构非常清楚, 其中就包含着一些很重要的结果. 例如, 叠加原理、通解的表达形式、特解的常数变易公式等.

对于一阶线性微分方程组的标准向量形式

$$\boldsymbol{x}' = \boldsymbol{A}(t)\boldsymbol{x} + \boldsymbol{f}(t), \tag{3.19}$$

当 $\boldsymbol{f}(t) \neq \boldsymbol{0}$ 时, (3.19) 称为**非齐次线性微分方程组**; 当 $\boldsymbol{f}(t) \equiv \boldsymbol{0}$ 时, 方程组的形式为

$$\boldsymbol{x}' = \boldsymbol{A}(t)\boldsymbol{x}, \tag{3.20}$$

称 (3.20) 为对应于 (3.19) 的**齐次线性微分方程组**.

3.2.2 齐次线性微分方程组解的结构

定理 3.2 设 $\boldsymbol{x}_1(t)$ 和 $\boldsymbol{x}_2(t)$ 是齐次微分方程组 (3.20) 的解, 则它们的线性组合 $\alpha\boldsymbol{x}_1(t) + \beta\boldsymbol{x}_2(t)$ 也是 (3.20) 的解, 其中 α, β 是任意常数.

定理 3.2 表明, 方程组 (3.20) 的任何有限个解的线性组合仍为 (3.20) 的解, 这些解的集合构成一个线性空间. 若有 (3.20) 的 n 个解 $\boldsymbol{x}_1(t), \boldsymbol{x}_2(t), \cdots, \boldsymbol{x}_n(t)$, 那么, 在什么条件下, 含有 n 个任意常数 $c_1, c_2, \cdots, c_n$ 的解:

$$\boldsymbol{x}(t) = c_1\boldsymbol{x}_1(t) + c_2\boldsymbol{x}_2(t) + \cdots + c_n\boldsymbol{x}_n(t)$$

是齐次方程组 (3.20) 的通解呢? 为此, 引入函数向量组 $\boldsymbol{x}_1(t), \boldsymbol{x}_2(t), \cdots, \boldsymbol{x}_n(t)$ 线性相关的概念.

定义 3.11 称定义在区间 $a \leqslant t \leqslant b$ 上的函数向量组 $\boldsymbol{x}_1(t), \boldsymbol{x}_2(t), \cdots, \boldsymbol{x}_n(t)$ 是**线性相关的**, 如果存在不全为零的常数 $c_1, c_2, \cdots, c_n$, 使得恒等式

$$c_1\boldsymbol{x}_1(t) + c_2\boldsymbol{x}_2(t) + \cdots + c_n\boldsymbol{x}_n(t) = \boldsymbol{0}, \quad a \leqslant t \leqslant b \tag{3.21}$$

成立; 否则, 称 $\boldsymbol{x}_1(t), \boldsymbol{x}_2(t), \cdots, \boldsymbol{x}_n(t)$ 是**线性无关的**. 齐次线性微分方程组 (3.20) 在区间 $a \leqslant t \leqslant b$ 上的 n 个线性无关的解称为一个**基本解组**.

线性相关有两种特殊情况:

(1) 如果两个函数向量 $\boldsymbol{x}_1$ 与 $\boldsymbol{x}_2$ 的对应分量成比例, 即有等式

$$\frac{x_{11}(t)}{x_{12}(t)} = \frac{x_{21}(t)}{x_{22}(t)} = \cdots = \frac{x_{n1}(t)}{x_{n2}(t)} = c \quad (\text{其中 } c \text{ 与 } t \text{ 无关}), \quad a \leqslant t \leqslant b,$$

则它们在区间 $[a, b]$ 上线性相关.

(2) 如果向量组 $\boldsymbol{x}_1(t), \boldsymbol{x}_2(t), \cdots, \boldsymbol{x}_n(t)$ 中有一零向量 $\boldsymbol{x}_i(t) = \begin{bmatrix} 0 \\ \vdots \\ 0 \end{bmatrix} \equiv \boldsymbol{0}$ $(a \leqslant t \leqslant b)$, 则该向量组在 $[a, b]$ 上线性相关.

例如, 对于任意正整数 k, 下面的 $k+1$ 个函数向量 (n 维列向量):

$$\begin{bmatrix} \mathrm{e}^{-t} \\ 0 \\ \vdots \\ 0 \end{bmatrix}, \quad \begin{bmatrix} t\mathrm{e}^{-t} \\ 0 \\ \vdots \\ 0 \end{bmatrix}, \quad \begin{bmatrix} t^2\mathrm{e}^{-t} \\ 0 \\ \vdots \\ 0 \end{bmatrix}, \quad \cdots, \quad \begin{bmatrix} t^k\mathrm{e}^{-t} \\ 0 \\ \vdots \\ 0 \end{bmatrix}.$$

在任何区间上都是线性无关的. 而函数向量

$$\begin{bmatrix} \cos^2 t - 1 \\ 0 \\ \vdots \\ 0 \end{bmatrix}, \quad \begin{bmatrix} \sin^2 t \\ 0 \\ \vdots \\ 0 \end{bmatrix}$$

在任何区间上都是线性相关的.

设有 n 个定义在区间 $a \leqslant t \leqslant b$ 上的函数向量

$$\boldsymbol{x}_1(t) = \begin{bmatrix} x_{11}(t) \\ x_{12}(t) \\ \vdots \\ x_{1n}(t) \end{bmatrix}, \quad \boldsymbol{x}_2(t) = \begin{bmatrix} x_{21}(t) \\ x_{22}(t) \\ \vdots \\ x_{2n}(t) \end{bmatrix}, \quad \cdots, \quad \boldsymbol{x}_n(t) = \begin{bmatrix} x_{n1}(t) \\ x_{n2}(t) \\ \vdots \\ x_{nn}(t) \end{bmatrix},$$

由这 n 个函数向量构成的行列式

$$W[\boldsymbol{x}_1(t), \boldsymbol{x}_2(t), \cdots, \boldsymbol{x}_n(t)] \equiv W(t) \equiv \begin{vmatrix} x_{11}(t) & x_{12}(t) & \cdots & x_{1n}(t) \\ x_{21}(t) & x_{22}(t) & \cdots & x_{2n}(t) \\ \vdots & \vdots & & \vdots \\ x_{n1}(t) & x_{n2}(t) & \cdots & x_{nn}(t) \end{vmatrix}$$

称为这些函数向量的**朗斯基行列式**.

定理 3.3　齐次微分方程组(3.20)在区间 $a \leqslant t \leqslant b$ 上的 n 个解 $\boldsymbol{x}_1(t), \boldsymbol{x}_2(t), \cdots, \boldsymbol{x}_n(t)$, 在区间 $a \leqslant t \leqslant b$ 上线性相关 (线性无关), 则它们的朗斯基行列式满足

$$W(t) \equiv 0, \quad \forall t \in [a,b], \quad (W(t) \neq 0, \forall t \in [a,b]).$$

定理 3.4(通解的结构定理)　齐次微分方程组 (3.20) 在区间 $a \leqslant t \leqslant b$ 上一定存在 n 个线性无关的解 $\boldsymbol{x}_1(t), \boldsymbol{x}_2(t), \cdots, \boldsymbol{x}_n(t)$. 而 (3.20) 的通解可以表示为

$$\boldsymbol{x}(t) = c_1\boldsymbol{x}_1(t) + c_2\boldsymbol{x}_2(t) + \cdots + c_n\boldsymbol{x}_n(t), \tag{3.22}$$

其中 $c_1, c_2, \cdots, c_n$ 是 n 个独立的常数.

推论 3.1 齐次微分方程组 (3.20) 的线性无关解的最大个数为 n.

例如, 在例 3.1 中, $\begin{bmatrix} x_{11} \\ x_{21} \end{bmatrix} = \begin{bmatrix} \mathrm{e}^t \\ -\mathrm{e}^t \end{bmatrix}$, $\begin{bmatrix} x_{12} \\ x_{22} \end{bmatrix} = \begin{bmatrix} \mathrm{e}^{5t} \\ 3\mathrm{e}^{5t} \end{bmatrix}$ 是线性方程组

$$\begin{cases} \dfrac{\mathrm{d}x_1}{\mathrm{d}t} = 2x_1 + x_2, \\ \dfrac{\mathrm{d}x_2}{\mathrm{d}t} = 3x_1 + 4x_2 \end{cases}$$

在区间 $(-\infty, +\infty)$ 上的两组解, 由 $W(0) = \begin{vmatrix} 1 & 1 \\ -1 & 3 \end{vmatrix} = 4 \neq 0$ 知两组解是线性无关的, 因此 $x(t) = c_1 \begin{bmatrix} \mathrm{e}^t \\ -\mathrm{e}^t \end{bmatrix} + c_2 \begin{bmatrix} \mathrm{e}^{5t} \\ 3\mathrm{e}^{5t} \end{bmatrix}$ 是线性方程组的通解.

例 3.2 求一阶常微分方程组

$$\begin{cases} \dfrac{\mathrm{d}x_1}{\mathrm{d}t} = 2x_1 + x_2, \\ \dfrac{\mathrm{d}x_2}{\mathrm{d}t} = 3x_1 + 4x_2 \end{cases} \tag{3.23}$$

满足初始条件

$$x_1(0) = x_{01} = 1, \quad x_2(0) = x_{02} = -1 \tag{3.24}$$

的解.

解 由上面的讨论知

$$\begin{cases} x_1 = c_1\mathrm{e}^t + c_2\mathrm{e}^{5t}, \\ x_2 = -c_1\mathrm{e}^t + 3c_2\mathrm{e}^{5t} \end{cases}$$

是方程组 (3.23) 的通解. 将 (3.24) 代入上面的方程组, 得

$$\begin{cases} c_1 + c_2 = 1, \\ -c_1 + 3c_2 = -1, \end{cases}$$

解之得 $c_1 = 1, c_2 = 0$. 因此

$$\begin{cases} x_1 = \mathrm{e}^x, \\ x_2 = -\mathrm{e}^x \end{cases}$$

是该初值问题的解.

下面的定理给出了解与系数的一种关系.

定理 3.5 如果 $\boldsymbol{x}_1(t),\boldsymbol{x}_2(t),\cdots,\boldsymbol{x}_n(t)$ 是齐次线性方程组 (3.20) 的 n 个解, 则这 n 个解的朗斯基行列式与方程组 (3.20) 的系数有如下关系式:

$$W(t)=W(t_0)\mathrm{e}^{\int_{t_0}^{t}(a_{11}(\tau)+a_{22}(\tau)+\cdots+a_{nn}(\tau))\mathrm{d}\tau}, \tag{3.25}$$

这个关系式称为**刘维尔公式**. 在代数中, 常把 $\sum\limits_{k=1}^{n}a_{kk}$ 称为方阵 $\boldsymbol{A}$ 的**迹**, 记为 $\mathrm{tr}\boldsymbol{A}$. 于是, 刘维尔公式 (3.25) 也可表示为

$$W(t)=W(t_0)\mathrm{e}^{\int_{t_0}^{t}\mathrm{tr}\boldsymbol{A}(\tau)\mathrm{d}\tau}. \tag{3.26}$$

如果一个 $n\times n$ 维矩阵的每一列都是线性微分方程组 (3.20) 的解, 则称这个矩阵为 (3.20) 的**解矩阵**. 若解矩阵的列在区间 $a\leqslant t\leqslant b$ 上线性无关, 则称它为 $a\leqslant t\leqslant b$ 上 (3.20) 的**基解矩阵**. 用 $\boldsymbol{\varPhi}(t)$ 表示由 (3.20) 的 n 个线性无关的解 $\boldsymbol{\varphi}_1(t),\boldsymbol{\varphi}_2(t),\cdots,\boldsymbol{\varphi}_n(t)$ 作为列构成的基解矩阵, 由定理 3.3 和定理 3.4 即可得如下推论.

推论 3.2 设齐次线性微分方程组 (3.20) 在区间 $a\leqslant t\leqslant b$ 上的基解矩阵为 $\boldsymbol{\varPhi}(t)$, 则 (3.20) 的任意一个解 $\boldsymbol{\psi}(t)$ 可表示为

$$\boldsymbol{\psi}(t)=\boldsymbol{\varPhi}(t)\boldsymbol{c}, \tag{3.27}$$

其中 $\boldsymbol{c}$ 为 n 维常数列向量.

推论 3.3 线性方程组 (3.20) 的一个解矩阵 $\boldsymbol{\varPhi}(t)$ 是基解矩阵的充要条件是它的行列式 $\det\boldsymbol{\varPhi}(t)\neq 0(a\leqslant t\leqslant b)$. 而且, 如果对于某一个 $t_0\in[a,b],\det\boldsymbol{\varPhi}(t_0)\neq 0$, 则

$$\det\boldsymbol{\varPhi}(t)\neq 0,\quad a\leqslant t\leqslant b.$$

例 3.3 验证

$$\boldsymbol{\varPhi}(t)=\begin{bmatrix}\mathrm{e}^t & 0\\ 0 & \mathrm{e}^{-t}\end{bmatrix}$$

是方程组

$$\boldsymbol{x}'=\begin{bmatrix}1 & 0\\ 1 & -1\end{bmatrix}\boldsymbol{x} \tag{3.28}$$

的基解矩阵, 其中 $\boldsymbol{x}=(x_1,x_2)^{\mathrm{T}}$.

解 首先验证 $\boldsymbol{\varPhi}(t)$ 是 (3.28) 的解矩阵. 令 $\boldsymbol{\varphi}_1(t)$ 表示 $\boldsymbol{\varPhi}(t)$ 的第一列, 由于

$$\boldsymbol{\varphi}'_1(t)=\begin{bmatrix}\mathrm{e}^t\\ 0\end{bmatrix}=\begin{bmatrix}1 & 0\\ 1 & -1\end{bmatrix}\begin{bmatrix}\mathrm{e}^t\\ 0\end{bmatrix}=\begin{bmatrix}1 & 0\\ 1 & -1\end{bmatrix}\boldsymbol{\varphi}_1(t),$$

即 $\boldsymbol{\varphi}_1(t)$ 是 (3.28) 的一个解. 同样, 令 $\boldsymbol{\varphi}_2(t)$ 表示 $\boldsymbol{\Phi}(t)$ 的第二列, 我们发现 $\varphi_2(t)$ 也是 (3.28) 的一个解. 因此 $\boldsymbol{\Phi}(t) = [\boldsymbol{\varphi}_1(t), \boldsymbol{\varphi}_2(t)]$ 是解矩阵, 且有 $\det \boldsymbol{\Phi}(t) = 1 \neq 0$, 所以 $\boldsymbol{\Phi}(t)$ 是线性方程组 (3.28) 的基解矩阵.

3.2.3　非齐次线性微分方程组解的结构

非齐次线性微分方程组 (3.19) 解的结构问题与一阶或高阶线性微分方程所对应的问题相类似. 容易验证, 非齐次线性微分方程组 (3.19) 的解具有如下性质.

性质 3.1　如果 $\boldsymbol{\varphi}(t)$ 是 (3.19) 的解, $\boldsymbol{\psi}(t)$ 是 (3.19) 对应的齐次线性方程组 (3.20) 的解, 则 $\boldsymbol{\varphi}(t) + \boldsymbol{\psi}(t)$ 是 (3.19) 的解.

性质 3.2　如果 $\boldsymbol{\varphi}_1(t)$ 和 $\boldsymbol{\varphi}_2(t)$ 是 (3.19) 的两个解, 则 $\boldsymbol{\varphi}_1(t) - \boldsymbol{\varphi}_2(t)$ 是 (3.19) 对应的齐次线性方程组 (3.20) 的解.

性质 3.3　设 $\boldsymbol{f}(t) = \boldsymbol{f}_1(t) + \boldsymbol{f}_2(t) + \cdots + \boldsymbol{f}_n(t)$, 且 $\boldsymbol{x}_j(t)(j = 1, 2, \cdots, n)$ 是方程组 $\boldsymbol{x}' = \boldsymbol{A}(t)\boldsymbol{x} + \boldsymbol{f}_j(t)$ 的解, 则 $\boldsymbol{x} = \sum\limits_{j=1}^{n} \boldsymbol{x}_j(t)$ 是方程组 (3.19) 的解.

定理 3.6(通解的结构定理)　设 $\boldsymbol{\varphi}_{\boldsymbol{0}}(t)$ 是非齐次微分方程组 (3.19) 的某一个解, $\boldsymbol{\Phi}(t)$ 是 (3.19) 对应的齐次线性方程组 (3.20) 的一个基解矩阵, 则非齐次微分方程组 (3.19) 的任意一个解 $\boldsymbol{\varphi}(t)$ 都可以表示为

$$\boldsymbol{\varphi}(t) = \boldsymbol{\Phi}(t)\boldsymbol{c} + \boldsymbol{\varphi}_0(t), \tag{3.29}$$

其中 $\boldsymbol{c}$ 为确定的常数列向量.

证明　由性质 3.2 可知 $\boldsymbol{\varphi}(t) - \boldsymbol{\varphi}_0(t)$ 是 (3.20) 的解, 再由推论 3.2 得

$$\boldsymbol{\varphi}(t) - \boldsymbol{\varphi}_0(t) = \boldsymbol{\Phi}(t)\boldsymbol{c},$$

其中 $\boldsymbol{c}$ 是确定的常数列向量, 由此即得

$$\boldsymbol{\varphi}(t) = \boldsymbol{\Phi}(t)\boldsymbol{c} + \boldsymbol{\varphi}_{\boldsymbol{0}}(t).$$

这个定理说明, 要求非齐次微分方程组 (3.19) 的任意解, 只需要知道 (3.19) 的一个解及其对应的齐次微分方程组 (3.20) 的基解矩阵即可. 在第 1 章中介绍一阶非齐次线性微分方程的求解问题中已经给出了常数变易法, 这个方法对于非齐次微分方程组 (3.19) 的求解同样适用. 下面介绍在已知齐次微分方程组 (3.20) 的基解矩阵 $\boldsymbol{\Phi}(t)$ 条件下, 求解非齐次微分方程组 (3.19) 的**常数变易法**.

由齐次微分方程组解的结构讨论我们知道, 如果 $\boldsymbol{c}$ 是常数列向量, 那么 $\boldsymbol{\varphi}(t) = \boldsymbol{\Phi}(t)\boldsymbol{c}$ 是齐次微分方程组 (3.20) 的解, 但不是 (3.19) 的解. 因此我们将 $\boldsymbol{c}$ 变易为关于 t 的待定的函数向量, 试图寻求 (3.19) 的形如

$$\boldsymbol{\varphi}(t) = \boldsymbol{\Phi}(t)\boldsymbol{c}(t) \tag{3.30}$$

的解.

假设非齐次方程组 (3.19) 有形如 $\boldsymbol{\varphi}(t)=\boldsymbol{\Phi}(t)\boldsymbol{c}(t)$ 的解, 将 (3.30) 代入 (3.19) 得

$$\boldsymbol{\Phi}'(t)\boldsymbol{c}(t)+\boldsymbol{\Phi}(t)\boldsymbol{c}'(t)=\boldsymbol{A}(t)\boldsymbol{\Phi}(t)\boldsymbol{c}(t)+\boldsymbol{f}(t),$$

因为 $\boldsymbol{\Phi}(t)$ 是 (3.20) 的基解矩阵, 所以 $\boldsymbol{\Phi}'(t)=\boldsymbol{A}(t)\boldsymbol{\Phi}(t)$, 因此, 上式可化为

$$\boldsymbol{\Phi}(t)\boldsymbol{c}'(t)=\boldsymbol{f}(t). \tag{3.31}$$

由于在区间 $a\leqslant t\leqslant b$ 上 $\boldsymbol{\Phi}(t)$ 非奇异, 所以 $\boldsymbol{\Phi}^{-1}(t)$ 存在. 用 $\boldsymbol{\Phi}^{-1}(t)$ 左乘 (3.31) 的两边, 然后关于 t 从 t_0 到 t 积分, 并取 $\boldsymbol{c}(t_0)=0$, 得

$$\boldsymbol{c}(t)=\int_{t_0}^{t}\boldsymbol{\Phi}^{-1}(s)\boldsymbol{f}(s)\mathrm{d}s,\quad t_0,t\in[a,b].$$

这样, (3.30) 变为

$$\boldsymbol{\varphi}(t)=\boldsymbol{\Phi}(t)\int_{t_0}^{t}\boldsymbol{\Phi}^{-1}(s)\boldsymbol{f}(s)\mathrm{d}s,\quad t_0,t\in[a,b]. \tag{3.32}$$

因此, 如果非齐次方程组 (3.19) 有形如 (3.30) 的解 $\boldsymbol{\varphi}(t)$, 则 $\boldsymbol{\varphi}(t)$ 满足 (3.32).

反之, 由公式 (3.32) 决定的函数向量 $\boldsymbol{\varphi}(t)$ 必定是非齐次方程组 (3.19) 的解.

定理 3.7 如果 $\boldsymbol{\Phi}(t)$ 是齐次方程组 (3.20) 的基解矩阵, 则函数向量

$$\boldsymbol{\varphi}(t)=\boldsymbol{\Phi}(t)\int_{t_0}^{t}\boldsymbol{\Phi}^{-1}(s)\boldsymbol{f}(s)\mathrm{d}s$$

是 (3.19) 的解, 且满足初始条件 $\boldsymbol{\varphi}(t_0)=\boldsymbol{0}$; 其通解为

$$\boldsymbol{x}(t)=\boldsymbol{\Phi}(t)c+\boldsymbol{\Phi}(t)\int_{t_0}^{t}\boldsymbol{\Phi}^{-1}(s)f(s)\mathrm{d}s,$$

其中 $\boldsymbol{c}$ 为任意的常数列向量.

由定理 3.6 和定理 3.7 我们很容易看出, 非齐次方程组 (3.19) 的满足初始条件 $\boldsymbol{\varphi}(t_0)=\boldsymbol{\eta}$ 的解 $\boldsymbol{\varphi}(t)$ 可由下面的公式给出 (称为**常数变易公式**):

$$\boldsymbol{\varphi}(t)=\boldsymbol{\Phi}(t)\boldsymbol{\Phi}^{-1}(t_0)\boldsymbol{\eta}+\boldsymbol{\Phi}(t)\int_{t_0}^{t}\boldsymbol{\Phi}^{-1}(s)\boldsymbol{f}(s)\mathrm{d}s. \tag{3.33}$$

例 3.4 求非齐次线性方程组

$$\boldsymbol{x}'=\begin{bmatrix}1 & 0\\ 1 & -1\end{bmatrix}\boldsymbol{x}+\begin{bmatrix}\mathrm{e}^{2t}\\ 0\end{bmatrix}$$

的通解.

解　由例 3.3 知

$$\boldsymbol{\Phi}(t)=\begin{bmatrix} e^t & 0 \\ 0 & e^{-t} \end{bmatrix}$$

是对应的齐次方程组的基解矩阵, 再求 $\boldsymbol{\Phi}(t)$ 的逆矩阵得

$$\boldsymbol{\Phi}^{-1}(t)=\begin{bmatrix} e^{-t} & 0 \\ 0 & e^t \end{bmatrix},$$

由公式 (3.32) 得方程组满足初始条件 $\boldsymbol{\varphi}(0)=\begin{bmatrix} 0 \\ 0 \end{bmatrix}$ 的解为

$$\begin{aligned}\boldsymbol{\varphi}(t)&=\begin{bmatrix} e^t & 0 \\ 0 & e^{-t} \end{bmatrix}\int_0^t \begin{bmatrix} e^{-s} & 0 \\ 0 & e^s \end{bmatrix}\begin{bmatrix} e^{2s} \\ 0 \end{bmatrix}ds\\ &=\begin{bmatrix} e^t & 0 \\ 0 & e^{-t} \end{bmatrix}\begin{bmatrix} e^t \\ 0 \end{bmatrix}-\begin{bmatrix} e^t & 0 \\ 0 & e^{-t} \end{bmatrix}\begin{bmatrix} 1 \\ 0 \end{bmatrix}\\ &=\begin{bmatrix} e^{2t}-e^t \\ 0 \end{bmatrix}.\end{aligned}$$

因此, 给定的非齐次方程组的通解为

$$\boldsymbol{x}(t)=\begin{bmatrix} x_1 \\ x_2 \end{bmatrix}=\boldsymbol{\Phi}(t)\boldsymbol{c}+\begin{bmatrix} e^{2t}-e^t \\ 0 \end{bmatrix}=\begin{bmatrix} c_1e^t+e^{2t}-e^t \\ c_2e^{-t} \end{bmatrix}.$$

第 2 章已讨论了带有初值条件的 n 阶线性微分方程的初值问题. 现在进一步指出, 可以通过下面的方法, 将 n 阶线性微分方程的初值问题化为形如 (3.19) 的线性微分方程组的初值问题.

n 阶线性微分方程的初值问题

$$\begin{cases} x^{(n)}+a_1(t)x^{(n-1)}+a_2(t)x^{(n-2)}+\cdots+a_{n-1}(t)x'+a_n(t)x=f(t), \\ x(t_0)=\eta_1,\quad x'(t_0)=\eta_2,\quad \cdots,\quad x^{(n-1)}(t_0)=\eta_n, \end{cases} \tag{3.34}$$

其中 $a_1(t),a_2(t),\cdots,a_n(t),f(t)$ 是区间 $a\leqslant t\leqslant b$ 上的已知连续函数, $t_0\in[a,b]$, $\eta_1,\eta_2,\cdots,\eta_n$ 是已知常数. 令 $x_1=x,x_2=x',\cdots,x_n=x^{(n-1)}$, 则 (3.34) 可以化为下列线性微分方程组的初值问题:

$$\begin{cases} \boldsymbol{x}'=\boldsymbol{A}\boldsymbol{x}+\boldsymbol{f}(t), \\ \boldsymbol{x}(t_0)=\boldsymbol{\eta}, \end{cases} \tag{3.35}$$

其中

$$\boldsymbol{A}=\begin{bmatrix}0 & 1 & 0 & \cdots & 0\\ 0 & 0 & 1 & \cdots & 0\\ \vdots & \vdots & \vdots & & \vdots\\ 0 & 0 & 0 & \cdots & 1\\ -a_n(t) & -a_{n-1}(t) & -a_{n-2}(t) & \cdots & -a_1(t)\end{bmatrix},\quad \boldsymbol{f}(t)=\begin{bmatrix}0\\0\\0\\ \vdots\\ f(t)\end{bmatrix},$$

$$\boldsymbol{x}=\begin{bmatrix}x_1\\x_2\\ \vdots\\ x_n\end{bmatrix},\quad \boldsymbol{x}'=\begin{bmatrix}x_1'\\x_2'\\ \vdots\\ x_n'\end{bmatrix},\quad \boldsymbol{\eta}=\begin{bmatrix}\eta_1\\ \eta_2\\ \vdots\\ \eta_n\end{bmatrix}.$$

可以证明 (见文献 (王高雄等, 2006)) 初值问题 (3.34) 和 (3.35) 在下述意义下是等价的: 给定其中一个初值问题的解, 可以构造出另一个初值问题的解. 因此关于方程组的结果与高阶方程是一致的. 例如, 解的唯一性和解的结构等.

附注 每一个 n 阶线性微分方程初值问题都可化为 n 个一阶线性微分方程构成的方程组初值问题, 但反之不成立。

例如, 方程组

$$\boldsymbol{x}'=\begin{bmatrix}1 & 0\\ 0 & 2\end{bmatrix}\boldsymbol{x},\quad \boldsymbol{x}=\begin{bmatrix}x_1\\x_2\end{bmatrix}$$

就不能化为一个二阶微分方程.

例 3.5 将初值问题

$$\begin{cases}x'''+2x''-8x'+9x=t,\\ x(0)=1,\quad x'(0)=0,\quad x''(0)=1\end{cases}$$

化为矩阵表示的线性方程组的形式.

解 令 $x_1(t)=x$, $x_2(t)=x_1'=x'$, $x_3=x_2'=x''$, 则有

$$x_3'=x'''=-2x''+8x'-9x+t=-2x_3+8x_2-9x_1+t,$$

因此, 例中所给定的初值问题等价于

$$\begin{cases}x_1'=x_2,\\ x_2'=x_3,\\ x_3'=-2x_3+8x_2-9x_1+t,\\ x_1(0)=1,\quad x_2(0)=0,\quad x_3(0)=1.\end{cases}$$

改写为矩阵形式, 得到非齐次线性方程组

$$\boldsymbol{x}'(t)=\boldsymbol{A}(t)\boldsymbol{x}(t)+\boldsymbol{f}(t)=\begin{bmatrix}0&1&0\\0&0&1\\-9&8&-2\end{bmatrix}\boldsymbol{x}(t)+\begin{bmatrix}0\\0\\t\end{bmatrix},$$

满足的初始条件为 $\boldsymbol{x}(0)=\begin{bmatrix}1\\0\\1\end{bmatrix}$.

3.3　解线性微分方程组的消元法和首次积分法

本节主要介绍两种解线性微分方程组的方法: 消元法和首次积分法.

3.3.1　消元法

这种求解方法的思想来源于解线性代数方程组的 Gauss 消元法. 现在考虑如下一阶微分方程组:

$$\begin{cases}\dfrac{\mathrm{d}x_1}{\mathrm{d}t}=f_1(t,x_1,\cdots,x_n),\\ \dfrac{\mathrm{d}x_2}{\mathrm{d}t}=f_2(t,x_1,\cdots,x_n),\\ \cdots\cdots\\ \dfrac{\mathrm{d}x_n}{\mathrm{d}t}=f_n(t,x_1,\cdots,x_n),\end{cases}$$

先将每一个方程中的未知函数 $x_1,x_2,\cdots,x_n$ 只保留一个, 消去其他未知函数, 就得到关于一个未知函数的 n 阶方程, 求出这个未知函数, 最后由其他方程再求出其他未知函数.

下面通过例子说明.

例 3.6　求解下列线性微分方程组:

$$\begin{cases}\dfrac{\mathrm{d}x_1}{\mathrm{d}t}=x_1-x_2,\\ \dfrac{\mathrm{d}x_2}{\mathrm{d}t}=x_2-4x_1.\end{cases}$$

解　保留 x_1, 消去 x_2, 得

$$\frac{\mathrm{d}x_2}{\mathrm{d}t}=-\frac{\mathrm{d}x_1}{\mathrm{d}t}-3x_1.\tag{3.36}$$

由方程组的第一个方程解出 x_2, 得

$$x_2 = -\frac{\mathrm{d}x_1}{\mathrm{d}t} + x_1, \tag{3.37}$$

对式 (3.37) 关于 t 求导, 得

$$\frac{\mathrm{d}x_2}{\mathrm{d}t} = -\frac{\mathrm{d}^2x_1}{\mathrm{d}t^2} + \frac{\mathrm{d}x_1}{\mathrm{d}t}. \tag{3.38}$$

由式 (3.36) 和式 (3.38) 可得

$$\frac{\mathrm{d}^2x_1}{\mathrm{d}t^2} - 2\frac{\mathrm{d}x_1}{\mathrm{d}t} - 3x_1 = 0,$$

这是一个二阶常系数齐次方程, 它的通解为

$$x_1 = c_1\mathrm{e}^{3t} + c_2\mathrm{e}^{-t}. \tag{3.39}$$

式 (3.39) 代入式 (3.37) 得

$$x_2 = -2c_1\mathrm{e}^{3t} + 2c_2\mathrm{e}^{-t}. \tag{3.40}$$

所以, 所给线性方程组的通解为

$$\begin{cases} x_1 = c_1\mathrm{e}^{3t} + c_2\mathrm{e}^{-t}, \\ x_2 = -2c_1\mathrm{e}^{3t} + 2c_2\mathrm{e}^{-t}. \end{cases}$$

附注 在求解以上例题时, 将式 (3.39) 代入式 (3.37) 经过求导而不是经过求积分得 x_2, 如果把式 (3.39) 代入原方程组中的第二个方程, 便得到

$$\frac{\mathrm{d}x_2}{\mathrm{d}t} = x_2 - 4c_1\mathrm{e}^{3t} - 4c_2\mathrm{e}^{-t},$$

解这个一阶线性非齐次微分方程, 得

$$x_2 = -2c_1\mathrm{e}^{3t} + 2c_2\mathrm{e}^{-t} + c_3\mathrm{e}^{t}. \tag{3.41}$$

通过与式 (3.40) 比较, 可以发现两个结果不一致. 而将式 (3.41) 和式 (3.39) 代回原方程组, 当且仅当 $c_3 = 0$ 时式 (3.41) 才是方程组的解. 在式 (3.41) 中出现的任意常数 c_3 是一个多余的常数, 由它引出了**增解**(见文献 (周义仓等, 2004)). 因此, 为避免出现增解的情况, 我们求出其中一个未知函数后, 要尽量少用求积分的方法来求解其他未知函数. 如果用积分方法产生了较未知函数个数多的不定积分常数时, 一定要将求出的解代回原方程组进行检验方能避免出错.

例 3.7　求解下列微分方程组：

$$\begin{cases}\dfrac{\mathrm{d}x_1}{\mathrm{d}t}=3x_1-x_2+x_3,\\ \dfrac{\mathrm{d}x_2}{\mathrm{d}t}=2x_1+x_3,\\ \dfrac{\mathrm{d}x_3}{\mathrm{d}t}=x_1-x_2+2x_3.\end{cases}$$

解　方程组中的第一个方程和第三个方程消去 x_2, 得

$$\frac{\mathrm{d}x_1}{\mathrm{d}t}-\frac{\mathrm{d}x_3}{\mathrm{d}t}=2x_1-x_3, \tag{3.42}$$

由方程组中的第一个方程, 得

$$x_3=\frac{\mathrm{d}x_1}{\mathrm{d}t}-3x_1+x_2, \tag{3.43}$$

上式关于 t 求导数一次, 得到

$$\frac{\mathrm{d}x_3}{\mathrm{d}t}=\frac{\mathrm{d}^2x_1}{\mathrm{d}t^2}-3\frac{\mathrm{d}x_1}{\mathrm{d}t}+\frac{\mathrm{d}x_2}{\mathrm{d}t}. \tag{3.44}$$

将式 (3.44) 和式 (3.43) 代入原方程组中的第二个方程和第三个方程, 得

$$\frac{\mathrm{d}x_2}{\mathrm{d}t}-\frac{\mathrm{d}x_1}{\mathrm{d}t}=-x_1+x_2, \tag{3.45}$$

$$\frac{\mathrm{d}^2x_1}{\mathrm{d}t^2}-5\frac{\mathrm{d}x_1}{\mathrm{d}t}+\frac{\mathrm{d}x_2}{\mathrm{d}t}=-5x_1+x_2. \tag{3.46}$$

将式 (3.46) 减去式 (3.45), 得

$$\frac{\mathrm{d}^2x_1}{\mathrm{d}t^2}-4\frac{\mathrm{d}x_1}{\mathrm{d}t}+4x_1=0,$$

解这个二阶常系数线性微分方程, 得

$$x_1=(c_1+c_2t)\mathrm{e}^{2t}, \tag{3.47}$$

代入到式 (3.45) 后积分, 可求得

$$x_2=(c_1+c_2t)\mathrm{e}^{2t}+c_3\mathrm{e}^{t}, \tag{3.48}$$

将式 (3.47) 和式 (3.48) 代入式 (3.43), 得

$$x_3=c_2\mathrm{e}^{2t}+c_3\mathrm{e}^{t}. \tag{3.49}$$

于是

$$\begin{cases} x_1 = (c_1 + c_2 t)\mathrm{e}^{2t}, \\ x_2 = (c_1 + c_2 t)\mathrm{e}^{2t} + c_3\mathrm{e}^{t}, \\ x_3 = c_2\mathrm{e}^{2t} + c_3\mathrm{e}^{t} \end{cases}$$

是线性微分方程组的解.

3.3.2 首次积分法

在给出首次积分法之前, 先通过求解几个例子来体会首次积分的含义和作用.

例 3.8 求解方程组

$$\begin{cases} \dfrac{\mathrm{d}x}{\mathrm{d}t} = y, \\ \dfrac{\mathrm{d}y}{\mathrm{d}t} = x. \end{cases}$$

解 将方程组中的两个方程相加, 得

$$\frac{\mathrm{d}(x+y)}{\mathrm{d}t} = x + y,$$

把 $x+y$ 看成一个新的未知函数, 则上式为关于 $x+y$ 的线性方程, 求积分, 得

$$x + y = c_1\mathrm{e}^{t}, \tag{3.50}$$

其中 c_1 为积分常数, (3.50) 就是该方程组的一个首次积分.

再将方程组中的两个方程相减, 得到

$$\frac{\mathrm{d}(x-y)}{\mathrm{d}t} = -(x-y),$$

两边关于未知函数 $x-y$ 求积分, 得

$$x - y = c_2\mathrm{e}^{-t}, \tag{3.51}$$

其中 c_2 为任意积分常数, (3.51) 是方程组的另一个首次积分. 由首次积分 (3.50) 和 (3.51) 可解出未知函数 x 和 y 为

$$\begin{cases} x = \dfrac{1}{2}(c_1\mathrm{e}^{t} + c_2\mathrm{e}^{-t}), \\ y = \dfrac{1}{2}(c_1\mathrm{e}^{t} - c_2\mathrm{e}^{-t}). \end{cases}$$

由于 c_1, c_2 为任意常数, 因此方程组的通解为

$$\begin{cases} x = c_1\mathrm{e}^{t} + c_2\mathrm{e}^{-t}, \\ y = c_1\mathrm{e}^{t} - c_2\mathrm{e}^{-t}. \end{cases}$$

例 3.9　求解方程组

$$\begin{cases} \dfrac{\mathrm{d}x}{\mathrm{d}t} = y - x(x^2+y^2-1), \\ \dfrac{\mathrm{d}y}{\mathrm{d}t} = -x - y(x^2+y^2-1). \end{cases}$$

解　方程组中的第一个方程乘以 x, 第二个方程乘以 y, 然后两式相加得

$$x\frac{\mathrm{d}x}{\mathrm{d}t} + y\frac{\mathrm{d}y}{\mathrm{d}t} = -(x^2+y^2)(x^2+y^2-1),$$

即

$$\mathrm{d}(x^2+y^2) = -2(x^2+y^2)(x^2+y^2-1)\mathrm{d}t,$$

这个微分方程表明, 关于变量 t 的未知函数 x^2+y^2 是可以分离的, 因此易得其积分为

$$\frac{x^2+y^2-1}{x^2+y^2}\mathrm{e}^{2t} = c_1, \tag{3.52}$$

其中 c_1 为任意积分常数. 式 (3.52) 是所给方程组的一个首次积分.

再将方程组中的第一个方程乘以 x, 第二个方程乘以 y, 然后两式相减, 得

$$x\frac{\mathrm{d}x}{\mathrm{d}t} - y\frac{\mathrm{d}y}{\mathrm{d}t} = -(x^2+y^2),$$

即

$$\frac{\mathrm{d}}{\mathrm{d}t}\left(\arctan\frac{y}{x}\right) = -1,$$

由此得到另一个首次积分

$$\arctan\frac{y}{x} + t = c_2, \tag{3.53}$$

其中 c_2 为积分常数. 利用首次积分 (3.52) 和 (3.53), 可以确定出方程组的通解. 为此, 引入极坐标 $x = r\cos\theta$, $y = r\sin\theta$, 由 (3.52) 和 (3.53), 可得

$$\left(1-\frac{1}{r^2}\right)\mathrm{e}^{2t} = c_1, \quad \theta + t = c_2,$$

亦即

$$r = \frac{1}{\sqrt{1-c_1\mathrm{e}^{-2t}}}, \quad \theta = c_2 - t.$$

因此, 可以得到所给方程组的通解

$$\begin{cases} x = \dfrac{\cos(c_2-t)}{\sqrt{1-c_1\mathrm{e}^{-2t}}}, \\ y = \dfrac{\sin(c_2-t)}{\sqrt{1-c_1\mathrm{e}^{-2t}}}. \end{cases}$$

从上面的两个例子可以看出, 求解微分方程组就是寻求它的首次积分, 利用首次积分就可以消去某些未知函数, 从而减少微分方程组中方程的个数. 下面引出相应的概念和有关的结论.

定义 3.12 考虑微分方程组

$$\begin{cases} \dfrac{\mathrm{d}x_1}{\mathrm{d}t} = f_1(t, x_1, \cdots, x_n), \\ \dfrac{\mathrm{d}x_2}{\mathrm{d}t} = f_2(t, x_1, \cdots, x_n), \\ \cdots\cdots \\ \dfrac{\mathrm{d}x_n}{\mathrm{d}t} = f_n(t, x_1, \cdots, x_n), \end{cases} \tag{3.54}$$

其中 $x_i = x_i(t)(i = 1, 2, \cdots, n)$, 右端函数 $f_i(t, x_1, \cdots, x_n)(i = 1, 2, \cdots, n)$ 在某个区域 $G \subset \mathbf{R}^{n+1}$ 内对 $t, x_1, \cdots, x_n$ 是连续的, 且对 $x_1, \cdots, x_n$ 是连续可微的. 如果

$$\mathrm{d}\boldsymbol{\Phi}(t, x_1, x_2, \cdots, x_n) = \mathbf{0}, \tag{3.55}$$

其中 $x_i = x_i(t)(i = 1, 2, \cdots, n)$ 是方程组 (3.54) 的解. 将 $x_i = x_i(t)(i = 1, 2, \cdots, n)$ 代入函数 $\boldsymbol{\Phi}(t, x_1, x_2, \cdots, x_n)$ 时, 此函数恒等于一个常数, 这个函数就称为方程组 (3.54) 的一个**首次积分**. 如果有 k 个相互独立的首次积分

$$\begin{cases} \Phi_1(t, x_1, x_2, \cdots, x_n) = c_1, \\ \Phi_2(t, x_1, x_2, \cdots, x_n) = c_2, \\ \cdots\cdots \\ \Phi_k(t, x_1, x_2, \cdots, x_n) = c_k, \quad k \leqslant n, \end{cases} \tag{3.56}$$

则由 (3.56) 知, k 个未知函数可以用其余的函数表示. 将它们分别代入方程组 (3.54), 我们得到关于具有最少未知函数的方程组的求积分问题. 特别地, 如果 $k = n$, 则所有的未知函数可以由首次积分方程组 (3.56) 确定. 首次积分的相互独立性通过 Jacobi 行列式

$$\frac{\mathrm{D}(\Phi_1, \Phi_2, \cdots, \Phi_k)}{\mathrm{D}(x_{j1}, x_{j2}, \cdots, x_{jk})} \neq 0 \tag{3.57}$$

给予验证, 其中 $x_{j1}, x_{j2}, \cdots, x_{jk}$ 是所有未知函数中的任意 k 个函数.

下面给出首次积分的有关结论, 证明详见文献 (丁同仁等, 1985).

定理 3.8 设函数 $\boldsymbol{\Phi}(t, x_1, x_2, \cdots, x_n)$ 在区域 G 内是连续可微的, 而它又不是常数, 则

$$\boldsymbol{\Phi}(t, x_1, x_2, \cdots, x_n) = \boldsymbol{c}$$

是微分方程组在区域 G 内的首次积分的充分必要条件为

$$\frac{\partial \boldsymbol{\Phi}}{\partial t}+\frac{\partial \boldsymbol{\Phi}}{\partial x_1}f_1+\frac{\partial \boldsymbol{\Phi}}{\partial x_2}f_2+\cdots+\frac{\partial \boldsymbol{\Phi}}{\partial x_n}f_n=\mathbf{0}.$$

这个定理给出了判别函数 $\boldsymbol{\Phi}(t,x_1,x_2,\cdots,x_n)$ 是否为微分方程组在区域 G 内的首次积分的有效方法.

定理 3.9　如果已知方程组 (3.54) 的一个首次积分, 那么可以把方程组 (3.54) 的求解问题简化为求解含 $n-1$ 个方程的方程组.

定理 3.10　如果方程组 (3.54) 有 n 个相互独立的首次积分, 则可由这 n 个首次积分得到方程组 (3.54) 的通解.

有时, 利用方程组 (3.54) 的对称书写形式, 可以简化方程组为求解

$$\begin{aligned}\frac{\mathrm{d}x_1}{\varphi_1(t,x_1,x_2,\cdots,x_n)}&=\frac{\mathrm{d}x_2}{\varphi_2(t,x_1,x_2,\cdots,x_n)}=\cdots\\&=\frac{\mathrm{d}x_n}{\varphi_n(t,x_1,x_2,\cdots,x_n)}=\frac{\mathrm{d}t}{\varphi_0(t,x_1,x_2,\cdots,x_n)},\end{aligned}\tag{3.58}$$

其中 $\varphi_i=\varphi_0 f_i,i=1,2,\cdots,n$.

例 3.10　求解微分方程组

$$\begin{cases}\dfrac{\mathrm{d}x}{\mathrm{d}t}=\dfrac{x}{t},\\[2mm]\dfrac{\mathrm{d}y}{\mathrm{d}t}=\dfrac{tx+y}{t}.\end{cases}$$

解　首先, 方程组可写为 (3.58) 的形式如下:

$$\frac{\mathrm{d}x}{x}=\frac{\mathrm{d}y}{tx+y}=\frac{\mathrm{d}t}{t}.$$

从方程 $\dfrac{\mathrm{d}x}{x}=\dfrac{\mathrm{d}t}{t}$ 中容易求出 $\ln|t|=\ln|x|+\ln|c_1|$, 由此得到方程组的第一个首次积分

$$\Phi_1(t)=\frac{t}{x}=c_1.$$

其次, 解方程

$$\frac{\mathrm{d}x}{x}=\frac{\mathrm{d}y}{tx+y},$$

注意到 $t=c_1x$, 因此有 $\dfrac{\mathrm{d}x}{x}=\dfrac{\mathrm{d}y}{c_1x^2+y}$, 即

$$\frac{\mathrm{d}y}{\mathrm{d}x}=\frac{y}{x}+c_1x,$$

对这个一阶非齐次线性微分方程求积分, 得

$$y = c_1 x^2 + c_2 x,$$

由此得到方程组的另一个首次积分

$$\Phi_2(t) = \frac{y - tx}{x} = c_2.$$

因为

$$\frac{D(\Phi_1, \Phi_2)}{D(x, y)} = \begin{vmatrix} \dfrac{\partial \Phi_1}{\partial x} & \dfrac{\partial \Phi_1}{\partial y} \\ \dfrac{\partial \Phi_2}{\partial x} & \dfrac{\partial \Phi_2}{\partial y} \end{vmatrix} = \begin{vmatrix} -\dfrac{t}{x^2} & 0 \\ -\dfrac{y}{x^2} & \dfrac{1}{x} \end{vmatrix} = -\frac{t}{x^3} \neq 0,$$

所以, 两个首次积分是相互独立的, 且它们的个数等于方程的个数, 于是方程组的通解为

$$\begin{cases} \dfrac{t}{x} = c_1, \\ \dfrac{y - tx}{x} = c_2. \end{cases}$$

3.4 常系数线性微分方程组

本节主要研究常系数齐次线性微分方程组

$$\boldsymbol{x}' = \boldsymbol{A}\boldsymbol{x}, \tag{3.59}$$

的基解矩阵的结构, 其中 $\boldsymbol{A} = (a_{ij})_{n\times n}$ 是 $n \times n$ 维常数矩阵, 其必在 $(-\infty, +\infty)$ 上连续, 从而方程组 (3.59) 的解在区间 $(-\infty, +\infty)$ 上存在唯一. 本节中讨论的解的存在区间均为 $(-\infty, +\infty)$.

3.4.1 矩阵指数函数的定义和性质

为求解常系数齐次线性微分方程组 (3.59) 的一个基解矩阵, 首先需要定义矩阵指数 $\exp \boldsymbol{A}$(或记为 $\mathrm{e}^{\boldsymbol{A}}$), 这里要利用到 3.1.2 小节中关于矩阵的有关定义和结果.

定义 3.13 如果 $\boldsymbol{A} = (a_{ij})_{n\times n}$ 是 $n \times n$ 维常数矩阵, 定义**矩阵指数** $\exp \boldsymbol{A}$ 为下面的矩阵级数的和:

$$\exp \boldsymbol{A} = \sum_{k=0}^{\infty} \frac{\boldsymbol{A}^k}{k!} = \boldsymbol{E} + \boldsymbol{A} + \frac{\boldsymbol{A}^2}{2!} + \cdots + \frac{\boldsymbol{A}^m}{m!} + \cdots, \tag{3.60}$$

其中 $\boldsymbol{E}$ 为 n 阶单位矩阵, $\boldsymbol{A}^m$ 是矩阵 $\boldsymbol{A}$ 的 m 次幂. 规定 $\boldsymbol{A}^0=\boldsymbol{E}$, $0!=1$. 由于这个级数对所有的 $\boldsymbol{A}$ 都是收敛的, 故 $\exp\boldsymbol{A}$ 是一个确定的矩阵. 特别地, 对于所有元素都为 0 的零矩阵$\boldsymbol{0}$, 有 $\exp\boldsymbol{0}=\boldsymbol{E}$.

事实上, 对一切正整数 k, 有

$$\left\|\frac{\boldsymbol{A}^k}{k!}\right\|\leqslant\frac{\|\boldsymbol{A}\|^k}{k!},$$

且对于任意矩阵 $\boldsymbol{A}$, $\|\boldsymbol{A}\|$ 为一个确定的实数, 因此数值级数

$$\|\boldsymbol{E}\|+\|\boldsymbol{A}\|+\frac{\|\boldsymbol{A}\|^2}{2!}+\cdots+\frac{\|\boldsymbol{A}\|^m}{m!}+\cdots$$

是收敛的, 且其和为 $n-1+\mathrm{e}^{\|\boldsymbol{A}\|}$. 由 3.1.2 小节知, (3.60) 中所定义的矩阵级数对于一切 $\boldsymbol{A}$ 都是绝对收敛的.

进一步, **矩阵指数函数**$\exp(\boldsymbol{A}t)$ 定义为

$$\exp(\boldsymbol{A}t)=\sum_{k=0}^{\infty}\frac{\boldsymbol{A}^kt^k}{k!},\tag{3.61}$$

它在 t 的任何有限区间上是一致收敛的. 事实上, 对于一切正整数 k, 当 $|t|\leqslant M$(M 为正整数) 时, 有

$$\left\|\frac{\boldsymbol{A}^kt^k}{k!}\right\|\leqslant\frac{\|\boldsymbol{A}\|^k|t|^k}{k!}\leqslant\frac{M^k\|\boldsymbol{A}\|^k}{k!},$$

而数值级数 $\displaystyle\sum_{k=0}^{\infty}\frac{(M\|\boldsymbol{A}\|)^k}{k!}$ 是收敛的, 因此 (3.61) 是一致收敛的.

矩阵指数 $\exp\boldsymbol{A}$ 有下面的性质.

性质 3.4 如果矩阵 $\boldsymbol{A}$, $\boldsymbol{B}$ 是可交换的, 即 $\boldsymbol{AB}=\boldsymbol{BA}$, 则

$$\exp(\boldsymbol{A}+\boldsymbol{B})=\exp\boldsymbol{A}\exp\boldsymbol{B}.\tag{3.62}$$

事实上, 由于矩阵级数 (3.60) 是绝对收敛的, 故由关于绝对收敛数值级数运算的二项式定理及 $\boldsymbol{AB}=\boldsymbol{BA}$, 可得

$$\exp(\boldsymbol{A}+\boldsymbol{B})=\sum_{k=0}^{\infty}\frac{(\boldsymbol{A}+\boldsymbol{B})^k}{k!}=\sum_{k=0}^{\infty}\left[\sum_{l=0}^{k}\frac{\boldsymbol{A}^l\boldsymbol{B}^{k-l}}{l!(k-l)!}\right].\tag{3.63}$$

另外, 由绝对收敛级数的乘法定理, 可得

$$\exp\boldsymbol{A}\exp\boldsymbol{B}=\sum_{i=0}^{\infty}\frac{\boldsymbol{A}^i}{i!}\left(\sum_{j=0}^{\infty}\frac{\boldsymbol{B}^j}{j!}\right)=\sum_{k=0}^{\infty}\left[\sum_{l=0}^{k}\frac{\boldsymbol{A}^l}{l!}\frac{\boldsymbol{B}^{k-l}}{(k-l)!}\right].\tag{3.64}$$

比较式 (3.63) 和式 (3.64), 得 (3.62) 成立.

性质 3.5 对于任何矩阵 $\boldsymbol{A}$, $(\exp \boldsymbol{A})^{-1}$ 存在, 且

$$(\exp \boldsymbol{A})^{-1} = \exp(-\boldsymbol{A}). \tag{3.65}$$

事实上, $\boldsymbol{A}$ 与 $-\boldsymbol{A}$ 是可交换的, 由性质 3.4 令 $\boldsymbol{B}$ 为 $-\boldsymbol{A}$, 得

$$\exp \boldsymbol{A} \exp(-\boldsymbol{A}) = \exp(\boldsymbol{A} + (-\boldsymbol{A})) = \exp \boldsymbol{0} = \boldsymbol{E},$$

即 (3.65) 成立.

性质 3.6 如果 $\boldsymbol{P}$ 为非奇异矩阵, 则有

$$\exp(\boldsymbol{P}^{-1}\boldsymbol{A}\boldsymbol{P}) = \boldsymbol{P}^{-1}(\exp \boldsymbol{A})\boldsymbol{P}. \tag{3.66}$$

由于

$$\begin{aligned}\exp(\boldsymbol{P}^{-1}\boldsymbol{A}\boldsymbol{P}) &= \boldsymbol{E} + \sum_{k=1}^{\infty} \frac{(\boldsymbol{P}^{-1}\boldsymbol{A}\boldsymbol{P})^k}{k!} = \boldsymbol{E} + \sum_{k=1}^{\infty} \frac{\boldsymbol{P}^{-1}\boldsymbol{A}^k\boldsymbol{P}}{k!} \\ &= \boldsymbol{E} + \boldsymbol{P}^{-1}\left(\sum_{k=1}^{\infty} \frac{\boldsymbol{A}^k}{k!}\right)\boldsymbol{P} = \boldsymbol{P}^{-1}(\exp \boldsymbol{A})\boldsymbol{P},\end{aligned}$$

即得 (3.66).

定理 3.11 矩阵

$$\boldsymbol{\Phi}(t) = \exp(\boldsymbol{A}t) \tag{3.67}$$

是常系数齐次线性微分组 (3.59) 的基解矩阵, 且 $\boldsymbol{\Phi}(0) = \boldsymbol{E}$.

证明 由定义可知 $\boldsymbol{\Phi}(0) = \boldsymbol{E}$. 由于在自变量 t 的任意有限空间上, 矩阵指数函数

$$\exp(\boldsymbol{A}t) = \boldsymbol{E} + \frac{\boldsymbol{A}t}{1!} + \frac{\boldsymbol{A}^2t^2}{2!} + \cdots + \frac{\boldsymbol{A}^kt^k}{k!} + \cdots$$

是一致收敛的, 而且可以利用逐项微分法, 微分上式, 得

$$\begin{aligned}\boldsymbol{\Phi}'(t) &= [\exp(\boldsymbol{A}t)]' = \boldsymbol{A} + \frac{\boldsymbol{A}^2t}{1!} + \frac{\boldsymbol{A}^3t^2}{2!} + \cdots + \frac{\boldsymbol{A}^kt^{k-1}}{(k-1)!} + \cdots \\ &= \boldsymbol{A}\exp(\boldsymbol{A}t) = \boldsymbol{A}\boldsymbol{\Phi}(t),\end{aligned}$$

即 $\boldsymbol{\Phi}(t)$ 是 (3.59) 的基解矩阵. 又因为 $\det(\boldsymbol{\Phi}(0)) = \det \boldsymbol{E} = 1$, 所以 $\boldsymbol{\Phi}(t)$ 是 (3.59) 的基解矩阵.

由定理 3.11, 可利用这个基解矩阵给出 (3.59) 的任意解 $\boldsymbol{\varphi}(t)$ 都具有形式

$$\boldsymbol{\varphi}(t) = \exp(\boldsymbol{A}t)\boldsymbol{c}, \tag{3.68}$$

其中 $\boldsymbol{c}$ 为常数列向量.

如果 $\boldsymbol{\varphi}(t)$ 是方程组 (3.59) 满足初始条件 $\boldsymbol{\varphi}(t_0)=\boldsymbol{x}_0$ 的解, 则由 (3.68) 得

$$\boldsymbol{x}_0=\exp(\boldsymbol{A}t_0)\boldsymbol{c},$$

于是, 常数向量为

$$\boldsymbol{c}=\exp(-\boldsymbol{A}t_0)\boldsymbol{x}_0,$$

将上式代入 (3.68) 就得所给方程组 (3.59) 满足初始条件 $\boldsymbol{\varphi}(t_0)=\boldsymbol{x}_0$ 的解:

$$\boldsymbol{\varphi}(t)=\exp(\boldsymbol{A}t)\exp(-\boldsymbol{A}t_0)\boldsymbol{x}_0=\exp(\boldsymbol{A}(t-t_0))\boldsymbol{x}_0.$$

推论 3.4 常系数齐次微分方程组 (3.59) 的通解为

$$\boldsymbol{x}=\exp(\boldsymbol{A}t)\boldsymbol{c}, \tag{3.69}$$

其中 $\boldsymbol{c}$ 为任意的常数列向量; 而 (3.59) 满足初始条件 $\boldsymbol{x}(t_0)=\boldsymbol{x}_0$ 的解为

$$\boldsymbol{x}=\exp[\boldsymbol{A}(t-t_0)]\boldsymbol{x}_0. \tag{3.70}$$

现在进一步讨论如何计算矩阵指数函数 $\exp(\boldsymbol{A}t)$ 的问题. 由于 $\exp(\boldsymbol{A}t)$ 是一个无穷级数所定义的指数函数, 能否用初等函数的有限和形式来表示呢? 如果可以, 那么如何进行计算? 下面来看两个例子.

例 3.11 假设

$$\boldsymbol{A}=\begin{bmatrix} a_1 & & & \\ & a_2 & & \\ & & \ddots & \\ & & & a_n \end{bmatrix}$$

为一个对角矩阵, 则

$$\exp(\boldsymbol{A}t)=\boldsymbol{E}+t\begin{bmatrix} a_1 & & & \\ & a_2 & & \\ & & \ddots & \\ & & & a_n \end{bmatrix}+\frac{t^2}{2!}\begin{bmatrix} a_1^2 & & & \\ & a_2^2 & & \\ & & \ddots & \\ & & & a_n^2 \end{bmatrix}+\cdots$$

$$=\begin{bmatrix} e^{a_1t} & & & \\ & e^{a_2t} & & \\ & & \ddots & \\ & & & e^{a_nt} \end{bmatrix}.$$

例 3.12　假设

$$\boldsymbol{A}=\begin{bmatrix}1&1\\0&1\end{bmatrix},$$

试求 $\exp(\boldsymbol{A}t)$.

解　注意到矩阵 $\boldsymbol{A}$ 可以分解为两个矩阵之和：

$$\boldsymbol{A}=\boldsymbol{E}+\boldsymbol{Z},$$

其中

$$\boldsymbol{E}=\begin{bmatrix}1&0\\0&1\end{bmatrix},\quad \boldsymbol{Z}=\begin{bmatrix}0&1\\0&0\end{bmatrix},$$

且单位矩阵 $\boldsymbol{E}$ 和幂零矩阵 $\boldsymbol{Z}$ 是可交换的, 即 $\boldsymbol{EZ}=\boldsymbol{ZE}$, 则由性质 3.4 可知

$$\exp(\boldsymbol{A}t)=\exp\left((\boldsymbol{E}+\boldsymbol{Z})t\right)=\exp(\boldsymbol{E}t)\exp(\boldsymbol{Z}t).$$

利用例 3.11 的结果, 对单位矩阵 $\boldsymbol{E}$, 可得

$$\exp(\boldsymbol{E}t)=\begin{bmatrix}\mathrm{e}^t&0\\0&\mathrm{e}^t\end{bmatrix}.$$

而对于幂零矩阵 $\boldsymbol{Z}$, 有

$$\begin{aligned}\exp(\boldsymbol{Z}t)&=\boldsymbol{E}+t\begin{bmatrix}0&1\\0&0\end{bmatrix}+\frac{t^2}{2!}\begin{bmatrix}0&0\\0&0\end{bmatrix}+\cdots\\&=\boldsymbol{E}+t\begin{bmatrix}0&1\\0&0\end{bmatrix}=\begin{bmatrix}1&t\\0&1\end{bmatrix}.\end{aligned}$$

因此有

$$\exp(\boldsymbol{A}t)=\begin{bmatrix}\mathrm{e}^t&t\mathrm{e}^t\\0&\mathrm{e}^t\end{bmatrix}.$$

分析例 3.12, 我们是利用了性质 3.5, 将 $\exp(\boldsymbol{A}t)$ 表示为初等函数有限和的形式. 由线性代数的知识, 我们知道, 任一矩阵 $\boldsymbol{A}$ 在相似变换下可以化成它的若尔当 (Jordan) 标准型 $\boldsymbol{J}$, 而 $\boldsymbol{J}$ 的每一若尔当标准块又都可以分解成对角矩阵 $\lambda\boldsymbol{E}$ 和一个幂零矩阵之和. 因此 $\exp(\boldsymbol{J}t)$ 可以表示为初等函数有限和的形式. 此外 $\exp(\boldsymbol{A}t)$ 和 $\exp(\boldsymbol{J}t)$ 还可以通过性质 3.6 联系起来. 下面基于以上方法进行讨论.

3.4.2　利用若尔当标准型计算基解矩阵

由定理 3.11 可知, 常系数线性微分方程组 (3.59) 的基解矩阵就是矩阵指数函数 $\exp(\boldsymbol{A}t)$, 只要能计算出 $\exp(\boldsymbol{A}t)$ 即可. 现在由前面的讨论用若尔当标准型计算 $\exp(\boldsymbol{A}t)$. 根据线性代数的结果, 对于每一个 n 阶方阵 $\boldsymbol{A}$, 必存在 n 阶非奇异矩阵 $\boldsymbol{P}$, 使得

$$\boldsymbol{A}=\boldsymbol{PJP}^{-1},$$

其中

$$\boldsymbol{J}=\begin{bmatrix}\boldsymbol{J}_1 & & & \\ & \boldsymbol{J}_2 & & \\ & & \ddots & \\ & & & \boldsymbol{J}_s\end{bmatrix}$$

为若尔当标准型, 设若尔当块

$$\boldsymbol{J}_i=\begin{bmatrix}\lambda_1 & 1 & & \\ & \lambda_2 & \ddots & \\ & & \ddots & 1 \\ & & & \lambda_i\end{bmatrix}$$

是 n_i 阶的 $(i=1,2,\cdots,s;n_1+n_2+\cdots+n_s=n)$, 则 $\boldsymbol{J}_i$ 有分解式

$$\boldsymbol{J}_i=\begin{bmatrix}\lambda_i & & & \\ & \lambda_i & & \\ & & \ddots & \\ & & & \lambda_i\end{bmatrix}+\begin{bmatrix}0 & 1 & & \\ & 0 & \ddots & \\ & & \ddots & 1 \\ & & & 0\end{bmatrix},$$

其中右侧的第一个矩阵具有 $\lambda_i\boldsymbol{E}$ 的形式, 而第二个矩阵就是幂零矩阵 (它的 n_i 次幂为零矩阵). 由于矩阵 $\lambda_i\boldsymbol{E}$ 与任何矩阵都可交换, 因此利用例 3.12 的方法, 易得

$$\exp(\boldsymbol{J}_it)=\mathrm{e}^{\lambda_it}\boldsymbol{E}\left\{\boldsymbol{E}+t\begin{bmatrix}0 & 1 & & & \\ & \ddots & \ddots & & \\ & & \ddots & \ddots & \\ & & & \ddots & 1 \\ & & & & 0\end{bmatrix}\right.$$

$$
+\frac{t^2}{2!}\begin{bmatrix} 0 & 0 & 1 & & \\ & \ddots & \ddots & \ddots & \\ & & \ddots & \ddots & 1 \\ & & & \ddots & 0 \\ & & & & 0 \end{bmatrix}+\cdots
$$

$$
\left.+\frac{t^{n_i-1}}{(n_i-1)!}\begin{bmatrix} 0 & \cdots & \cdots & 0 & 1 \\ & 0 & \cdots & \cdots & 0 \\ & & \ddots & & \vdots \\ & & & \ddots & \vdots \\ & & & & 0 \end{bmatrix}\right\},
$$

由此得到它的初等函数的有限和形式如下:

$$
\exp(\boldsymbol{J}_i t)=\mathrm{e}^{\lambda_i t}\begin{bmatrix} 1 & t & \dfrac{t^2}{2!} & \cdots & \cdots & \dfrac{t^{n_i-1}}{(n_i-1)!} \\ & 1 & t & \cdots & \cdots & \dfrac{t^{n_i-2}}{(n_i-2)!} \\ & & \ddots & \ddots & & \vdots \\ & & & \ddots & \ddots & \vdots \\ & & & & \ddots & t \\ & & & & & 1 \end{bmatrix},\quad i=1,2,\cdots,s. \tag{3.71}
$$

再利用例 3.11 的方法, 易得

$$
\exp(\boldsymbol{J}t)=\begin{bmatrix} \mathrm{e}^{\boldsymbol{J}_1 t} & & & \\ & \mathrm{e}^{\boldsymbol{J}_2 t} & & \\ & & \ddots & \\ & & & \mathrm{e}^{\boldsymbol{J}_s t} \end{bmatrix}.
$$

另一方面, 由性质 3.6 可知

$$
\exp(\boldsymbol{A}t)=\exp(\boldsymbol{P}\boldsymbol{J}t\boldsymbol{P}^{-1})=\boldsymbol{P}(\exp(\boldsymbol{J}t))\boldsymbol{P}^{-1}. \tag{3.72}
$$

公式 (3.72) 给出了计算方程组 (3.59) 的基解矩阵 $\exp(\boldsymbol{A}t)$ 的一个方法.

此外, 利用 $\boldsymbol{P}$ 的可逆性和 3.2.2 小节中的推论 3.2, 可知 $\exp(\boldsymbol{A}t)\boldsymbol{P}$ 也是 (3.59) 的一个基解矩阵, 而由 (3.72) 得

$$\exp(\boldsymbol{A}t)\boldsymbol{P}=\boldsymbol{P}\exp(\boldsymbol{J}t),$$

即

$$\exp(\boldsymbol{A}t)\boldsymbol{P}=\boldsymbol{P}\begin{bmatrix}\mathrm{e}^{\boldsymbol{J}_1t} & & & \\ & \mathrm{e}^{\boldsymbol{J}_2t} & & \\ & & \ddots & \\ & & & \mathrm{e}^{\boldsymbol{J}_st}\end{bmatrix},\tag{3.73}$$

其中 $\exp(\boldsymbol{J}_it)(i=1,2,\cdots,s)$ 由 (3.71) 给出.

对比利用 (3.73) 和 (3.72) 求微分方程组 (3.59) 的基解矩阵, 虽然 (3.73) 避免了求解逆矩阵且减少一次矩阵的乘法运算, 但是, 求若尔当标准型 $\boldsymbol{J}$ 的过渡矩阵 $\boldsymbol{P}$ 的计算量一般都很大, 所以有必要再去寻找较为简便的计算方法.

3.4.3 Euler 待定指数函数法

下面给出**Euler 待定指数函数法**求解常系数齐次微分方程组 (3.59) 的通解, 即寻求 (3.59)

$$\boldsymbol{x}'=\boldsymbol{A}\boldsymbol{x}$$

的形如

$$\boldsymbol{\varphi}(t)=\mathrm{e}^{\lambda t}\boldsymbol{u},\quad \boldsymbol{u}\neq\boldsymbol{0}\tag{3.74}$$

的解, 其中常数 λ 和常数向量 $\boldsymbol{u}$ 是待定的.

将 (3.74) 代入齐次方程组 (3.59), 得

$$\lambda\mathrm{e}^{\lambda t}\boldsymbol{u}=\boldsymbol{A}\mathrm{e}^{\lambda t}\boldsymbol{u}.$$

注意到 $\mathrm{e}^{\lambda t}\neq 0$, 上式可变为

$$(\lambda\boldsymbol{E}-\boldsymbol{A})\boldsymbol{u}=\boldsymbol{0}.\tag{3.75}$$

因此, 使得 $\mathrm{e}^{\lambda t}\boldsymbol{u}$ 是 (3.59) 的解的充分必要条件是常数 λ 和常数向量 $\boldsymbol{u}$ 满足方程 (3.75). 因为要求其非平凡解, 所以

$$\det(\lambda\boldsymbol{E}-\boldsymbol{A})=0.$$

为此, 引入如下定义.

定义 3.14　假设 $\boldsymbol{A}$ 是一个 $n\times n$ 维常数矩阵, 使得关于向量 $\boldsymbol{u}$ 的线性代数方程组 (3.75)

$$(\lambda\boldsymbol{E}-\boldsymbol{A})\boldsymbol{u}=\boldsymbol{0}$$

具有非平凡解的常数 λ 称为 $\boldsymbol{A}$ 的一个**特征值**. (3.75) 的对应于任一特征值 λ 的非平凡解 $\boldsymbol{u}$ 称为 $\boldsymbol{A}$ 的**对应于特征值λ的特征向量**. $\boldsymbol{n}$ 次多项式

$$P(\lambda) \equiv \det(\lambda \boldsymbol{E} - \boldsymbol{A})$$

称为 $\boldsymbol{A}$ 的**特征多项式**, n 次代数方程

$$P(\lambda) = 0 \tag{3.76}$$

称为 $\boldsymbol{A}$ 的**特征方程**, 也称为常系数齐次微分方程组 (3.59) 的**特征方程**.

可见, 要得到常系数齐次微分方程组 (3.59) 的形如 (3.74) 的解就归结为求解系数矩阵 $\boldsymbol{A}$ 的特征值 λ 以及对应于特征值 λ 的特征向量 $\boldsymbol{u}$. 而 $\boldsymbol{A}$ 的特征值就是特征方程 (3.76) 的根. 因为 n 次多项式有 n 个根, 所以 $\boldsymbol{A}$ 有 n 个特征值, 但这些特征值不一定互不相同. 如果 $\lambda = \lambda_0$ 是特征方程的单根, 则称 λ_0 是**单特征值**. 如果 $\lambda = \lambda_0$ 是特征方程的 k 重根, 则称 λ_0 是 $\boldsymbol{k}$**重特征值**.

例 3.13 试求矩阵

$$\boldsymbol{A} = \begin{bmatrix} 1 & -1 \\ -4 & 1 \end{bmatrix}$$

的特征值和对应的特征向量.

解 系数矩阵 $\boldsymbol{A}$ 的特征值就是特征方程

$$\det(\lambda \boldsymbol{E} - \boldsymbol{A}) = \begin{vmatrix} \lambda - 1 & 1 \\ 4 & \lambda - 1 \end{vmatrix} = \lambda^2 - 2\lambda - 3 = 0$$

的根. 解之得 $\lambda_1 = 3$, $\lambda_2 = -1$. 对应于特征值 $\lambda_1 = 3$ 的特征向量

$$\boldsymbol{u} = \begin{bmatrix} u_1 \\ u_2 \end{bmatrix}$$

必须满足线性代数方程

$$(\lambda_1 \boldsymbol{E} - \boldsymbol{A})\boldsymbol{u} = \begin{bmatrix} 2 & 1 \\ 4 & 2 \end{bmatrix} \begin{bmatrix} u_1 \\ u_2 \end{bmatrix} = \begin{bmatrix} 0 \\ 0 \end{bmatrix},$$

于是 u_1, u_2 满足方程组

$$\begin{cases} 2u_1 + u_2 = 0, \\ 4u_1 + 2u_2 = 0, \end{cases}$$

所以, 对于任意常数 $\alpha \neq 0$,

$$\boldsymbol{u} = \alpha \begin{bmatrix} 1 \\ -2 \end{bmatrix}$$

是对应于特征值 $\lambda_1 = 3$ 的特征向量. 同理, 可以求得对应于 $\lambda_2 = -1$ 的特征向量为

$$\boldsymbol{v} = \beta \begin{bmatrix} 1 \\ 2 \end{bmatrix},$$

其中 $\beta \neq 0$ 是任意常数.

例 3.14　试求矩阵

$$\boldsymbol{A} = \begin{bmatrix} 2 & -1 & -1 \\ 2 & -1 & -2 \\ -1 & 1 & 2 \end{bmatrix}$$

的特征值和特征向量.

解　其特征方程为

$$\det(\lambda \boldsymbol{E} - \boldsymbol{A}) = \begin{vmatrix} \lambda - 2 & 1 & 1 \\ -2 & \lambda + 1 & 2 \\ 1 & -1 & \lambda - 2 \end{vmatrix} = \lambda^3 - 3\lambda^2 + 3\lambda - 1 = 0.$$

因此 $\lambda = 1$ 是 $\boldsymbol{A}$ 的三重特征值. 对应于特征值 $\lambda = 1$ 的特征向量 $\boldsymbol{u}$ 满足方程组

$$(\lambda \boldsymbol{E} - \boldsymbol{A})\boldsymbol{u} = \begin{bmatrix} -1 & 1 & 1 \\ -2 & 2 & 2 \\ 1 & -1 & -1 \end{bmatrix} \begin{bmatrix} u_1 \\ u_2 \\ u_3 \end{bmatrix} = \begin{bmatrix} 0 \\ 0 \\ 0 \end{bmatrix},$$

即

$$\begin{cases} -u_1 + u_2 + u_3 = 0, \\ -2u_1 + 2u_2 + 2u_3 = 0, \\ u_1 - u_2 - u_3 = 0. \end{cases}$$

于是, 向量

$$\boldsymbol{u} = \alpha \begin{bmatrix} 2 \\ 1 \\ 1 \end{bmatrix}$$

是对应于特征值 $\lambda = 1$ 的特征向量, 其中 $\alpha \neq 0$ 是任意常数.

例 3.13 中的特征向量 $\boldsymbol{u}$ 和 $\boldsymbol{v}$ 是线性无关的, 因为

$$\det[\boldsymbol{u}, \boldsymbol{v}] = \begin{vmatrix} \alpha & \beta \\ -2\alpha & 2\beta \end{vmatrix} = 4\alpha\beta \neq 0,$$

所以向量 $\boldsymbol{u}$ 和 $\boldsymbol{v}$ 是构成二维欧几里得空间 (Euclidean space) 的基. 而在例 3.14 中, $\boldsymbol{A}$ 的特征向量只构成一个一维子空间. 重要的是, 我们要知道, 一个给定矩阵 $\boldsymbol{A}$ 的对应于各个特征值的特征向量的集合能否构成一个基. 根据线性代数的相关定理, 有: 如果 $n\times n$ 维矩阵 $\boldsymbol{A}$ 具有 n 个不同的特征值, 那么对应的 n 个特征向量就构成 n 维欧几里得空间的一个基.

下面根据系数矩阵 $\boldsymbol{A}$ 的特征值的重数分两种情形讨论求常系数齐次线性微分方程组 (3.59) 通解的方法.

1. 系数矩阵 $\boldsymbol{A}$ 具有 n 个不同的单特征值

对于这种情形, 由线性代数的知识知, 一定存在一个非奇异矩阵 $\boldsymbol{M}$, 使 $\boldsymbol{D}=\boldsymbol{M}^{-1}\boldsymbol{A}\boldsymbol{M}$ 为对角矩阵, 即

$$\boldsymbol{D}=\boldsymbol{M}^{-1}\boldsymbol{A}\boldsymbol{M}=\begin{bmatrix}\lambda_1 & 0 & \cdots & 0\\ 0 & \lambda_2 & \cdots & 0\\ \vdots & \vdots & & \vdots\\ 0 & 0 & \cdots & \lambda_n\end{bmatrix}, \tag{3.77}$$

其中 $\lambda_i(i=1,2,\cdots,n)$ 是矩阵 $\boldsymbol{A}$ 的特征值.

令 $\boldsymbol{x}=\boldsymbol{M}\boldsymbol{y}$, 并代入常系数齐次微分方程组 (3.59), 则有

$$\boldsymbol{y}'=\boldsymbol{M}^{-1}\boldsymbol{A}\boldsymbol{M}\boldsymbol{y}=\boldsymbol{D}\boldsymbol{y}. \tag{3.78}$$

写成方程组的形式为

$$\frac{\mathrm{d}y_1}{\mathrm{d}t}=\lambda_1 y_1,\quad \frac{\mathrm{d}y_2}{\mathrm{d}t}=\lambda_2 y_2,\quad \cdots,\quad \frac{\mathrm{d}y_n}{\mathrm{d}t}=\lambda_n y_n.$$

解这个方程组得 (3.78) 的解为

$$y_1=c_1\mathrm{e}^{\lambda_1 t},\quad y_2=c_2\mathrm{e}^{\lambda_2 t},\quad \cdots,\quad y_{\mathrm{n}}=c_n\mathrm{e}^{\lambda_n t}.$$

因此, 方程组 (3.78) 的通解为

$$\boldsymbol{y}=c_1\begin{bmatrix}1\\0\\ \vdots\\0\end{bmatrix}\mathrm{e}^{\lambda_1 t}+c_2\begin{bmatrix}0\\1\\ \vdots\\0\end{bmatrix}\mathrm{e}^{\lambda_2 t}+\cdots+c_n\begin{bmatrix}0\\0\\ \vdots\\1\end{bmatrix}\mathrm{e}^{\lambda_n t}. \tag{3.79}$$

此外, 由 (3.77) 得

$$\boldsymbol{AM}=\boldsymbol{M}\begin{bmatrix}\lambda_1 & 0 & \cdots & 0\\ 0 & \lambda_2 & \cdots & 0\\ \vdots & \vdots & & \vdots\\ 0 & 0 & \cdots & \lambda_n\end{bmatrix}.$$

记 $\boldsymbol{M}=(m_{ij})_{n\times n}$, 则有

$$\boldsymbol{u}_1=\begin{bmatrix}m_{11}\\ m_{21}\\ \vdots\\ m_{n1}\end{bmatrix},\quad \boldsymbol{u}_2=\begin{bmatrix}m_{12}\\ m_{22}\\ \vdots\\ m_{n2}\end{bmatrix},\quad \cdots\quad ,\quad \boldsymbol{u}_n=\begin{bmatrix}m_{1n}\\ m_{2n}\\ \vdots\\ m_{nn}\end{bmatrix}$$

是矩阵 $\boldsymbol{A}$ 的特征值 $\lambda_1, \lambda_2, \cdots, \lambda_n$ 对应的特征向量, 即

$$\boldsymbol{A}\boldsymbol{u}_i=\lambda_i\boldsymbol{u}_i,\quad i=1,2,\cdots,n.$$

将 (3.79) 代入 $\boldsymbol{x}=\boldsymbol{M}\boldsymbol{y}$, 就得到常系数齐次微分方程组 (3.59) 的基解矩阵为

$$\boldsymbol{\varPhi}(t)=[\boldsymbol{u}_1\mathrm{e}^{\lambda_1 t},\boldsymbol{u}_2\mathrm{e}^{\lambda_2 t},\cdots,\boldsymbol{u}_n\mathrm{e}^{\lambda_n t}].$$

因此, 方程 (3.59) 的通解为

$$\boldsymbol{x}=\boldsymbol{\varPhi}(t)\boldsymbol{c}=c_1\boldsymbol{u}_1\mathrm{e}^{\lambda_1 t}+c_2\boldsymbol{u}_2\mathrm{e}^{\lambda_2 t}+\cdots+c_n\boldsymbol{u}_n\mathrm{e}^{\lambda_n t},$$

其中 $\boldsymbol{c}=(c_1,c_2,\cdots,c_n)^{\mathrm{T}}$ 为任意常数向量.

由前面的讨论, 有如下定理.

定理 3.12 设系数矩阵 $\boldsymbol{A}$ 有 n 个不同的单特征值 $\lambda_1,\lambda_2,\cdots,\lambda_n$, 且其对应的线性无关的特征向量分别为 $\boldsymbol{u}_1,\boldsymbol{u}_2,\cdots,\boldsymbol{u}_n$, 则齐次微分方程组 (3.59) 的基解矩阵为

$$\boldsymbol{\varPhi}(t)=[\boldsymbol{u}_1\mathrm{e}^{\lambda_1 t},\boldsymbol{u}_2\mathrm{e}^{\lambda_2 t},\cdots,\boldsymbol{u}_n\mathrm{e}^{\lambda_n t}].\tag{3.80}$$

通解为

$$\boldsymbol{x}=c_1\boldsymbol{u}_1\mathrm{e}^{\lambda_1 t}+c_2\boldsymbol{u}_2\mathrm{e}^{\lambda_2 t}+\cdots+c_n\boldsymbol{u}_n\mathrm{e}^{\lambda_n t},\tag{3.81}$$

其中 $c_1,c_2,\cdots,c_n$ 为任意常数.

例 3.15 求方程组

$$\boldsymbol{x}'=\begin{bmatrix}1 & -1\\ -4 & 1\end{bmatrix}\boldsymbol{x}$$

的基解矩阵和通解.

解 由例 3.13 可知系数矩阵 $\boldsymbol{A}$ 的特征值为 $\lambda_1=3, \lambda_2=-1$, 而

$$\boldsymbol{u}=\begin{bmatrix}1\\-2\end{bmatrix}, \quad \boldsymbol{v}=\begin{bmatrix}1\\2\end{bmatrix}$$

是对应于 λ_1, λ_2 的两个线性无关的特征向量, 根据定理 3.12 可知, 矩阵

$$\boldsymbol{\Phi}(t)=\begin{bmatrix}\mathrm{e}^{3t} & \mathrm{e}^{-t}\\-2\mathrm{e}^{3t} & 2\mathrm{e}^{-t}\end{bmatrix}$$

就是一个基解矩阵. 所给方程的通解为

$$\boldsymbol{x}=c_1\begin{bmatrix}1\\-2\end{bmatrix}\mathrm{e}^{3t}+c_2\begin{bmatrix}1\\2\end{bmatrix}\mathrm{e}^{-t}.$$

一般说来, 基解矩阵 $\boldsymbol{\Phi}(t)$ 不一定就是 $\exp(\boldsymbol{A}t)$, 因为, 虽然 $\boldsymbol{A}$ 是实矩阵, 但它有可能有 (共轭的) 复特征值. 但是, 容易看出, 当 $\boldsymbol{A}$ 为实矩阵时, 矩阵 $\exp(\boldsymbol{A}t)$ 是实的. 然而, 定理 3.11 说明 $\boldsymbol{\Phi}(t)$ 和 $\exp(\boldsymbol{A}t)$ 是有联系的. 事实上, 利用定理 3.11 可以推知, (3.59) 的任一基解矩阵 $\boldsymbol{\Phi}(t)$ 都具有形式

$$\boldsymbol{\Phi}(t)=\exp(\boldsymbol{A}t)\boldsymbol{c}, \tag{3.82}$$

其中 $\boldsymbol{c}$ 是一个常数矩阵. 在式 (3.82) 中令 $t=0$, 有 $\boldsymbol{c}=\boldsymbol{\Phi}(0)$, 代入 (3.82), 得

$$\exp(\boldsymbol{A}t)=\boldsymbol{\Phi}(t)\boldsymbol{\Phi}^{-1}(0). \tag{3.83}$$

不过, 由于在公式 (3.83) 中需要计算逆矩阵 $\boldsymbol{\Phi}^{-1}(0)$, 这在实际的计算中是很不实用的, 特别是对于 $\boldsymbol{A}$ 的阶数 n 很大的情况. 下面就介绍另外一种从复值解求实值解的方法.

如果系数矩阵 $\boldsymbol{A}$ 具有复特征值时, 这时方程组 (3.59) 就会出现复值形式的解. 通常是希望得到其 n 个实的线性无关的解, 可以通过如下定理来实现.

定理 3.13 如果实系数齐次方程组 (3.59) 有复值解 $\boldsymbol{x}=\boldsymbol{u}(t)+\mathrm{i}\boldsymbol{v}(t)$, 则其实部 $\boldsymbol{u}(t)$ 和虚部 $\boldsymbol{v}(t)$ 都是 (3.59) 的解.

证明 因为 $\boldsymbol{x}=\boldsymbol{u}(t)+\mathrm{i}\boldsymbol{v}(t)$ 为方程组 (3.59) 的解, 所以

$$\frac{\mathrm{d}\boldsymbol{x}}{\mathrm{d}t}=\frac{\mathrm{d}\boldsymbol{u}(t)}{\mathrm{d}t}+\mathrm{i}\frac{\mathrm{d}\boldsymbol{v}(t)}{\mathrm{d}t}=\boldsymbol{A}[\boldsymbol{u}(t)+\mathrm{i}\boldsymbol{v}(t)]=\boldsymbol{A}\boldsymbol{u}(t)+\mathrm{i}\boldsymbol{A}\boldsymbol{v}(t),$$

对比上式有

$$\frac{\mathrm{d}\boldsymbol{u}(t)}{\mathrm{d}t}=\boldsymbol{A}\boldsymbol{u}(t), \quad \frac{\mathrm{d}\boldsymbol{v}(t)}{\mathrm{d}t}=\boldsymbol{A}\boldsymbol{v}(t),$$

即 $\boldsymbol{u}(t)$ 和 $\boldsymbol{v}(t)$ 都是 (3.59) 的解.

由于实矩阵 $\boldsymbol{A}$ 的复特征值是共轭成对出现的, 即如果 $\lambda = a + \mathrm{i}b$ 是特征值, 则共轭复数 $\overline{\lambda} = a - \mathrm{i}b$ 也是特征值, $\overline{\lambda}$ 对应的特征向量也与 λ 对应的特征向量共轭, 因此方程组 (3.59) 有一对共轭的复值解. 这样, 可从一对共轭复值解得到两个线性无关的实值解. 利用这种方法, 解矩阵中的所有复值解都可换成实值解, 最后得到 n 个实的线性无关特解.

例 3.16　求方程组

$$\boldsymbol{x}' = \begin{bmatrix} 3 & 5 \\ -5 & 3 \end{bmatrix} \boldsymbol{x}$$

的实数形式的通解.

解　先解特征方程,

$$\det(\lambda \boldsymbol{E} - \boldsymbol{A}) = \begin{vmatrix} \lambda - 3 & -5 \\ 5 & \lambda - 3 \end{vmatrix} = \lambda^2 - 6\lambda + 34 = 0,$$

得系数矩阵 $\boldsymbol{A}$ 的共轭特征值 $\lambda_1 = 3 + 5\mathrm{i}, \lambda_2 = 3 - 5\mathrm{i}$. 特征值 $\lambda_1 = 3 + 5\mathrm{i}$ 对应的特征向量 $\boldsymbol{u} = (u_1, u_2)^{\mathrm{T}}$ 可由下面的方程组求出：

$$\begin{cases} 5\mathrm{i}u_1 - 5u_2 = 0, \\ 5u_1 + 5\mathrm{i}u_2 = 0. \end{cases}$$

由上面的方程组得 $u_1 = -\mathrm{i}u_2$, 取 $u_2 = \mathrm{i}$, 得 $u_1 = 1$, 取 $u_2 = 1$, 得 $u_1 = \mathrm{i}$. 故解矩阵可取为如下的复值矩阵：

$$\boldsymbol{\Phi}(t) = \begin{bmatrix} \mathrm{e}^{(3+5\mathrm{i})t} & \mathrm{i}\mathrm{e}^{(3-5\mathrm{i})t} \\ \mathrm{i}\mathrm{e}^{(3+5\mathrm{i})t} & \mathrm{e}^{(3-5\mathrm{i})t} \end{bmatrix} = \mathrm{e}^{3t} \begin{bmatrix} \mathrm{e}^{5\mathrm{i}t} & \mathrm{i}\mathrm{e}^{-5\mathrm{i}t} \\ \mathrm{i}\mathrm{e}^{5\mathrm{i}t} & \mathrm{e}^{-5\mathrm{i}t} \end{bmatrix},$$

经过求解得

$$\boldsymbol{\Phi}^{-1}(t) = \frac{1}{2} \begin{bmatrix} \mathrm{e}^{-5\mathrm{i}t} & -\mathrm{i}\mathrm{e}^{5\mathrm{i}t} \\ -\mathrm{i}\mathrm{e}^{-5\mathrm{i}t} & \mathrm{e}^{5\mathrm{i}t} \end{bmatrix},$$

再代入式 (3.83), 就得到实的基解矩阵为

$$\begin{aligned} \exp(\boldsymbol{A}t) = \boldsymbol{\Phi}(t)\boldsymbol{\Phi}^{-1}(0) &= \mathrm{e}^{3t} \begin{bmatrix} \mathrm{e}^{5\mathrm{i}t} & \mathrm{i}\mathrm{e}^{-5\mathrm{i}t} \\ \mathrm{i}\mathrm{e}^{5\mathrm{i}t} & \mathrm{e}^{-5\mathrm{i}t} \end{bmatrix} \cdot \frac{1}{2} \begin{bmatrix} 1 & -\mathrm{i} \\ -\mathrm{i} & 1 \end{bmatrix} \\ &= \mathrm{e}^{3t} \begin{bmatrix} \cos 5t & \sin 5t \\ -\sin 5t & \cos 5t \end{bmatrix}. \end{aligned}$$

因此, 方程组实数形式的通解为

$$\boldsymbol{x}(t) = c_1 \begin{bmatrix} \cos 5t \\ -\sin 5t \end{bmatrix} \mathrm{e}^{3t} + c_2 \begin{bmatrix} \sin 5t \\ \cos 5t \end{bmatrix} \mathrm{e}^{3t}. \tag{3.84}$$

还有另一种方法, 是利用定理 3.13 求解, 取 $u_2 = \mathrm{i}$, 得 $u_1 = 1$, 则原方程组有复值解

$$\boldsymbol{\varphi}(t) = \begin{bmatrix} 1 \\ \mathrm{i} \end{bmatrix} \mathrm{e}^{(3+5\mathrm{i})t} = \begin{bmatrix} 1 \\ \mathrm{i} \end{bmatrix} \mathrm{e}^{3t}(\cos 5t + \mathrm{i}\sin 5t)$$

$$= \begin{bmatrix} \cos 5t + \mathrm{i}\sin 5t \\ -\sin 5t + \mathrm{i}\cos 5t \end{bmatrix} \mathrm{e}^{3t},$$

取复值解 $\boldsymbol{\varphi}(t)$ 的实部和虚部, 就得到原方程组的两个线性无关解

$$\boldsymbol{x}_1 = \begin{bmatrix} \cos 5t \\ -\sin 5t \end{bmatrix} \mathrm{e}^{3t}, \quad \boldsymbol{x}_2 = \begin{bmatrix} \sin 5t \\ \cos 5t \end{bmatrix} \mathrm{e}^{3t}.$$

因此, 方程组实数形式的通解为 (3.84).

例 3.17 求方程组

$$\boldsymbol{x}' = \begin{bmatrix} 2 & -1 & 2 \\ 1 & 0 & 2 \\ -2 & 1 & -1 \end{bmatrix} \boldsymbol{x}$$

的实数形式的通解.

解 先求系数矩阵 $\boldsymbol{A}$ 的特征值, 因为

$$\det(\lambda \boldsymbol{E} - \boldsymbol{A}) = \begin{vmatrix} \lambda - 2 & 1 & -2 \\ -1 & \lambda & -2 \\ 2 & -1 & \lambda + 1 \end{vmatrix} = (\lambda - 1)(\lambda^2 + 1) = 0,$$

所以, 方程组的特征值为 $\lambda_1 = 1$, $\lambda_2 = \mathrm{i}$, $\lambda_3 = -\mathrm{i}$, 对应于 $\lambda_1 = 1$ 的特征向量为 $\boldsymbol{u}_1 = (0, 2, 1)^{\mathrm{T}}$, 故有特解

$$\boldsymbol{x}_1(t) = \boldsymbol{u}_1 \mathrm{e}^{\lambda_1 t} = \begin{bmatrix} 0 \\ 2 \\ 1 \end{bmatrix} \mathrm{e}^t.$$

$\boldsymbol{u}_2 = (2, 2, \mathrm{i} - 1)^{\mathrm{T}}$ 为对应于 $\lambda_2 = \mathrm{i}$ 的特征向量. 因此, 方程组有复值解

$$\boldsymbol{\varphi}(t) = \boldsymbol{u}_2 \mathrm{e}^{\lambda_2 t} = \begin{bmatrix} 2 \\ 2 \\ \mathrm{i} - 1 \end{bmatrix} \mathrm{e}^{\mathrm{i}t} = \begin{bmatrix} 2 \\ 2 \\ \mathrm{i} - 1 \end{bmatrix} (\cos t + \mathrm{i}\sin t)$$

$$= \begin{bmatrix} 2\cos t + \mathrm{i}2\sin t \\ 2\cos t + \mathrm{i}2\sin t \\ -(\cos t + \sin t) + \mathrm{i}(\cos t - \sin t) \end{bmatrix},$$

取复值解 $\varphi(t)$ 的实部和虚部, 得原方程组的两个线性无关解

$$\boldsymbol{x}_2(t)=\begin{bmatrix}2\cos t\\2\cos t\\-(\cos t+\sin t)\end{bmatrix},\quad \boldsymbol{x}_3(t)=\begin{bmatrix}2\sin t\\2\sin t\\\cos t-\sin t\end{bmatrix}.$$

因此, 所给方程组的实数形式的通解为

$$\boldsymbol{x}=c_1\begin{bmatrix}0\\2\\1\end{bmatrix}\mathrm{e}^t+c_2\begin{bmatrix}2\cos t\\2\cos t\\-(\cos t+\sin t)\end{bmatrix}+c_3\begin{bmatrix}2\sin t\\2\sin t\\\cos t-\sin t\end{bmatrix}.$$

2. 系数矩阵 $\boldsymbol{A}$ 具有重特征值

假设系数矩阵 $\boldsymbol{A}$ 有互不相同的特征值 $\lambda_1, \lambda_2, \cdots, \lambda_s$, 相应的重数分别为 $n_1, n_2, \cdots, n_s(n_1+n_2+\cdots+n_s=n)$, 则在系数矩阵 $\boldsymbol{A}$ 的若尔当标准型 $\boldsymbol{J}$ 中, 与 λ_i 相对应的若尔当块就可能不止一个, 但是这些若尔当块的阶数之和为 $n_i(i=1,2,\cdots,s)$. 由式 (3.73) 可推出, 齐次线性微分方程组 (3.59) 的基解矩阵 $\exp(\boldsymbol{A}t)\boldsymbol{P}$ 的所有列向量中, 与 λ_i 相关的 n_i 列都具有下列形式:

$$\boldsymbol{x}=\left[\boldsymbol{r}_0+\frac{t}{1!}\boldsymbol{r}_1+\frac{t^2}{2!}\boldsymbol{r}_2+\frac{t^{n_i-1}}{(n_i-1)!}\boldsymbol{r}_{n_i-1}\right]\mathrm{e}^{\lambda_i t},\tag{3.85}$$

其中 $\boldsymbol{r}_j(j=0,1,\cdots,n_i-1)$ 为 n 维常数列向量. 下面的引理给出确定 $\boldsymbol{r}_j(j=0,1,\cdots,n_i-1)$ 的方法.

引理 3.1 设 λ_i 是系数矩阵 $\boldsymbol{A}$ 的 n_i 重特征值, 则齐次线性微分方程组 (3.59) 有形如 (3.85) 的非零解的充要条件是: $\boldsymbol{r}_0$ 是齐次线性代数方程组

$$(\boldsymbol{A}-\lambda_i\boldsymbol{E})^{n_i}\boldsymbol{r}=\boldsymbol{0}\tag{3.86}$$

的一个非零解, 且式 (3.85) 中的 $\boldsymbol{r}_1, \boldsymbol{r}_2, \cdots, \boldsymbol{r}_{n_i-1}$ 由下面的关系式依次确定:

$$\begin{cases}\boldsymbol{r}_1=(\boldsymbol{A}-\lambda_i\boldsymbol{E})\boldsymbol{r}_0,\\ \boldsymbol{r}_2=(\boldsymbol{A}-\lambda_i\boldsymbol{E})\boldsymbol{r}_1,\\ \cdots\cdots\\ \boldsymbol{r}_{n_i-1}=(\boldsymbol{A}-\lambda_i\boldsymbol{E})\boldsymbol{r}_{n_i-2}.\end{cases}\tag{3.87}$$

证明见文献 (丁同仁等, 1985).

现在需要线性代数中的如下结果, 其证明可参看一般的代数教程.

命题 3.1 设矩阵 $\boldsymbol{A}$ 的互不相同的特征值为 $\lambda_1, \lambda_2, \cdots, \lambda_s$, 它们的重数分别为 $n_1, n_2, \cdots, n_s(n_1+n_2+\cdots+n_s=n)$; 记 n 维常数列向量所组成的线性空间为 V, 则

(1) V 的子集合

$$V_i=\{\boldsymbol{r}\in V\,|(\boldsymbol{A}-\lambda_i\boldsymbol{E})^{n_i}\boldsymbol{r}=\boldsymbol{0}\}$$

是矩阵 $\boldsymbol{A}$ 的 $n_i(i=1,2,\cdots,s)$ 维不变子空间, 并且

(2) V 有直和分解

$$V=V_1\oplus V_2\oplus\cdots\oplus V_s.$$

定理 3.14 如果 n 阶实值系数矩阵 $\boldsymbol{A}$ 在复数域中具有互异的特征值 λ_1, $\lambda_2, \cdots, \lambda_s$, 相应的重数分别为 $n_1, n_2, \cdots, n_s(n_1+n_2+\cdots+n_s=n)$, 则常系数齐次线性微分方程组 (3.59) 对应的一个基解矩阵 $\boldsymbol{\varPhi}(t)$ 为

$$\boldsymbol{\varPhi}(t)=\left[\mathrm{e}^{\lambda_1 t}\boldsymbol{P}_1^{(1)}(t),\cdots,\mathrm{e}^{\lambda_1 t}\boldsymbol{P}_{n_1}^{(1)}(t);\cdots;\mathrm{e}^{\lambda_s t}\boldsymbol{P}_1^{(s)}(t),\cdots,\mathrm{e}^{\lambda_s t}\boldsymbol{P}_{n_s}^{(s)}(t)\right], \tag{3.88}$$

其中

$$\boldsymbol{P}_j^{(i)}(t)=\boldsymbol{r}_{j0}^{(i)}+\frac{t}{1!}\boldsymbol{r}_{j1}^{(i)}+\frac{t^2}{2!}\boldsymbol{r}_{j2}^{(i)}+\cdots+\frac{t^{n_i-1}}{(n_i-1)!}\boldsymbol{r}_{jn_i-1}^{(i)} \tag{3.89}$$

为与 λ_i 相应的第 j 个向量多项式 $(i=1,2,\cdots,s; j=1,2,\cdots,n_i)$, 而 $\boldsymbol{r}_{10}^{(i)},\cdots,\boldsymbol{r}_{n_i0}^{(i)}$ 为齐次线性代数方程组 (3.86) 的 n_i 个线性无关解, 且 $\boldsymbol{r}_{jk}^{(i)}$ $(i=1,2,\cdots,s;\ j=1,2,\cdots,n_i;\ k=1,2,\cdots,n_i-1)$ 是将 $\boldsymbol{r}_{j0}^{(i)}$ 代替 (3.87) 中的 $\boldsymbol{r}_0$ 而依次得出的 $\boldsymbol{r}_k$.

证明 由引理 3.1 知,(3.88) 中的 $\boldsymbol{\varPhi}(t)$ 的每一列都是 (3.59) 的解. 因此, 只需要证明 $\boldsymbol{\varPhi}(t)$ 的各列线性无关即可. 由 (3.88) 和 (3.89) 不难看出,

$$\boldsymbol{\varPhi}(0)=\left[\boldsymbol{r}_{10}^{(1)},\cdots,\boldsymbol{r}_{n_10}^{(1)};\cdots;\boldsymbol{r}_{10}^{(s)},\cdots,\boldsymbol{r}_{n_s0}^{(s)}\right]. \tag{3.90}$$

由命题 3.1 的 (1) 知, 可适当选取 $\left\{\boldsymbol{r}_{j0}^{(i)}\right\}$, 使得相应于同一个 λ_i 的 $\boldsymbol{r}_{10}^{(i)},\cdots,\boldsymbol{r}_{n_i0}^{(i)}$ 是线性无关的; 再由命题 3.1 的 (2) 可知, 矩阵 $\boldsymbol{\varPhi}(0)$ 中的各列构成了 n 维线性空间 V 的一组基, 从而 $\det\boldsymbol{\varPhi}(0)\neq 0$. 因此 $\boldsymbol{\varPhi}(t)$ 是微分方程组 (3.59) 的一个基解矩阵.

此外, 如果得到的 $\boldsymbol{\varPhi}(t)$ 是复值形式的解矩阵, 则可利用公式 (3.83) 或者定理 3.13 进行处理而得到实值基解矩阵.

例 3.18 求解方程组

$$\boldsymbol{x}'=\begin{bmatrix}3 & 1 & 0\\ -4 & -1 & 0\\ 4 & -8 & -2\end{bmatrix}\boldsymbol{x}.$$

解　先求出系数矩阵 $\boldsymbol{A}$ 的特征值, 因为

$$\det(\lambda\boldsymbol{E}-\boldsymbol{A})=\begin{bmatrix}\lambda-3 & -1 & 0\\ 4 & \lambda+1 & 0\\ -4 & 8 & \lambda+2\end{bmatrix}=(\lambda+2)(\lambda-1)^2,$$

所以 $\boldsymbol{A}$ 有单特征值 $\lambda_1=-2$ 和二重特征值 $\lambda_2=1$.

对于单特征值 $\lambda_1=-2$, 可以计算出其对应的特征向量为 $\boldsymbol{u}_1=(0,0,1)^{\mathrm{T}}$, 因此, 特征值 $\lambda_1=-2$ 对应的向量形式的解为

$$\boldsymbol{x}_1=\begin{bmatrix}0\\0\\1\end{bmatrix}\mathrm{e}^{-2t}.$$

对于二重特征值 $\lambda_2=1$, 可以计算出

$$\boldsymbol{A}-\lambda_2\boldsymbol{E}=\begin{bmatrix}2 & 1 & 0\\ -4 & -2 & 0\\ 4 & -8 & -3\end{bmatrix},\quad (\boldsymbol{A}-\lambda_2\boldsymbol{E})^2=\begin{bmatrix}2 & 1 & 0\\ -4 & -2 & 0\\ 4 & -8 & -3\end{bmatrix}^2=\begin{bmatrix}0 & 0 & 0\\ 0 & 0 & 0\\ 28 & 44 & 9\end{bmatrix},$$

因此 $(\lambda_2\boldsymbol{E}-\boldsymbol{A})^2\boldsymbol{r}=\boldsymbol{0}$ 有两个线性无关解

$$\boldsymbol{r}_{10}=\begin{bmatrix}11\\-7\\0\end{bmatrix},\quad \boldsymbol{r}_{20}=\begin{bmatrix}3\\-6\\20\end{bmatrix}.$$

分别代入公式 (3.87), 注意到 $n_2=2$, 得

$$\boldsymbol{r}_{11}=\begin{bmatrix}2 & 1 & 0\\ -4 & -2 & 0\\ 4 & -8 & -3\end{bmatrix}\begin{bmatrix}11\\-7\\0\end{bmatrix}=\begin{bmatrix}15\\-30\\100\end{bmatrix}$$

和

$$\boldsymbol{r}_{21}=\begin{bmatrix}2 & 1 & 0\\ -4 & -2 & 0\\ 4 & -8 & -3\end{bmatrix}\begin{bmatrix}3\\-6\\20\end{bmatrix}=\begin{bmatrix}0\\0\\0\end{bmatrix},$$

将以上结果代入 (3.88), 并注意到 $\lambda_1=-2$ 为单特征值, 于是得到方程组的一个基解矩阵

$$\boldsymbol{\Phi}(t)=\begin{bmatrix}0 & (11+15t)\mathrm{e}^t & 3\mathrm{e}^t\\ 0 & (-7-30t)\mathrm{e}^t & -6\mathrm{e}^t\\ \mathrm{e}^{-2t} & -100t\mathrm{e}^t & 20\mathrm{e}^t\end{bmatrix}.$$

因此, 所求方程组的通解为

$$\boldsymbol{x}=c_1\begin{bmatrix}0\\0\\1\end{bmatrix}\mathrm{e}^{-2t}+c_2\begin{bmatrix}11+15t\\-7-30t\\100t\end{bmatrix}\mathrm{e}^{t}+c_3\begin{bmatrix}3\\-6\\20\end{bmatrix}\mathrm{e}^{t},$$

其中 c_1,c_2,c_3 为任意常数.

如果 $\boldsymbol{A}$ 只有一个特征值时, 此时有 $(\boldsymbol{A}-\lambda\boldsymbol{E})^n\boldsymbol{r}=0$, 对任意的 $\boldsymbol{r}$ 都成立, 最简单的方法就是将 $\boldsymbol{r}_0$ 取为常向量代入 (3.87) 中依次计算出 $\boldsymbol{r}_1,\cdots,\boldsymbol{r}_n$, 再代入式 (3.85) 即可得通解.

例 3.19 求解方程组

$$\boldsymbol{x}'=\begin{bmatrix}2&-1&-1\\2&-1&-2\\-1&1&2\end{bmatrix}\boldsymbol{x}.$$

解 由例 3.14 知 $\lambda=1$ 是系数矩阵 $\boldsymbol{A}$ 的三重特征值, 根据公式 (3.85) 可知解为

$$\boldsymbol{x}=\left(\boldsymbol{r}_0+\frac{t}{1!}\boldsymbol{r}_1+\frac{t^2}{2!}\boldsymbol{r}_2\right)\mathrm{e}^{t},$$

由于

$$\boldsymbol{A}-\lambda\boldsymbol{E}=\begin{bmatrix}1&-1&-1\\2&-2&-2\\-1&1&1\end{bmatrix},$$

$$(\boldsymbol{A}-\lambda\boldsymbol{E})^2=\begin{bmatrix}1&-1&-1\\2&-2&-2\\-1&1&1\end{bmatrix}^2=\begin{bmatrix}0&0&0\\0&0&0\\0&0&0\end{bmatrix}.$$

向量 $\boldsymbol{r}$ 满足方程 $(\boldsymbol{A}-\lambda\boldsymbol{E})^3\boldsymbol{r}=\boldsymbol{0}$, 即满足式 (3.86). 由恒等式 $(\boldsymbol{A}-\lambda\boldsymbol{E})^3=\boldsymbol{0}$ 知, 向量 $\boldsymbol{r}$ 是任意的, 如取 $\boldsymbol{r}_0=\boldsymbol{c}=(c_1,c_2,c_3)^{\mathrm{T}}$($\boldsymbol{c}$ 为任意常向量), 则

$$\boldsymbol{r}_1=(\boldsymbol{A}-\lambda\boldsymbol{E})\boldsymbol{r}_0=\begin{bmatrix}1&-1&-1\\2&-2&-2\\-1&1&1\end{bmatrix}\begin{bmatrix}c_1\\c_2\\c_3\end{bmatrix}=\begin{bmatrix}c_1-c_2-c_3\\2c_1-2c_2-2c_3\\c_1+c_2+c_3\end{bmatrix},$$

$$\boldsymbol{r}_2=(\boldsymbol{A}-\lambda\boldsymbol{E})^2\boldsymbol{r}_1=\boldsymbol{0}.$$

因此, 所给方程组的通解为

$$\begin{cases} x_1 = [c_1 - (-c_1 + c_2 + c_3)t]\mathrm{e}^t, \\ x_2 = [c_2 - 2(-c_1 + c_2 + c_3)t]\mathrm{e}^t, \\ x_3 = [c_3 - (c_1 - c_2 - c_3)t]\mathrm{e}^t. \end{cases}$$

此外, 求解基解矩阵的方法还有拉普拉斯变换法等, 这里就不再进行讨论了.

习　题　3

1. 给定方程组

$$\boldsymbol{x}' = \begin{bmatrix} 0 & 1 \\ -1 & 0 \end{bmatrix} \boldsymbol{x}, \quad \boldsymbol{x} = \begin{bmatrix} x_1 \\ x_2 \end{bmatrix}.$$

(1) 试验证 $\boldsymbol{u}(t) = \begin{bmatrix} \cos t \\ -\sin t \end{bmatrix}$, $\boldsymbol{v}(t) = \begin{bmatrix} \sin t \\ \cos t \end{bmatrix}$ 分别是给定方程组满足初始条件 $\boldsymbol{u}(0) = \begin{bmatrix} 1 \\ 0 \end{bmatrix}$, $\boldsymbol{v}(t) = \begin{bmatrix} 0 \\ 1 \end{bmatrix}$ 的解.

(2) 验证 $\boldsymbol{\varphi}(t) = c_1\boldsymbol{u}(t) + c_2\boldsymbol{v}(t)$ 是给定方程组满足初始条件 $\boldsymbol{\varphi}(0) = \begin{bmatrix} c_1 \\ c_2 \end{bmatrix}$ 的解, 其中 c_1, c_2 是任意常数.

2. 试验证 $\boldsymbol{\Phi}(t) = \begin{bmatrix} t^2 & t \\ 2t & 1 \end{bmatrix}$ 是方程组

$$\boldsymbol{x}' = \begin{bmatrix} 0 & 1 \\ -\dfrac{2}{t^2} & \dfrac{2}{t} \end{bmatrix} \boldsymbol{x}$$

在任何不包含原点的区间 $a \leqslant t \leqslant b$ 上的基解矩阵.

3. 将下面的初值问题化为与之等价的一阶微分方程组的初值问题:

(1) $\begin{cases} \ddot{x} = -2\dot{x} - 7tx, \\ x(1) = 7, \quad \dot{x}(1) = -2; \end{cases}$　(2) $\begin{cases} x^{(4)} + x = t\mathrm{e}^t, \\ x(0) = 1, \quad x'(0) = -1, \quad x''(0) = 2, \quad x'''(0) = 0; \end{cases}$

(3) $\begin{cases} y'' + 3x' - 2y - 15x = \cos t, \\ x'' + 5y' - 7x + 6y = \mathrm{e}^t, \\ x(0) = 1, \quad x'(0) = 1, \quad y(0) = 0, \quad y'(0) = 1. \end{cases}$

4. 试证非齐次线性微分方程组的叠加原理:

设 $\boldsymbol{x}_1(t), \boldsymbol{x}_2(t)$ 分别是方程组

$$\boldsymbol{x}' = \boldsymbol{A}\boldsymbol{x} + \boldsymbol{f}_1(t),$$

$$\boldsymbol{x}' = \boldsymbol{A}\boldsymbol{x} + \boldsymbol{f}_2(t)$$

的解, 则 $\boldsymbol{x}_1(t)+\boldsymbol{x}_2(t)$ 是如下方程组的解:

$$\boldsymbol{x}'=\boldsymbol{A}\boldsymbol{x}+\boldsymbol{f}_1(t)+\boldsymbol{f}_2(t).$$

5. 利用消元法求解下列方程组:

(1) $\begin{cases}\dfrac{\mathrm{d}x}{\mathrm{d}t}=y,\\ \dfrac{\mathrm{d}y}{\mathrm{d}t}=x;\end{cases}$ (2) $\begin{cases}\dfrac{\mathrm{d}x}{\mathrm{d}t}+y=t^2+6t+1,\\ \dfrac{\mathrm{d}y}{\mathrm{d}t}-x=-3t^2+3t+1;\end{cases}$

(3) $\begin{cases}\dfrac{\mathrm{d}x}{\mathrm{d}t}=y^2+\sin t,\\ \dfrac{\mathrm{d}x}{\mathrm{d}t}=\dfrac{x}{2y};\end{cases}$ (4) $\begin{cases}\dfrac{\mathrm{d}x_1}{\mathrm{d}t}=x_2+x_3,\\ \dfrac{\mathrm{d}x_2}{\mathrm{d}t}=x_3+x_1,\\ \dfrac{\mathrm{d}x_3}{\mathrm{d}t}=x_1+x_2.\end{cases}$

6. 检验下列函数是否是相应方程组的首次积分? 如果是, 它们是否独立?

(1) $\varPhi_1=x\ln y-x^2,\ \varPhi_2=\dfrac{x^2}{y^2}-2\ln x,\ \begin{cases}\dfrac{\mathrm{d}x}{\mathrm{d}t}=xy,\\ \dfrac{\mathrm{d}y}{\mathrm{d}t}=x^2+y^2;\end{cases}$

(2) $\varPhi_1=\dfrac{x+y}{x+t},\ \varPhi_2=\dfrac{x-y}{x+y},\ \begin{cases}\dfrac{\mathrm{d}x}{\mathrm{d}t}=\dfrac{x}{t},\\ \dfrac{\mathrm{d}y}{\mathrm{d}t}=\dfrac{y}{t}.\end{cases}$

7. 利用首次积分法求下列方程组的通解:

(1) $\begin{cases}x'=x^2y,\\ y'=\dfrac{y}{t}-xy^2;\end{cases}$ (2) $\begin{cases}x'=y,\\ y'=\dfrac{y}{x}(x+y);\end{cases}$

(3) $\dfrac{\mathrm{d}x}{z}=\dfrac{\mathrm{d}y}{t}=\dfrac{\mathrm{d}z}{x}=\dfrac{\mathrm{d}t}{y};$ (4) $-\dfrac{\mathrm{d}x}{x^2}=\dfrac{\mathrm{d}y}{xy-2t^2}=\dfrac{\mathrm{d}t}{xt}.$

8. 假设 $\boldsymbol{A}$ 为 n 阶方阵, 试证明:

(1) 对任意的常数 c_1,c_2 都有 $\exp(c_1\boldsymbol{A}+c_2\boldsymbol{A})=\exp(c_1\boldsymbol{A})\exp(c_2\boldsymbol{A})$;

(2) 对任意整数 k, 都有

$$(\exp\boldsymbol{A})^k=\exp(k\boldsymbol{A}).$$

(当 k 为负整数时, 规定 $(\exp\boldsymbol{A})^k=[(\exp\boldsymbol{A})^{-1}]^k$.)

9. 试求方程组 $\boldsymbol{x}'=\boldsymbol{A}\boldsymbol{x}$ 的一个基解矩阵和通解, 并计算 $\exp(\boldsymbol{A}t)$. 其中 $\boldsymbol{A}$ 为

(1) $\begin{bmatrix}6&-3\\2&1\end{bmatrix}$; (2) $\begin{bmatrix}1&-5\\2&-1\end{bmatrix}$; (3) $\begin{bmatrix}11&-25\\4&-9\end{bmatrix}$;

(4) $\begin{bmatrix}-1&1&1\\1&-1&1\\1&1&-1\end{bmatrix}$; (5) $\begin{bmatrix}2&3&3\\4&-5&3\\4&-4&2\end{bmatrix}$; (6) $\begin{bmatrix}-1&1&1\\1&-1&1\\1&1&-1\end{bmatrix}$.

10. 求下列常系数非齐次微分方程组 $\boldsymbol{x}'=\boldsymbol{A}\boldsymbol{x}+\boldsymbol{f}(t)$ 的通解:

(1) $\boldsymbol{A}=\begin{bmatrix}4&-3\\2&1\end{bmatrix},\quad \boldsymbol{f}(t)=\begin{bmatrix}\sin t\\-2\cos t\end{bmatrix}$;

(2) $\boldsymbol{A}=\begin{bmatrix}2&-1\\1&0\end{bmatrix},\quad \boldsymbol{f}(t)=\begin{bmatrix}0\\2\mathrm{e}^t\end{bmatrix}$;

(3) $\boldsymbol{A}=\begin{bmatrix}-1&-1&0\\0&-1&-1\\0&0&-1\end{bmatrix},\quad \boldsymbol{f}(t)=\begin{bmatrix}t^2\\2t\\t\end{bmatrix}$;

(4) $\boldsymbol{A}=\begin{bmatrix}0&1&0\\0&0&1\\-6&-11&-6\end{bmatrix},\boldsymbol{f}(t)=\begin{bmatrix}0\\0\\\mathrm{e}^{-t}\end{bmatrix}$.

11. 试求方程组 $\boldsymbol{x}'=\boldsymbol{A}\boldsymbol{x}$ 满足初始条件 $\boldsymbol{\varphi}(0)=\boldsymbol{\eta}$ 的解 $\boldsymbol{\varphi}(t)$.

(1) $\boldsymbol{A}=\begin{bmatrix}1&2\\4&3\end{bmatrix},\boldsymbol{\eta}=\begin{bmatrix}3\\3\end{bmatrix}$; (2) $\boldsymbol{A}=\begin{bmatrix}1&2&1\\1&-1&1\\2&0&1\end{bmatrix},\boldsymbol{\eta}=\begin{bmatrix}1\\0\\0\end{bmatrix}$.

12. 试求方程组 $\boldsymbol{x}'=\boldsymbol{A}\boldsymbol{x}+\boldsymbol{f}(t)$ 的解 $\boldsymbol{\varphi}(t)$.

(1) $\boldsymbol{A}=\begin{bmatrix}1&2\\4&3\end{bmatrix},\quad \boldsymbol{f}(t)=\begin{bmatrix}\mathrm{e}^t\\1\end{bmatrix},\quad \boldsymbol{\varphi}(0)=\begin{bmatrix}-1\\1\end{bmatrix}$;

(2) $\boldsymbol{A}=\begin{bmatrix}0&1&0\\0&0&1\\-6&-11&-6\end{bmatrix},\quad \boldsymbol{f}(t)=\begin{bmatrix}0\\0\\\mathrm{e}^{-t}\end{bmatrix},\quad \boldsymbol{\varphi}(0)=0$.

13. 求下列初值问题的解:

(1) $\begin{cases}\dot{x}_1+\dot{x}_2=0,\\\dot{x}_1-\dot{x}_2=1,\end{cases}\quad x_1(0)=1,\quad x_2(0)=0$;

(2) $\begin{cases}\ddot{x}_1+3\dot{x}_1+2x_1+\dot{x}_2+x_2=0,\\\dot{x}_1+2x_1+\dot{x}_2-x_2=0,\\x_1(0)=1,\dot{x}_1(0)=-1,x_2(0)=0.\end{cases}$

参 考 文 献

博亚尔丘克 A K, 戈洛瓦奇 Г П. 2006. 常微分方程/高等数学例题与习题集 (四). 郑元禄译. 北京: 清华大学出版社.

丁同仁, 李承治. 1985. 常微分方程. 北京: 高等教育出版社.

王高雄, 周之铭, 朱思铭等. 2006. 常微分方程. 第三版. 北京：高等教育出版社.

杨慧. 2002. 方阵的奇异性判断及求逆矩阵的几种方法. 云南师范大学学报 (自然科学版), (22)：8~10.

周义仓, 靳祯, 秦军林. 2004. 常微分方程及其应用——方法、理论、建模、计算机. 北京：科学出版社.

第 4 章　常微分方程的算子解法

4.1　常微分方程的算子方法概述

前面三章已介绍了常微分方程的经典解法和一些可积性的研究成果. 可以看出, 高阶方程、方程组、二阶以上变系数线性方程、非线性微分方程的求解是极其困难的, 绝大部分甚至是不可能的, 即使是常系数线性微分方程 (组) 也是如此. 因此, 寻求微分方程的有效新解法或者新技术 (技巧), 找到新的可积类型方程就具有理论上的重要意义. 在中国, 就有不少学者长期以来都致力于研究常微分方程 (组) 的各种解法. 本章主要选讲常微分方程算子方法的部分内容, 为此, 有必要先对这种方法作一个概述.

微分方程 (组) 的算子方法是利用微分算子、微分算子多项式及其逆算子的运算特殊性去探讨微分方程 (组) 求解的方法.

算子方法的萌芽思想最早出现于 19 世纪下半叶, 电机工程师 Heaviside 创立了一套符号法则去求解电工学中的微分方程, 叫做运算微积分, 他的做法是将微分方程与代数方程类比, 通过定义算子代数运算求解出方程的特解. 但由于这种做法没有考虑初始条件, 往往会导致错误的结果, 直到 1920 年, Bromwich 等把复变函数中的积分变换方法同它联系以后, 才使得这种方法具备了坚实的积分变换法的理论基础.

从传统常微分方程的理论基础内容来看, 算子方法最早可见于 20 世纪 70 年代末的微分方程教材中. “算子解法”的内容在过去和现行的《常微分方程》教材中一般都会有相当于一节的简略内容介绍. 在这些教材中, “算子解法”所包含的内容是微分算子多项式的简单分解, 逆算子展开成部分分式之和, 以及逆算子展开成幂级数的简单应用. 事实上, 教材中对于算子多项式作简单分解的主要目的是将逆算子展开成部分分式之和, 而对于逆算子展开成形式幂级数的概念并没有被明确地提出来, 其解法也仅限于求解低阶常系数线性微分方程. 因此, 像微分算子多项式的因式分解, 逆算子的形式幂级数展开等的一些深层次的重要数学思想和方法却一直都没有引起人们足够的重视, 这样就使得算子方法潜在的理论发展和应用在相当长的时间内未被发现. 20 世纪 80 年代前后, 在中国许多学者研究变系数线性微分方程的新可积类型的热潮中, 黎耀善将微分算子的分解思想应用到了二阶线性变系数微分方程, 得到了一些新的可积类型. 从 20 世纪 90 年代初开始, 我们注意到算子多项式分解思想, 线性代数方程组的初等行变换法的思想, 以及算子矩阵的逆算子展开成微分算子的形式幂级数思想在解微分方程 (组) 中应用的可能性和重要性,系统地开展了对于常系数线性微分方程 (组) 的算子方法研究, 先后提出的算子方法有：算子分解方法, 初等行变换法, 逆算子的形式幂级数展开法. 后来, 又把逆算子的形式幂级数展开法应用到了变系数线性微分方程 (组), 我们不仅得到了许多重要的结果和解公式, 还进行了一些相关的研究 (如常数变易法、待定系数法等), 给出了积分–比较系数法, 待定系数法的算子推导方法, 以及待定系数法的解公式. 值得一提的是, 差不多与此同时, 柯红路等通过定义"数性算子", 研究和发展了偏微分方程的新解法 —— 微分算子级数法 (其实质相当于我们的逆算子形式幂级数展开法), 后来才将其推广应用到常系数线性微分方程, 并系统地总结了许多国内学者的研究成果, 于 2003 年在中国科学文化出版社编著出版了教材. 然而, 在柯红路的书中并没有包含我们的研究成果. 近年来, 国内还有其他学者也开始研究线性微分方程的算子方法, 但他们的主要方法是算子分解方法和将逆算子展开成部分分式.

21 世纪以来, 在进一步完善相关研究工作的基础上, 我们把自己所做的研究成果进行了系统的总结, 形成了关于线性常微分方程 (组) 算子方法的一个基本理论体系, 并于 2007 年出版了学术专著《微分方程的算子方法》. 本章主要选讲其中的两种方法: 算子分解方法和逆算子的形式幂级数展开法.

4.2 微分方程算子基础

先介绍微分方程算子的一些基础知识.

定义 4.1 $L(\mathrm{D}) = \mathrm{D}^n + a_1\mathrm{D}^{n-1} + \cdots + a_{n-1}\mathrm{D} + a_n$ 称为算子多项式, 其中 $a_1, \cdots, a_n$ 是常数, $\mathrm{D}^k = \dfrac{\mathrm{d}^k}{\mathrm{d}t^k}$ 是对时间 t 求 k 阶导数的运算 (称为 **k阶微分算子**), 约定**恒等算子**$\mathrm{D}^0 = 1$.

n 阶常系数线性非齐次微分方程可简写为如下形式：

$$L(\mathrm{D})x = f(t), \tag{4.1}$$

与 (4.1) 相应的齐次方程为

$$L(\mathrm{D})x = 0. \tag{4.2}$$

方程 (4.2) 的特征多项式为 $L(\lambda) = \lambda^n + a_1\lambda^{n-1} + \cdots + a_{n-1}\lambda + a_n$; **特征方程**为 $L(\lambda) = 0$.

定义 4.2 对于方程 (4.1), 以 $\dfrac{1}{L(\mathrm{D})}f(t)$ 记它的一个解, 就有

$$L(\mathrm{D})\left[\frac{1}{L(\mathrm{D})}f(t)\right] \equiv f(t),$$

称 $\dfrac{1}{L(\mathrm{D})}$ 为 $L(\mathrm{D})$ 的**逆算子**, 通常记为 $L^{-1}(\mathrm{D})$. 约定 $L^{-1}(D)\cdot 0$ 为 (4.2) 的通解.

有以下基本性质和计算公式.

性质 4.1　对于任意的常数 a, b, 有算子的如下**线性性质**:

$$L(\mathrm{D})[au(t)+bv(t)] = aL(\mathrm{D})u(t)+bL(\mathrm{D})v(t),$$

$$\frac{1}{L(\mathrm{D})}[au(t)+bv(t)] = a\frac{1}{L(\mathrm{D})}u(t)+b\frac{1}{L(\mathrm{D})}v(t).$$

性质 4.2　设 $L(\mathrm{D}) = L_1(\mathrm{D})L_2(\mathrm{D})$, 则有

$$L(\mathrm{D})f(t) = L_1(\mathrm{D})[L_2(\mathrm{D})f(t)] = L_2(\mathrm{D})[L_1(\mathrm{D})f(t)],$$

$$\frac{1}{L(\mathrm{D})}f(t) = \frac{1}{L_1(\mathrm{D})}\left[\frac{1}{L_2(\mathrm{D})}f(t)\right] = \frac{1}{L_2(\mathrm{D})}\left[\frac{1}{L_1(\mathrm{D})}f(t)\right].$$

性质 4.3　关于算子和, 有下列性质:

$$[L_1(\mathrm{D})+L_2(\mathrm{D})]f(t) = L_1(\mathrm{D})f(t)+L_2(\mathrm{D})f(t),$$

$$\left[\frac{1}{L_1(\mathrm{D})}+\frac{1}{L_2(\mathrm{D})}\right]f(t) = L_1^{-1}(\mathrm{D})f(t)+L_2^{-1}(\mathrm{D})f(t).$$

公式 4.1　$\dfrac{1}{\mathrm{D}^k}f(t) = \overbrace{\int\int\cdots\int}^{k} f(t)\underbrace{\mathrm{d}t\mathrm{d}t\cdots\mathrm{d}t}_{k}.$

公式 4.2　$\dfrac{1}{\mathrm{D}-a}f(t) = \mathrm{e}^{at}\displaystyle\int \mathrm{e}^{-at}f(t)\mathrm{d}t.$

公式 4.3　设 $L(\mathrm{D}) = (\mathrm{D}-\gamma)^s L_1(\mathrm{D}), L_1(\gamma)\neq 0$, 则 $\dfrac{1}{L(\mathrm{D})}\mathrm{e}^{\gamma t} = \dfrac{\mathrm{e}^{\gamma t}t^s}{s!L_1(\gamma)}$.

公式 4.4　设 $L(\mathrm{D}) = (\mathrm{D}^2+\beta^2)^s L_1(\mathrm{D}), L_1(\mathrm{i}\beta)\neq 0$, $s\geqslant 0$, 即 $\pm\mathrm{i}\beta$ 是 s 重共轭虚根, 则有

$$\frac{1}{L(\mathrm{D})}\cos\beta t = \frac{t^s}{s!}\mathrm{Re}\frac{\mathrm{e}^{\mathrm{i}\beta t}}{(2\mathrm{i}\beta)^s L_1(\mathrm{i}\beta)},$$

$$\frac{1}{L(\mathrm{D})}\sin\beta t = \frac{t^s}{s!}\mathrm{Im}\frac{\mathrm{e}^{\mathrm{i}\beta t}}{(2\mathrm{i}\beta)^s L_1(\mathrm{i}\beta)}.$$

特别地, 若 $L(\mathrm{D}) = M(\mathrm{D}^2)$, 且 $s=0$, 即 $L(\mathrm{i}\beta) = M(-\beta^2)\neq 0$, 则有

$$\frac{1}{M(\mathrm{D}^2)}\cos\beta t = \frac{\cos\beta t}{M(-\beta^2)},$$

$$\frac{1}{M(\mathrm{D}^2)}\sin\beta t = \frac{\sin\beta t}{M(-\beta^2)}.$$

公式 4.5 设 $L(0)\neq 0$, 则有

$$\frac{1}{L(\mathrm{D})}p_m(t)=Q_m(\mathrm{D})p_m(t),$$

其中 $Q_m(\mathrm{D})$ 是以 $L(\mathrm{D})$ 按 D 的升幂排列后去除 1 时在第 $m+1$ 步上得到的商式.

证明 将多项式 $L(\lambda)$ 按 λ 升幂排列后, 再用多项式的普通除法, 将计算 $\frac{1}{L(\lambda)}$ 到 λ^m 项, 得

$$\frac{1}{L(\lambda)}=c_0+c_1\lambda+\cdots+c_m\lambda^m+\frac{R(\lambda)}{L(\lambda)}=Q_m(\lambda)+\frac{R(\lambda)}{L(\lambda)},$$

其中 $R(\lambda)$ 是把 $L(\lambda)$ 按 λ 升幂排列后, 再用多项式的普通除法去除 1 时在第 $m+1$ 步上得到的商式, 它是 λ 的从 $m+1$ 开始升幂排列的一个多项式. 上式可写成

$$1=L(\lambda)Q_m(\lambda)+R(\lambda),$$

因而有

$$1=L(\mathrm{D})Q_m(\mathrm{D})+R(\mathrm{D}),$$

两边同时作用于 $p_m(t)$, 就有

$$p_m(t)=L(\mathrm{D})Q_m(\mathrm{D})p_m(t),$$

从而有公式 4.5.

公式 4.6 若 $L(\mathrm{D})=\mathrm{D}^s\bar{L}(\mathrm{D})$, $\bar{L}(0)\neq 0$, 则有

$$\frac{1}{L(\mathrm{D})}p_m(t)=\frac{1}{\mathrm{D}^s}\bar{Q}_m(\mathrm{D})p_m(t),$$

其中 $\bar{Q}_m(\mathrm{D})$ 是以 $\bar{L}(\mathrm{D})$ 按 D 的升幂排列后去除 1 时在第 $m+1$ 步上得到的商式.

引理 4.1(解的结构) 非齐次方程 (4.1) 的通解为

$$x=L^{-1}(\mathrm{D})\cdot 0+L^{-1}(\mathrm{D})\cdot f(t). \tag{4.3}$$

引理 4.2 关于 $L(\mathrm{D})$, $L^{-1}(\mathrm{D})$, $\varphi(\mathrm{D})$, 有

$$L(\mathrm{D})[\mathrm{e}^{\alpha t}f(t)]=\mathrm{e}^{\alpha t}L(\mathrm{D}+\alpha)f(t), \tag{4.4}$$

$$L^{-1}(\mathrm{D})[\mathrm{e}^{\alpha t}f(t)]=\mathrm{e}^{\alpha t}L^{-1}(\mathrm{D}+\alpha)f(t), \tag{4.5}$$

$$(\mathrm{D}-\alpha)^{-k}\cdot 0=\mathrm{e}^{\alpha t}(c_1+c_2t+\cdots+c_kt^{k-1}),\quad k>0, \tag{4.6}$$

$$[(\mathrm{D}-\alpha)^2+\beta^2]^{-k}\cdot 0=\mathrm{e}^{\alpha t}\left[\sum_{i=1}^{k}(c_i\,t^i)\cos\beta t+\sum_{i=k+1}^{2k}(c_i\,t^{i-1-k})\sin\beta t\right], \tag{4.7}$$

$$L^{-1}(\mathrm{D})\varphi(\mathrm{D})f(t)=\varphi(\mathrm{D})L^{-1}(\mathrm{D})f(t)+L^{-1}(\mathrm{D})\cdot 0. \tag{4.8}$$

证明　只证 (4.4) 和 (4.8), 由函数乘积的高阶导数的莱布尼茨公式, 有

$$\begin{aligned}\mathrm{D}^k[\mathrm{e}^{\alpha t}f(t)]&=\sum_{j=1}^{k}\mathrm{C}_k^j(\mathrm{e}^{\alpha t})^{(j)}\mathrm{D}^{k-j}f(t)=\sum_{j=1}^{k}\mathrm{e}^{\alpha t}\mathrm{C}_k^j\alpha^j\mathrm{D}^{k-j}f(t)\\&=\mathrm{e}^{\alpha t}\sum_{j=1}^{k}\mathrm{C}_k^j\alpha^j\mathrm{D}^{k-j}f(t)=\mathrm{e}^{\alpha t}(\mathrm{D}+\alpha)^kf(t),\end{aligned}$$

于是, 有

$$\begin{aligned}L(\mathrm{D})[\mathrm{e}^{\alpha t}f(t)]&=\sum_{k=0}^{n}a_k\mathrm{D}^{n-k}[\mathrm{e}^{\alpha t}f(t)]=\mathrm{e}^{\alpha t}\sum_{k=0}^{n}a_k(\mathrm{D}+\alpha)^{n-k}f(t)\\&=\mathrm{e}^{\alpha t}L(\mathrm{D}+\alpha)f(t).\end{aligned}$$

至于式 (4.8), 因为

$$L(\mathrm{D})(L^{-1}(\mathrm{D})\varphi(\mathrm{D})f(t))=1\cdot\varphi(\mathrm{D})f(t)=\varphi(\mathrm{D})f(t),$$

$$\begin{aligned}L(\mathrm{D})(\varphi(\mathrm{D})L^{-1}(\mathrm{D})f(t))&=(L(\mathrm{D})\varphi(\mathrm{D}))(L^{-1}(\mathrm{D})f(t))\\&=(\varphi(\mathrm{D})L(\mathrm{D}))(L^{-1}(\mathrm{D})f(t))=\varphi(\mathrm{D})f(t),\end{aligned}$$

所以将两式相减, 便得到

$$L(\mathrm{D})(L^{-1}(\mathrm{D})\varphi(\mathrm{D})-\varphi(\mathrm{D})L^{-1}(\mathrm{D}))f(t)=0,$$

从而就有

$$L^{-1}(\mathrm{D})\varphi(\mathrm{D})f(t)-\varphi(\mathrm{D})L^{-1}(\mathrm{D})f(t)=L^{-1}(\mathrm{D})\cdot 0,$$

由此便得到 (4.8).

4.3　算子分解方法

算子分解方法是指在对微分算子多项式进行因式分解的基础上, 讨论微分方程 (组) 的求解. 本节主要介绍逆算子展开成部分分式之和的方法, 常系数线性微分方程 (组) 的算子分解方法, 其中包含非齐次方程特解的积分公式和积分–比较系数法.

4.3.1　逆算子展开成部分分式之和

对于微分算子多项式可以分解成简单因式的情况, 求解微分方程的比较实用的方法就是先把逆算子展开成部分分式之和, 然后再利用前面给出的一些基本性质和公式进行求解. 下面通过一个例子来说明方法.

例 4.1 求二阶微分方程 $(\mathrm{D}^2+k^2)x=f(t)$ 的特解.

解 由于有算子分解式 $\mathrm{D}^2+k^2=(\mathrm{D}+\mathrm{i}k)(\mathrm{D}-\mathrm{i}k)$, 故有逆算子的部分分式展开式

$$\frac{1}{\mathrm{D}^2+k^2}=\frac{1}{2\mathrm{i}k}\left(\frac{1}{\mathrm{D}-\mathrm{i}k}-\frac{1}{\mathrm{D}+\mathrm{i}k}\right),$$

利用前面的公式 4.2, 有所求的二阶微分方程的特解为

$$\begin{aligned}x^*&=\frac{1}{\mathrm{D}^2+k^2}f(t)=\frac{1}{2\mathrm{i}k}\left(\frac{1}{\mathrm{D}-\mathrm{i}k}-\frac{1}{\mathrm{D}+\mathrm{i}k}\right)f(t)\\&=\frac{1}{2\mathrm{i}k}\left[\int_0^t \mathrm{e}^{\mathrm{i}k(t-\tau)}f(\tau)\mathrm{d}\tau-\int_0^t \mathrm{e}^{-\mathrm{i}k(t-\tau)}f(\tau)\mathrm{d}\tau\right]\\&=\frac{1}{k}\int_0^t f(\tau)\sin(t-\tau)\mathrm{d}\tau.\end{aligned}$$

4.3.2 高阶常系数线性微分方程的算子分解方法

现在讨论前面的高阶常系数线性微分方程 (4.1) 和 (4.2) 的算子分解方法.

引理 4.3 若多项式 $L(\lambda)$ 有因式分解式 $L(\lambda)=L_1(\lambda)L_2(\lambda)$, 则 $L(\mathrm{D})$ 有**算子分解式**$L(\mathrm{D})=L_1(\mathrm{D})L_2(\mathrm{D})$; 又若 $x=x_i(t)(i=1,2)$ 分别是齐次方程 $L_i(\mathrm{D})x=0$ 的解, 则它们也都是齐次方程 (4.2) 的解.

结论明显, 故略去证明.

引理 4.4 方程 (4.2) 有复值函数解 $x(t)=u(t)+\mathrm{i}v(t)$ 的充分必要条件是: 实部 $u(t)=\mathrm{Re}\ x(t)$ 和虚部 $v(t)=\mathrm{Im}\ x(t)$ 都是 (4.2) 的解.

引理 4.5 齐次微分方程 $(\mathrm{D}-\lambda)^k x=0$ 有如下 k 个线性无关的特解:

$$\mathrm{e}^{\lambda t},\quad x\mathrm{e}^{\lambda t},\quad \cdots,\quad x^{k-1}\mathrm{e}^{\lambda t}.$$

齐次微分方程 $(\mathrm{D}-a\pm\mathrm{i}\beta)^k x=0$ 有如下 $2k$ 个线性无关的特解:

$$\mathrm{e}^{at}\cos\beta t,\mathrm{e}^{at}\sin\beta t,\mathrm{e}^{at}t\cos\beta t,\mathrm{e}^{at}t\sin\beta t,\cdots,t^{k-1}\mathrm{e}^{at}\cos\beta t,t^{k-1}\mathrm{e}^{at}\sin\beta t.$$

证明 对于前一结论, 由 $(\mathrm{D}-\lambda)^k x=0$, 有

$$(\mathrm{D}-\lambda)(\mathrm{D}-\lambda)^{k-1}x=0,$$

这是一个关于 $(\mathrm{D}-\lambda)^{k-1}x$ 的一阶齐次线性微分方程, 得到通解: $(\mathrm{D}-\lambda)^{k-1}x=c_1\mathrm{e}^{\lambda t}$; 进一步, 由此又得到

$$(\mathrm{D}-\lambda)(\mathrm{D}-\lambda)^{k-2}x=c_1\mathrm{e}^{\lambda t},$$

这又是关于 $(\mathrm{D}-\lambda)^{k-2}x$ 的一阶非齐次线性微分方程, 积分后有

$$(\mathrm{D}-\lambda)^{k-2}x=\mathrm{e}^{\lambda t}\int \mathrm{e}^{-\lambda t}\cdot c_1\mathrm{e}^{\lambda t}\mathrm{d}x=\mathrm{e}^{\lambda t}(c_1t+c_2).$$

依次类推, 最后, 可以得到 $(\mathrm{D}-\lambda)^k x=0$ 的通解公式为

$$y=\mathrm{e}^{\lambda t}(\bar{c}_1t^{k-1}+\bar{c}_2t^{k-2}+\cdots+\bar{c}_{k-1}t+\bar{c}_k).$$

特别地, 如取 $\bar{c}_i=1,\bar{c}_j=0,i\neq j(i,j=1,2,\cdots,k)$, 则得到方程 $(\mathrm{D}-\lambda)^k x=0$ 有 k 个特解：$\mathrm{e}^{\lambda t},t\mathrm{e}^{\lambda t},\cdots,t^{k-1}\mathrm{e}^{\lambda t}$, 易知它们是线性无关的.

对于后一结论, 它是前一个结论和引理 4.4 的直接结果.

定理 4.1　设 $\lambda_1,\cdots,\lambda_l,\lambda_{l+1}\pm\mathrm{i}w_{l+1},\cdots,\lambda_s\pm\mathrm{i}w_s$ 是 (4.2) 的特征方程 $L(\lambda)=0$ 的根, 重数分别为 $k_1,\cdots,k_s$, 则方程 (4.2) 有如下 n 个线性无关的特解：

$$\mathrm{e}^{\lambda_i t}x^{j-1},\quad i=1,2,\cdots,l,\quad j=1,2,\cdots,k_i,$$

$$\mathrm{e}^{\lambda_i t}t^{j-1}\cos w_it,\quad \mathrm{e}^{\lambda t}t^{j-1}\sin w_it,\quad i=l+1,\cdots,s,\quad j=1,\cdots,k_i.$$

证明　由条件得如下因式分解式：

$$\begin{aligned}L(\lambda)=&(\lambda-\lambda_1)^{k_1}\cdots(\lambda-\lambda_l)^{k_l}\cdot(\lambda-\lambda_{l+1}-\mathrm{i}w_{l+1})^{k_l+1}\\&\times(\lambda-\lambda_{l+1}+\mathrm{i}w_{l+1})^{k_{l+1}}\cdots(\lambda-\lambda_s+\mathrm{i}w_s)^{k_s}\end{aligned}$$

故根据引理 4.3, 有算子分解式

$$L(\mathrm{D})=(\mathrm{D}-\lambda_1)^{k_1}\cdots(\mathrm{D}-\lambda_s+\mathrm{i}w_s)^{k_s},$$

其中 $k_1,\cdots,k_s$ 为重数, 满足 $\sum\limits_{i=1}^{l}k_i+2\sum\limits_{i=l+1}^{s}k_i=n$.

又根据引理 4.4 和引理 4.5, 齐次微分方程

$$\begin{aligned}&(\mathrm{D}-\lambda_i)^{k_i}x=0,\quad i=1,\cdots,l,\\&(\mathrm{D}-\lambda_j\pm\mathrm{i}w_j)^{k_j}x=0,\quad j=l+1,\cdots,s.\end{aligned}$$

共有 n 个特解

$$\mathrm{e}^{\lambda_i t}t^{j-1},\quad i=1,\cdots,l,\quad j=1,\cdots,k_i,$$

$$\mathrm{e}^{\lambda_i t}t^{j-1}\cos w_it,\quad \mathrm{e}^{\lambda_i t}t^{j-1}\sin w_it,\quad i=l+1,\cdots,s,\quad j=1,\cdots,k_i.$$

最后, 根据引理 4.3 知, 它们构成了齐次微分方程 $L(\mathrm{D})x=0$ 即 (4.2) 的 n 个特解, 它们线性无关性的证明详见第 2 章, 或者有关的教材.

为讨论非齐次方程 (4.1) 的求解, 引入记号 $\int^{(k_j)} \cdot \mathrm{d}t^{k_j}$, 它表示求 k_j 次不定积分的运算 $\int^{(k_j)} \cdot \mathrm{d}t^{k_j} = \overbrace{\int\left(\int\cdots\left(\int\cdot\mathrm{d}t\right)\cdots\mathrm{d}t\right)\mathrm{d}t}^{k_j}$, 在其结果中包含有 k_j 个独立的任意常数.

定理 4.2 设 $\lambda_1, \lambda_2, \cdots, \lambda_r$ 为特征方程 $L(\lambda) = 0$ 的根 (实根或者共轭复数根), 重数分别为 $k_1, \cdots, k_r$, 则方程 (4.1) 有如下通解的积分公式:

$$y = \mathrm{Re}\, \mathrm{e}^{\lambda_r t} \int^{(k_r)} \mathrm{e}^{(-\lambda_r+\lambda_{r-1})t} \int^{(k_{r-1})} \cdots \int^{(k_2)} \mathrm{e}^{(-\lambda_2+\lambda_1)t} \int^{(k_1)} \mathrm{e}^{-\lambda_1 t} f(t)\mathrm{d}t^n, \tag{4.9}$$

其中 "Re" 表示取实部的运算, $\mathrm{d}x^n = \mathrm{d}x^{k_1} \cdots \mathrm{d}x^{k_r}, k_1 + \cdots + k_r = n$.

若上述积分中常数特定, 则 (4.9) 就表示方程 (4.1) 的特解.

证明 由定理的条件知: $L(\lambda) = (\lambda - \lambda_1)^{k_1} \cdots (\lambda - \lambda_r)^{k_r}$, 进而有算子多项式的分解式为 $L(\mathrm{D}) = (\mathrm{D} - \lambda_1)^{k_1} \cdots (\mathrm{D} - \lambda_r)^{k_r}$, 此时, 方程 (4.1) 变为

$$(\mathrm{D} - \lambda_1)^{k_1} \cdots (\mathrm{D} - \lambda_r)^{k_r} y = f(x). \tag{4.10}$$

与引理 4.4 的证明类似, 有

$$(\mathrm{D} - \lambda_2)^{k_2} \cdots (\mathrm{D} - \lambda_r)^{k_r} y = \mathrm{e}^{\lambda_1 x} \int^{(k_1)} \mathrm{e}^{-\lambda_1 x} f(x)\mathrm{d}x^{k_1},$$

$$(\mathrm{D} - \lambda_3)^{k_3} \cdots (\mathrm{D} - \lambda_r)^{k_r} y = \mathrm{e}^{\lambda_2 x} \int^{(k_2)} \mathrm{e}^{(-\lambda_2+\lambda_1)x} \int^{(k_1)} \mathrm{e}^{-\lambda_1 x} f(x)\mathrm{d}x^{k_1+k_2}.$$

依次类推, 最后得到 (4.1) 的复值形式的通解为

$$y = \mathrm{e}^{\lambda_r x} \int^{(k_r)} \mathrm{e}^{(-\lambda_r+\lambda_{r-1})x} \int^{(k_{r-1})} \cdots \int^{(k_2)} \mathrm{e}^{(-\lambda_2+\lambda_1)x} \int^{(k_1)} \mathrm{e}^{-\lambda_1 x} f(x)\mathrm{d}x^n,$$

其中 $\mathrm{d}x^n = \mathrm{d}x^{k_1} \cdots \mathrm{d}x^{k_r}, k_1 + \cdots + k_r = n$.

再根据引理 4.4 知, 取上式的实部就得到 (4.9), 它是 (4.1) 的实通解.

附注 (1) 算子分解是求解高阶常系数线性微分方程的基础, 而算子分解与特征多项式的分解是完全类似的.

(2) 如 $L(\mathrm{D}) = (\mathrm{D} - \lambda)^k L_1(\mathrm{D})$, 则从定理 4.2 的证明过程可知: n 阶线性微分方程 $L(\mathrm{D})y = f(x)$ 可以降为如下 $n - k$ 阶方程:

$$L_1(\mathrm{D})y = \mathrm{e}^{\lambda x} \int^{(k)} \mathrm{e}^{-\lambda x} f(x)\mathrm{d}x^k. \tag{4.11}$$

例 4.2 求微分方程 $x''' - 4x'' + 5x' - 2x = \mathrm{e}^t \sin t$ 的通解.

解 将方程写成 $(\mathrm{D}^3-4\mathrm{D}^2+5\mathrm{D}-2)x=\mathrm{e}^t\sin t$ 或 $(\mathrm{D}-2)(\mathrm{D}-1)^2x=\mathrm{e}^t\sin t$, 利用通解的积分公式 (4.9), 我们得到

$$\begin{aligned}x=&\mathrm{e}^t\int^{(2)}\mathrm{e}^{(-1+2)t}\int\mathrm{e}^{-2t}\cdot\mathrm{e}^t\sin t\mathrm{d}t^3=\int^{(2)}\mathrm{e}^t\left(\int\mathrm{e}^{-t}\sin t\mathrm{d}t\right)\mathrm{d}t^2\\=&\mathrm{e}^t\int^{(2)}\left(-\frac{1}{2}\cos t-\frac{1}{2}\sin t+c_1\mathrm{e}^t\right)\mathrm{d}t^2\quad(\text{分部积分})\\=&\mathrm{e}^t\int\left(-\frac{1}{2}\sin t+\frac{1}{2}\cos t+c_1\mathrm{e}^t+c_2\right)\mathrm{d}t\\=&\mathrm{e}^t\left(\frac{1}{2}\cos t+\frac{1}{2}\sin t+c_1\mathrm{e}^t+c_2t+c_3\right)\\=&c_1\mathrm{e}^{2t}+(c_2t+c_3)\mathrm{e}^t+\frac{1}{2}\mathrm{e}^t(\cos t+\sin t)\end{aligned}$$

为所求方程的通解.

4.3.3 积分-比较系数法

通过仔细观察 (4.11), 可以发现算子分解方法的一个重要应用：它能够使得积分法与比较系数法综合在一起, 从而将求特解的计算量大大地减少, 有以下的定理:

定理 4.3 设 λ 是 $L(\lambda)$ 的 k 重根, $L(\mathrm{D})=(\mathrm{D}-\lambda)^kL_1(\mathrm{D})$, 则

$$L(\mathrm{D})y=\mathrm{e}^{\lambda x}p_m(x)\quad(p_m(x)\text{为}x\text{的}m\text{次多项式})\tag{4.12}$$

具有形如 $y^*=\mathrm{e}^{\lambda x}\int^{(k)}Q_m(x)\mathrm{d}x^k$ 的特解, 其中 $\mathrm{e}^{\lambda x}Q_m(x)$ 是

$$L_1(\mathrm{D})z=\mathrm{e}^{\lambda x}p_m(x)\tag{4.13}$$

的特解, 其中方程 (4.13) 是一个 $n-k$ 阶微分方程.

证明 由于 $L(\mathrm{D})=(\mathrm{D}-\lambda)^kL_1(\mathrm{D})=L_1(\mathrm{D})(\mathrm{D}-\lambda)^k$, 且 λ 不再是 $L_1(\lambda)$ 的根, 故有 n 阶微分方程 (4.12) 等价于方程

$$\begin{cases}L_1(\mathrm{D})z=\mathrm{e}^{\lambda x}p_m(x),\\(\mathrm{D}-\lambda)^ky=z.\end{cases}\tag{4.13$'$}$$

易见 (4.13)′ 的第一个方程具有形如 $z^*=e^{\lambda x}Q_m(x)$ 的特解, 将它代入 (4.13)′ 的第二个方程后, 即得到

$$y^*=\mathrm{e}^{\lambda x}\int^{(k)}\mathrm{e}^{-\lambda x}z^*\mathrm{d}x^k=\mathrm{e}^{\lambda x}\int^{(k)}Q_m(x)\mathrm{d}x^k$$

是 (4.13)′ 即 (4.12) 的特解, 在这里的不定积分中不取任意常数.

从以上的证明过程可以看出, $e^{\lambda x}Q_m(x)$ 满足的微分方程 (4.13) 是 $n-k$ 阶的.

定理 4.4 设 $\lambda\pm \mathrm{i}w$ 是 $L(\lambda)$ 的 k 重共轭复根, 且有 $L(\mathrm{D})=L_1(\mathrm{D})(\mathrm{D}-\lambda-\mathrm{i}w)^k$, 则

$$L(\mathrm{D})y=\mathrm{e}^{\lambda x}(p_{m_1}(x)\cos wx+p_{m_2}(x)\sin wx) \tag{4.14}$$

具有形如 $y^*=\mathrm{Re}\,\mathrm{e}^{(\lambda+\mathrm{i}w)x}\int^{(k)}Q_{m_1}(x)\mathrm{d}x^k+\mathrm{Im}\,\mathrm{e}^{(\lambda+\mathrm{i}w)x}\int^{(k)}Q_{m_2}(x)\mathrm{d}x^k$ 的实特解, 其中 $Q_{m_1}(x)$ 与 $Q_{m_2}(x)$ 分别是

$$L_1(\mathrm{D})z=\mathrm{e}^{(\lambda+\mathrm{i}w)x}p_{m_1}(x) \tag{4.15}$$

与

$$L_1(\mathrm{D})z=\mathrm{e}^{(\lambda+\mathrm{i}w)x}p_{m_2}(x) \tag{4.16}$$

的特解, (4.15) 和 (4.16) 都是 $n-k$ 阶微分方程.

证明 仿定理 4.3 的证明过程, 并利用引理 4.4.

附注 上述方法可称为积分–比较系数法, 其计算量较前面的比较系数法大大减少, 因为计算多项式的积分十分简单, 比较系数时方程的阶数又比较低. 当 $k=0$ 时, 只是比较系数的计算, 当 $k=n$ 时, 只是积分的运算.

例 4.3 求微分方程 $(\mathrm{D}^5-6\mathrm{D}^4+14\mathrm{D}^3-16\mathrm{D}^2+9\mathrm{D}-2)x=\mathrm{e}^t\left(t-\dfrac{t^3}{3!}+\dfrac{1}{5!}t^5\right)$ 的特解.

解 先将方程改写成算子分解的形式:

$$(\mathrm{D}-1)^4(\mathrm{D}-2)x=\mathrm{e}^t\left(t-\frac{t^3}{3!}+\frac{t^5}{5!}\right),$$

再利用积分–比较系数法 (见定理 4.3) 求出特解.

事实上, 原方程具有形如 $x^*=\mathrm{e}^t\int^{(4)}Q_5(t)\mathrm{d}t^4$ 的特解, 而其中的

$$z^*=\mathrm{e}^tQ_5(t)=\mathrm{e}^t(a_0+a_1t^1+a_2t^2+a_3t^3+a_4t^4+a_5t^5)$$

又是 $(\mathrm{D}-2)z=\mathrm{e}^t\left(t-\dfrac{t^3}{3!}+\dfrac{t^5}{5!}\right)$ 的特解, 由此可得

$$\begin{aligned}\mathrm{D}z^*&=\mathrm{e}^t(Q_5(t)+Q_5'(t))\\&=\mathrm{e}^t[a_1-a_0+(2a_2-a_1)t+(3a_3-a_2)t^2+\cdots+(5a_5-a_4)t^4-a_5t^5],\end{aligned}$$

$$(\mathrm{D}-2)z^*=\mathrm{e}^t(Q_5'(t)-Q_5(t)),$$

故由 $(\mathrm{D}-2)z^*\equiv\mathrm{e}^t\left(t-\dfrac{t^3}{3!}+\dfrac{t^5}{5!}\right)$ 进行系数比较, 有

$$a_1-a_0=0,\quad 2a_2-a_1=1,\quad 3a_3-a_2=0,\quad 4a_4-a_3=-\frac{1}{3!},\quad 5a_5-a_4=0,\quad -a_5=\frac{1}{5!}.$$

因此, 有

$$a_5=-\frac{1}{5!},\quad a_4=-\frac{1}{4!},\quad a_3=a_2=0,\quad a_1=a_0=-1,$$

从而得到

$$Q_5(t)=-1-t-\frac{t^4}{4!}-\frac{t^5}{5!}.$$

最后, 连续 4 次求积分 (不必取任意常数), 得到所求方程的特解为

$$x^*=\mathrm{e}^t\int^{(4)}\left(-1-t-\frac{t^4}{4!}+\frac{t^5}{5!}\right)\mathrm{d}t^4=\mathrm{e}^t\left(-\frac{t^4}{4!}-\frac{t^5}{5!}-\frac{t^8}{8!}-\frac{t^9}{9!}\right).$$

4.3.4　高阶常系数线性微分方程组的算子分解方法

现在, 基于算子多项式矩阵的因式分解去求解高阶常系数线性微分方程组, 这里仅给出如下结果.

定理 4.5　设 $\boldsymbol{f}(t)=(f_1(t),\cdots,f_n(t))^{\mathrm{T}}$, $\boldsymbol{A}(\mathrm{D})$ 是 $n\times n$ 阶的算子多项式矩阵, $\boldsymbol{A}^*(\mathrm{D})$ 是其伴随矩阵, 则高阶常系数线性微分方程组

$$\boldsymbol{A}(\mathrm{D})\boldsymbol{x}=\boldsymbol{f}(t)\tag{4.17}$$

的解是 $|\boldsymbol{A}(\mathrm{D})|\boldsymbol{E}\boldsymbol{x}=\boldsymbol{A}^*(\mathrm{D})\boldsymbol{f}(t)$ 的解, 反之不然; 若 $\boldsymbol{A}(\mathrm{D})$ 非奇异, 则方程 (4.17) 的解是

$$\boldsymbol{x}=\boldsymbol{A}^*(\mathrm{D})|\boldsymbol{A}(\mathrm{D})|^{-1}\boldsymbol{f}(t).\tag{4.18}$$

证明　注意到, 有算子分解式 $|\boldsymbol{A}(\mathrm{D})|\boldsymbol{E}=\boldsymbol{A}^*(\mathrm{D})\boldsymbol{A}(\mathrm{D})=\boldsymbol{A}(\mathrm{D})\boldsymbol{A}^*(\mathrm{D})$.

对于定理的前一结论, 因为

$$|\boldsymbol{A}(\mathrm{D})|\boldsymbol{E}=\boldsymbol{A}^*(\mathrm{D})\boldsymbol{A}(\mathrm{D}),$$

所以用 $\boldsymbol{A}^*(\mathrm{D})$ 左乘方程 (4.17) 的两边, 得到

$$|\boldsymbol{A}(\mathrm{D})|\boldsymbol{E}\boldsymbol{x}=\boldsymbol{A}^*(\mathrm{D})\boldsymbol{f}(t),$$

由此可见方程 (4.17) 的解是

$$|\boldsymbol{A}(\mathrm{D})|\boldsymbol{E}\boldsymbol{x}=\boldsymbol{A}^*(\mathrm{D})\boldsymbol{f}(t)$$

的解. 反之, 有例子说明 $|\boldsymbol{A}(\mathrm{D})|\boldsymbol{E}\boldsymbol{x}=\boldsymbol{A}^*(\mathrm{D})\boldsymbol{f}(t)$ 的某个特解不满足 (4.17)(叶彦谦,1982).

对于定理的后一结论, 设 $\boldsymbol{A}(\mathrm{D})$ 非奇异, 可以验证 $\boldsymbol{x}=\boldsymbol{A}^*(\mathrm{D})|\boldsymbol{A}(\mathrm{D})|^{-1}\boldsymbol{f}(t)$ 是 (4.17) 的解; 反之, 由方程 (4.17) 以及 $|\boldsymbol{A}(\mathrm{D})|\boldsymbol{E}=\boldsymbol{A}(\mathrm{D})\boldsymbol{A}^*(\mathrm{D})$ 依次得

$$\boldsymbol{A}(\mathrm{D})\boldsymbol{x}=\boldsymbol{f}(t)=\boldsymbol{E}\boldsymbol{f}(t),\quad \boldsymbol{E}=\boldsymbol{A}(\mathrm{D})(\boldsymbol{A}^*(\mathrm{D})|\boldsymbol{A}(\mathrm{D})|^{-1}),$$

故有

$$\boldsymbol{A}(\mathrm{D})\boldsymbol{x}=\boldsymbol{A}(\mathrm{D})(\boldsymbol{A}^*(\mathrm{D})|\boldsymbol{A}(\mathrm{D})|^{-1}\boldsymbol{f}(t)),$$

从而得出

$$\boldsymbol{x}=\boldsymbol{A}^*(\mathrm{D})|\boldsymbol{A}(\mathrm{D})|^{-1}\boldsymbol{f}(t).$$

总之, 方程 (4.17) 的解是 $\boldsymbol{x}=\boldsymbol{A}^*(\mathrm{D})|\boldsymbol{A}(\mathrm{D})|^{-1}\boldsymbol{f}(\boldsymbol{t})$, 即 (4.18).

定理 4.5 表明,(4.17) 的解要写成 (4.18), 而不能写成 $\boldsymbol{x}=|\boldsymbol{A}(\mathrm{D})|^{-1}\boldsymbol{A}^*(\mathrm{D})\boldsymbol{f}(t)$, 否则将是错误的.

例 4.4 求下列微分方程组的特解:

$$\begin{cases}\dot{x}_1=x_2-x_3+1-t,\\ \dot{x}_2=x_1+x_2+t-t^2,\\ \dot{x}_3=x_1+x_3+2t-t^2-1.\end{cases}$$

解 用定理 4.5 的特解公式 (4.18) 来求特解. 将原方程改写成形式

$$(\boldsymbol{E}\mathrm{D}-\boldsymbol{A})\boldsymbol{x}=\boldsymbol{P}_2(t),$$

其中 $\boldsymbol{P}_2(t)=\begin{bmatrix}1-t\\ t-t^2\\ 2t-t^2-1\end{bmatrix}$, 于是, 有

$$|\boldsymbol{E}\mathrm{D}-\boldsymbol{A}|=\begin{vmatrix}\mathrm{D}&-1&1\\ -1&\mathrm{D}-1&0\\ -1&0&\mathrm{D}-1\end{vmatrix}=\mathrm{D}(\mathrm{D}-1)^2,$$

$$(\boldsymbol{E}\mathrm{D}-\boldsymbol{A})^*=\begin{bmatrix}(\mathrm{D}-1)^2&\mathrm{D}-1&-\mathrm{D}+1\\ \mathrm{D}-1&\mathrm{D}^2-\mathrm{D}+1&-1\\ \mathrm{D}-1&1&\mathrm{D}^2-\mathrm{D}-1\end{bmatrix},$$

$$|\boldsymbol{E}\mathrm{D}-\boldsymbol{A}|^{-1}=\frac{1}{\mathrm{D}(\mathrm{D}-1)^2}=\frac{1}{\mathrm{D}}(1+\mathrm{D}+\mathrm{D}^2+\cdots)(1+\mathrm{D}+\mathrm{D}^2+\cdots)$$

和

$$\begin{aligned}|\boldsymbol{E}\mathrm{D}-\boldsymbol{A}|^{-1}\boldsymbol{P}_2(t)&=\int_0^t\boldsymbol{P}_2(t)\mathrm{d}t+2\boldsymbol{P}_2+3\boldsymbol{P}_2'\\ &=\left(-\frac{1}{2}t^2-t-1,-\frac{1}{3}t^3-\frac{3}{2}t^2-4t+3,-\frac{1}{3}t^3-t^2-3t+4\right)^{\mathrm{T}},\end{aligned}$$

代入 (4.18) 就得到所给方程的特解为

$$\boldsymbol{x}^*(t)=(\boldsymbol{E}\mathrm{D}-\boldsymbol{A})^*|\boldsymbol{E}\mathrm{D}-\boldsymbol{A}|^{-1}\boldsymbol{P}_2(t)=(t,t^2,t^2-t)^{\mathrm{T}}.$$

4.4 逆算子的形式幂级数展开法

逆算子的形式幂级数展开法是指将逆算子展开成微分算子形式上的幂级数, 然后再应用于求解微分方程 (组). 本节主要介绍求解常系数线性微分方程 (组) 的逆算子的形式幂级数展开法和低阶变系数线性微分方程 (组) 的逆算子的形式幂级数展开法, 并且给出关于常微分方程 (组) 的若干求解公式.

4.4.1 常系数线性微分方程的逆算子的形式幂级数展开法

设 $L(\mathrm{D}) = \mathrm{D}^n + a_1\mathrm{D}^{n-1} + \cdots + a_{n-1}\mathrm{D} + a_n$ 为算子多项式, 其中 $a_1, \cdots, a_n$ 是常数, $p_m(t)$ 为 m 次多项式. 考虑如下形式的 n 阶常系数线性非齐次微分方程:

$$L(\mathrm{D})x = \mathrm{e}^{\lambda t} p_m(t). \tag{4.19}$$

定义 4.3 设多项式 $L(Z)$ 满足 $L(0) \neq 0$(即 $L(Z)$ 中的常数 $a_n \neq 0$), 此时 $L^{-1}(Z)$ 可展开成 Z 的幂级数, 即 $L^{-1}(Z) = \sum\limits_{l=-\infty}^{+\infty} b_l Z^l$(其中 b_l 是常数), 则称 $L^{-1}(\mathrm{D})$ 可展开成 D 或 D^{-1} 的形式幂级数, 记为 $L^{-1}(\mathrm{D}) = \sum\limits_{l=-\infty}^{+\infty} b_l \mathrm{D}^l$.

应当引起特别注意的是, 在实际应用时, 逆算子的形式幂级数展开并不需要按定义的要求那样去严格地验证其展开条件.

现在考虑最简单的一阶常系数线性微分方程

$$(\mathrm{D} - a)x = 0, \tag{4.20}$$

利用逆算子的形式幂级数展开式

$$(\mathrm{D} - a)^{-1} = \sum_{l=1}^{+\infty} a^{l-1}\mathrm{D}^{-l} = \mathrm{D}^{-1}(1 + a\mathrm{D}^{-1} + \cdots + a^l\mathrm{D}^{-l} + \cdots). \tag{4.21}$$

不难计算得出, 在算子 (4.21) 的作用下, 一阶微分方程 (4.20) 有如下熟知的通解:

$$x = (\mathrm{D} - a)^{-1} \cdot 0 = c\mathrm{e}^{at}.$$

对于 n 阶常系数线性非齐次微分方程 (4.19), 当 $a_n \neq 0$ 时, 有逆算子的形式幂级数展开 (柯红路, 2003)

$$L^{-1}(\mathrm{D}) = \frac{1}{a_n}\sum_{k=0}^{\infty}(-1)^k\left(\frac{\mathrm{D}^n + a_1\mathrm{D}^{n-1} + \cdots + a_{n-1}\mathrm{D}}{a_n}\right)^k. \tag{4.22}$$

一般地, 有

定理 4.6 设 λ 不是 (4.19) 的特征方程 $L(r)=0$ 的根, 则方程 (4.19) 有特解公式

$$x^*(t)=\mathrm{e}^{\lambda t}\sum_{i=0}^{m}(-1)^i L^{-i-1}(\lambda)L_1^i(\mathrm{D})\mathrm{D}^i p_m(t), \tag{4.23}$$

其中 $L_1(\mathrm{D})$ 是 $L(\mathrm{D}+\lambda)=L_1(\mathrm{D})\mathrm{D}+L(\lambda)$ 中的算子多项式.

证明 方程 (4.19) 有特解为

$$x^*(t)=L^{-1}(\mathrm{D})\mathrm{e}^{\lambda t}p_m(t)=\mathrm{e}^{\lambda t}L^{-1}(\mathrm{D}+\lambda)p_m(t),$$

其中 $L(\mathrm{D}+\lambda)=L_1(\mathrm{D})\mathrm{D}+L(\lambda)$, 而 $L_1(\mathrm{D})$ 则是 $n-1$ 阶算子多项式.

因为 λ 不是 $L(r)=0$ 的根, 所以, 成立着 $L(\lambda)\neq 0$, 于是, 有逆算子的形式幂级数展开式如下:

$$\begin{aligned}L^{-1}(\mathrm{D}+\lambda)&=[L(\lambda)(1+L^{-1}(\lambda)L_1(\mathrm{D})\mathrm{D})]^{-1}\\&=L^{-1}(\lambda)[1+L^{-1}(\lambda)L_1(\mathrm{D})\mathrm{D}]^{-1}\\&=\sum_{i=0}^{\infty}(-1)^i L^{-i-1}(\lambda)L_1^i(\mathrm{D})\mathrm{D}^i,\end{aligned}$$

又由于当 $i\geqslant m+1$ 时, $\mathrm{D}^i p_m(t)=0$, 故方程 (4.19) 的特解为

$$\begin{aligned}x^*(t)&=\mathrm{e}^{\lambda t}\sum_{i=0}^{m}(-1)^i L^{-i-1}(\lambda)L_1^i(\mathrm{D})\mathrm{D}^i p_m(t)\\&=\mathrm{e}^{\lambda t}\sum_{i=0}^{m}(-1)^i L^{-i-1}(\lambda)L_1^i(\mathrm{D})\mathrm{D}^i p_m(t),\end{aligned}$$

因此, 方程 (4.19) 有解公式 (4.23).

定理 4.7 设 λ 是 (4.19) 的特征方程 $L(r)=0$ 的 k 重根, $L(r)=(r-\lambda)^k L_2(r)$, 且有 $L_2(\mathrm{D}+\lambda)=L_3(\mathrm{D})\mathrm{D}+L_2(\lambda)$, 则方程 (4.17) 有如下形式的特解:

$$x^*=\mathrm{e}^{\lambda t}\left(\int\right)^k\sum_{i=0}^{m}(-1)^i L_2^{-i-1}(\lambda)L_3^i(\mathrm{D})\mathrm{D}^i p_m(t)\mathrm{d}t^k. \tag{4.24}$$

证明略.

例 4.5 求三阶微分方程 $(\mathrm{D}-2)(\mathrm{D}-1)^2x=t\mathrm{e}^{2t}$ 的特解.

解 直接利用定理 4.7 来求解所给的三阶微分方程. 事实上, 所求方程的特解为

$$x=\frac{1}{(\mathrm{D}-2)(\mathrm{D}-1)^2}t\mathrm{e}^{2t}=\mathrm{e}^{2t}\frac{1}{[(\mathrm{D}+2)-2][(\mathrm{D}+2)-1]^2}\cdot t$$

$$
\begin{aligned}
&=\mathrm{e}^{2t}\frac{1}{\mathrm{D}(\mathrm{D}+1)^2}\cdot t=\mathrm{e}^{2t}\frac{1}{\mathrm{D}}\cdot\frac{1}{1+2\mathrm{D}+\mathrm{D}^2}t\\
&=\mathrm{e}^{2t}\frac{1}{\mathrm{D}}\cdot[1-(2\mathrm{D}+\mathrm{D}^2)]t=\mathrm{e}^{2t}\int(t-2)\mathrm{d}t\\
&=\frac{1}{2}(t-2)^2\mathrm{e}^{2t}.
\end{aligned}
$$

4.4.2 常系数线性微分方程组的逆算子的形式幂级数展开法

现设 $\boldsymbol{A}(\mathrm{D})$ 是 $n\times n$ 阶算子多项式矩阵, $\boldsymbol{f}(t)=(f_1(t),\cdots,f_n(t))^{\mathrm{T}}$, 则一般的常系数线性微分方程组可以表示为如下形式:

$$\boldsymbol{A}(\mathrm{D})\boldsymbol{x}=\boldsymbol{f}(t). \tag{4.25}$$

这里, 主要研究将算子多项式矩阵的逆 $\boldsymbol{A}^{-1}(\mathrm{D})$ 和 $(\boldsymbol{E}\mathrm{D}-\boldsymbol{A})^{-1}$ 展开成形式幂级数的应用, 从而得到求解常系数线性微分方程组的若干公式.

定义 4.4　设函数矩阵 $\boldsymbol{A}(Z)$ 非奇异, 其逆阵 $\boldsymbol{A}^{-1}(Z)=\boldsymbol{A}^*(Z)|\boldsymbol{A}(Z)|^{-1}$ 可以展开成 Z 或 Z^{-1} 的幂级数, 即 $\boldsymbol{A}^{-1}(Z)=\sum\limits_{l=-\infty}^{+\infty}\boldsymbol{B}_lZ^l$(其中 $\boldsymbol{B}_l$ 是 $n\times n$ 常数矩阵), 则称 $\boldsymbol{A}^{-1}(\mathrm{D})$ 可以形式地展开成 D 或 D^{-1} 的幂级数, 记为 $\boldsymbol{A}^{-1}(\mathrm{D})=\sum\limits_{l=-\infty}^{+\infty}\boldsymbol{B}_l\mathrm{D}^l$.

引理 4.6　设 $\boldsymbol{A}^{-1}(\mathrm{D})$ 有形式幂级数展开 $\boldsymbol{A}^{-1}(\mathrm{D})=\sum\limits_{l=-\infty}^{+\infty}\boldsymbol{B}_lD^l$, 且 $\sum\limits_{l=-\infty}^{+\infty}\boldsymbol{B}_l\mathrm{D}^l\boldsymbol{f}(t)$ 收敛, 则方程 (4.25) 有特解

$$\boldsymbol{x}^*=\boldsymbol{A}^{-1}(\mathrm{D})\boldsymbol{f}(t)=\sum_{l=-\infty}^{+\infty}\boldsymbol{B}_l\mathrm{D}^l\boldsymbol{f}(t), \tag{4.26}$$

其中 $\mathrm{D}^l\boldsymbol{f}(t)=\boldsymbol{f}^{(l)}(t),\mathrm{D}^{-l}\boldsymbol{f}(t)=\int^{(l)}\boldsymbol{f}(t)\mathrm{d}t^l$, 在 $\mathrm{D}^{-1}\boldsymbol{f}(t)$ 中所含的独立任意常数的个数则由阶数 $\deg|\boldsymbol{A}(\mathrm{D})|$ 所决定.

证明　因为

$$
\begin{aligned}
\boldsymbol{A}(\mathrm{D})\boldsymbol{x}^*&=\boldsymbol{A}(\mathrm{D})\left[\sum_{l=-\infty}^{+\infty}\boldsymbol{B}_l\mathrm{D}^l\boldsymbol{f}(t)\right]=\boldsymbol{A}(\mathrm{D})\left[\sum_{l=-\infty}^{+\infty}\boldsymbol{B}_l\mathrm{D}^l\right]\boldsymbol{f}(t)\\
&=[\boldsymbol{A}(\mathrm{D})\boldsymbol{A}^{-1}(\mathrm{D})]\boldsymbol{f}(t)=\boldsymbol{f}(t),
\end{aligned}
$$

所以, 方程 (4.25) 有特解 (4.26).

引理 4.7 微分方程组 $\boldsymbol{A}(\mathrm{D})x = \mathrm{e}^{\lambda t}\boldsymbol{P}_m(t)$, 可以化为 $\boldsymbol{A}(\mathrm{D}+\lambda)y = \boldsymbol{P}_m(t)$ 求解.

证明 令 $x = \mathrm{e}^{\lambda t}y$, 根据算子多项式的运算法则, 有

$$\begin{aligned}\boldsymbol{A}(\mathrm{D})x =&\boldsymbol{A}(\mathrm{D})\mathrm{e}^{\lambda t}\boldsymbol{y} = \boldsymbol{A}(\mathrm{D})\mathrm{e}^{\lambda t}\boldsymbol{y}\\ =&\left[\sum_{k=1}^{n} a_{ik}(\mathrm{D})\mathrm{e}^{\lambda t}y_k\right]_{n\times 1} = \left[\sum_{k=1}^{n} \mathrm{e}^{\lambda t}a_{ik}(\mathrm{D}+\lambda)y_k\right]_{n\times 1}\\ =&\mathrm{e}^{\lambda t}\boldsymbol{A}(\mathrm{D}+\lambda)\boldsymbol{y},\end{aligned}$$

其中 $\boldsymbol{A}(\mathrm{D}) = (a_{ij}(\mathrm{D}))_{n\times n}, \boldsymbol{y} = (y_1, \cdots, y_n)^{\mathrm{T}}$.

因此, 方程 $\boldsymbol{A}(\mathrm{D})x = \mathrm{e}^{\lambda t}\boldsymbol{P}_m(t)$ 在变换 $x = \mathrm{e}^{\lambda t}\boldsymbol{y}$ 下可变为 $\mathrm{e}^{\lambda t}\boldsymbol{A}(\mathrm{D}+\lambda)\boldsymbol{y} = \mathrm{e}^{\lambda t}\boldsymbol{P}_m(t)$, 即 $\boldsymbol{A}(\mathrm{D}+\lambda)\boldsymbol{y} = \boldsymbol{P}_m(t)$ 求解.

定理 4.8 设 $\boldsymbol{A}(\mathrm{D})$ 非奇异, $|\boldsymbol{A}(\mathrm{D}+\lambda)|^{-1} = \sum\limits_{l=-N}^{+\infty} b_l\mathrm{D}^l$, 则常系数线性微分方程组

$$\boldsymbol{A}(\mathrm{D})\boldsymbol{x} = \mathrm{e}^{\lambda t}\boldsymbol{P}_m(t) \tag{4.27}$$

有特解公式

$$\boldsymbol{x}^* = \mathrm{e}^{\lambda t}\boldsymbol{A}^*(\mathrm{D}+\lambda)\sum_{l=-N}^{+\infty} b_l\mathrm{D}^l\boldsymbol{P}_m(t). \tag{4.28}$$

证明 据引理 4.6 及其证明过程知, 方程 (4.25) 的特解为

$$\begin{aligned}\boldsymbol{x}^* &= \mathrm{e}^{\lambda t}\boldsymbol{A}^{-1}(\mathrm{D}+\lambda)\boldsymbol{P}_m(t)\\ &= \mathrm{e}^{\lambda t}\boldsymbol{A}^*(\mathrm{D}+\lambda)|\boldsymbol{A}(\mathrm{D}+\lambda)|^{-1}\boldsymbol{P}_m(t),\end{aligned}$$

因为 $\boldsymbol{A}(\mathrm{D})$ 非奇异, 且 $|\boldsymbol{A}(\mathrm{D}+\lambda)|^{-1}\boldsymbol{P}_m(t) = \sum\limits_{l=-N}^{+\infty} b_l\mathrm{D}^l\boldsymbol{P}_m(t) = \sum\limits_{l=-N}^{m} b_l\mathrm{D}^l\boldsymbol{P}_m(t)$ 收敛. 所以, 根据引理 4.6, 式 (4.28) 是方程 (4.27) 的特解.

下面主要讨论一阶常系数线性微分方程组的逆算子的形式幂级数展开法. 考虑

$$(\boldsymbol{E}\mathrm{D} - \boldsymbol{A})\boldsymbol{x} = \mathrm{e}^{\lambda t}\boldsymbol{P}_m(t), \tag{4.29}$$

其中 $\boldsymbol{A}$ 是 n 阶矩阵, $\boldsymbol{x} = (x_1, \cdots, x_n)^{\mathrm{T}}, \boldsymbol{P}_m(t) = (P_{m_1}(t), \cdots, P_{m_n}(t))^{\mathrm{T}}, P_{m_i}(t)(i = 1, \cdots, n)$ 是 m_i 次多项式, $m = \max\{m_1, \cdots, m_n\}$.

引理 4.8 设矩阵 $\boldsymbol{A}$ 非奇异, 则逆算子 $(\boldsymbol{E}\mathrm{D} - \boldsymbol{A})^{-1}$ 有形式幂级数展开式

$$(\boldsymbol{E}\mathrm{D} - \boldsymbol{A})^{-1} = -\sum_{l=1}^{+\infty} \boldsymbol{A}^{-l}\mathrm{D}^{l-1} = -\boldsymbol{A}^{-1}(\boldsymbol{E} + \boldsymbol{A}^{-1}\mathrm{D} + \cdots + \boldsymbol{A}^{-l}\mathrm{D}^l + \cdots). \tag{4.30}$$

引理 4.9 逆算子 $(\boldsymbol{E}\mathrm{D}-\boldsymbol{A})^{-1}$ 有形式幂级数展开式

$$(\boldsymbol{E}\mathrm{D}-\boldsymbol{A})^{-1}=\sum_{l=1}^{+\infty}\boldsymbol{A}^{l-1}\mathrm{D}^{-l}=\mathrm{D}^{-1}(\boldsymbol{E}+\boldsymbol{A}\mathrm{D}^{-1}+\cdots+\boldsymbol{A}^{l}\mathrm{D}^{-l}+\cdots). \tag{4.31}$$

以上两引理明显, 故略去证明. 有以下定理.

定理 4.9 设 λ 不是矩阵 $\boldsymbol{A}$ 的特征根, 则线性微分方程组 (4.29) 有特解公式为

$$x^*=-\mathrm{e}^{\lambda t}(\boldsymbol{A}-\lambda\boldsymbol{E})^{-1}[\boldsymbol{P}_m(t)+(\boldsymbol{A}-\lambda\boldsymbol{E})^{-1}\boldsymbol{P}'_m(t)+\cdots+(\boldsymbol{A}-\lambda\boldsymbol{E})^{-m}\boldsymbol{P}_m^{(m)}(t)]. \tag{4.32}$$

证明 令 $\boldsymbol{x}=\mathrm{e}^{\lambda t}\boldsymbol{y}$, 则 (4.29) 可以化为 $[\boldsymbol{E}\mathrm{D}-(\boldsymbol{A}-\lambda\boldsymbol{E})]\boldsymbol{y}=\boldsymbol{P}_m(t)$, 其特解为

$$\boldsymbol{y}^*=[\boldsymbol{E}\mathrm{D}-(\boldsymbol{A}-\lambda\boldsymbol{E})]^{-1}\boldsymbol{P}_m(t),$$

因为 λ 不是 $\boldsymbol{A}$ 的特征根, 所以 $\boldsymbol{A}-\lambda\boldsymbol{E}$ 非奇异, 应用 (4.30), 并注意到 $\mathrm{D}^{l-1}\boldsymbol{P}_m(t)=0, l\geqslant m+2$, 故有 $-\sum_{l=1}^{\infty}(\boldsymbol{A}-\lambda\boldsymbol{E})^{-l}\mathrm{D}^{l-1}\boldsymbol{P}_m(t)=-\sum_{l=1}^{m+1}(\boldsymbol{A}-\lambda\boldsymbol{E})^{-l}\mathrm{D}^{l-1}\boldsymbol{P}_m(t)$ 收敛. 根据引理 4.6, 有

$$\boldsymbol{y}^*=[\boldsymbol{E}\mathrm{D}-(\boldsymbol{A}-\lambda\boldsymbol{E})]^{-1}\boldsymbol{P}_m(t)=-\sum_{l=1}^{m+1}(\boldsymbol{A}-\lambda\boldsymbol{E})^{-l}\mathrm{D}^{l-1}\boldsymbol{P}_m(t),$$

因此, 可以得到方程 (4.29) 有特解

$$\boldsymbol{x}^*=\mathrm{e}^{\lambda t}\boldsymbol{y}^*=-\mathrm{e}^{\lambda t}\sum_{l=1}^{m+1}(\boldsymbol{A}-\lambda\boldsymbol{E})^{-l}\mathrm{D}^{l-1}\boldsymbol{P}_m(t),$$

即 (4.23).

现考虑如下一阶常系数齐次与非齐次线性方程组:

$$(\boldsymbol{E}\mathrm{D}-\boldsymbol{A})\boldsymbol{x}=\boldsymbol{0}, \tag{4.33}$$

$$(\boldsymbol{E}\mathrm{D}-\boldsymbol{A})\boldsymbol{x}=\boldsymbol{f}(t). \tag{4.34}$$

有下述定理.

定理 4.10 方程 (4.33) 的通解为 $\boldsymbol{x}=\mathrm{e}^{\boldsymbol{A}t}\boldsymbol{C}$; 若级数 $\sum_{l=1}^{+\infty}\boldsymbol{A}^{l-1}\overset{(l)}{\int_0^t}\boldsymbol{f}(t)\mathrm{d}t^l$ 收敛, 则方程 (4.34) 有通解为

$$\boldsymbol{x}=\mathrm{e}^{\boldsymbol{A}t}C+\sum_{l=1}^{+\infty}A^{l-1}\overset{(l)}{\int_0^t}\boldsymbol{f}(t)\mathrm{d}t^l, \tag{4.35}$$

其中记号 $\overset{(l)}{\int_0^l}\cdot \mathrm{d}t^l$ 表示 l 重定积分, 即 $\overset{(l)}{\int_0^t}\cdot \mathrm{d}t^l = \overbrace{\int_0^t\int_0^t\cdots\int_0^t}^{l\,个}\cdot \mathrm{d}t^l$.

证明 方程 (4.33) 的通解可写成 $\boldsymbol{x}=(\boldsymbol{E}\mathrm{D}-\boldsymbol{A})^{-1}\cdot\mathbf{0}$, 当用逆算子 (4.31) 展开式的右端去作用于 $\mathbf{0}$ 时, 我们有

$$\begin{aligned}
&\mathrm{D}^{-1}\cdot\mathbf{0}=\int\mathbf{0}\mathrm{d}t=\boldsymbol{C}(\text{常向量}),\\
&\mathrm{D}^{-2}\cdot\mathbf{0}=\mathrm{D}^{-1}(\mathrm{D}^{-1}\cdot\mathbf{0})=\int\boldsymbol{C}\mathrm{d}t=\boldsymbol{C}t,\\
&\mathrm{D}^{-3}\cdot\mathbf{0}=\mathrm{D}^{-1}(\mathrm{D}^{-2}\cdot\mathbf{0})=\int\boldsymbol{C}t\mathrm{d}t=\frac{1}{2!}\boldsymbol{C}t^2,\\
&\cdots\cdots\\
&\mathrm{D}^{-l}\cdot\mathbf{0}=\int\mathrm{D}^{-l+1}\cdot\mathbf{0}\mathrm{d}t,
\end{aligned}$$

用数学归纳法易证 $\mathrm{D}^{-1}\cdot\mathbf{0}=\dfrac{1}{(l-1)!}\boldsymbol{C}t^{l-1}$. 于是, 有

$$\begin{aligned}
\sum_{l=1}^{+\infty}\boldsymbol{A}^{l-1}\mathrm{D}^{-l}\cdot\mathbf{0}&=\sum_{l=1}^{+\infty}\frac{1}{(l-1)!}\boldsymbol{A}^{l-1}t^{l-1}\boldsymbol{C}\\
&=\boldsymbol{E}\boldsymbol{C}+\boldsymbol{A}t\boldsymbol{C}+\frac{1}{2!}\boldsymbol{A}^2t^2\boldsymbol{C}+\cdots+\frac{1}{(l-1)!}\boldsymbol{A}^{l-1}t^{l-1}\boldsymbol{C}+\cdots\\
&=\mathrm{e}^{\boldsymbol{A}t}\boldsymbol{C}
\end{aligned}$$

收敛. 所以, 根据引理 4.6, 方程 (4.33) 有通解 $\boldsymbol{x}=(\boldsymbol{E}\mathrm{D}-\boldsymbol{A})^{-1}\cdot\mathbf{0}=\mathrm{e}^{\boldsymbol{A}t}\boldsymbol{C}$.

类似可以证明: $\boldsymbol{x}^*=\sum\limits_{l=1}^{+\infty}\boldsymbol{A}^{l-1}\overset{(l)}{\int_0^t}\boldsymbol{f}(t)\mathrm{d}t^l$ 是方程 (4.34) 的特解, 再根据解的结构定理, 得 (4.35) 是 (4.34) 的通解,

例 4.6 求下列微分方程组的特解:

$$\begin{cases}\dot{x}_1=2x_1-2x_2-x_3-3t-1,\\ \dot{x}_2=3x_1-2x_2-3x_3-t^2+2t-4,\\ \dot{x}_3=-x_1+x_2+2x_3+t^2-5t+3.\end{cases}\tag{4.36}$$

解 利用定理 4.9 的公式 (4.32) 来求特解. 由于

$$\boldsymbol{A}=\begin{bmatrix}2&-2&-1\\3&-2&-3\\-1&1&2\end{bmatrix},\quad \boldsymbol{A}^{-1}=\begin{bmatrix}-\frac{1}{3}&1&\frac{4}{3}\\-1&1&1\\\frac{1}{3}&0&\frac{2}{3}\end{bmatrix},\quad \boldsymbol{P}_2(t)=\begin{bmatrix}-3t-1\\-t^2+2t-4\\t^2-5t+3\end{bmatrix},$$

故代入公式后, 有 (4.36) 的特解

$$\begin{aligned}\boldsymbol{x}^* &= -\boldsymbol{A}^{-1}[\boldsymbol{P}_2(t)+\boldsymbol{A}^{-1}\boldsymbol{P}_2'(t)+\boldsymbol{A}^{-2}\boldsymbol{P}_2''(t)]\\ &= \left(-\frac{1}{3}t^2+\frac{19}{9}t+\frac{70}{27},-\frac{2}{3}t+\frac{4}{9},-\frac{2}{3}t^2+\frac{29}{9}t+\frac{32}{27}\right)^{\mathrm{T}}.\end{aligned}$$

4.4.3 变系数线性微分方程的逆算子的形式幂级数展开法

变系数线性微分方程组也可以用逆算子的形式幂级数展开法来求解. 这里只介绍我们得到的几个简单结果. 先引入有关的定义和记号如下:

(1) 微分算子 D^n 与积分算子 D^{-n}.

$$\begin{aligned}&\mathrm{D}^n\cdot=\frac{\mathrm{d}^n\cdot}{\mathrm{d}x^n},\\ &\mathrm{D}^{-n}\cdot=\int_{x_0}^{x}\cdots\int_{x_0}^{x}\cdot\,\mathrm{d}x\cdots\mathrm{d}x\triangleq\left(\int_{x_0}^{x}\right)^n\cdot\mathrm{d}x^n,\end{aligned}\tag{4.37}$$

或

$$\mathrm{D}^{-n}\cdot=\int\cdots\int\cdot\mathrm{d}x\cdots\mathrm{d}x\triangleq\left(\int\right)^n\cdot\mathrm{d}x^n.$$

(2) 变形积分算子 $\mathrm{D}^{-n}p(x),(\mathrm{D}^{-n}p(x))^k$.

$$(\mathrm{D}^{-n}p(x))\cdot=\left(\int_{x_0}^{x}\right)^n p(x)\cdot\mathrm{d}x^n,$$

$$\begin{aligned}(\mathrm{D}^{-n}p(x))^k\cdot&=\overbrace{(\mathrm{D}^{-n}p(x))\cdots(\mathrm{D}^{-n}p(x))}^{k}\cdot\\ &=\left(\int_{x_0}^{x}\right)^n p(x)\cdots\left(\int_{x_0}^{x}\right)^n p(x)\cdot\mathrm{d}x^{nk}\\ &\triangleq\left[\left(\int_{x_0}^{x}\right)^n p(x)\right]^k\cdot\mathrm{d}x^{nk}.\end{aligned}\tag{4.38}$$

需要注意的是, 在通常情况下, $(\mathrm{D}^{-n}p(x))^k\neq\mathrm{D}^{-nk}p^k(x)$, 除非 $p(x)$ 为常数.

首先考虑一阶线性齐次与非齐次微分方程

$$y'+p(x)y=0\quad 或[\mathrm{D}+p(x)]\,y=0,\tag{4.39}$$

$$y'+p(x)y=f(x)\quad 或[\mathrm{D}+p(x)]\,y=f(x).\tag{4.40}$$

利用逆算子的形式幂级数展开法, 可得到关于 (4.39) 和 (4.40) 的熟知的解公式.

定理 4.11 设 $p(x)$ 可积, 则方程 (4.39) 可积, 且有通解公式

$$y = C\mathrm{e}^{-\int p(x)\mathrm{d}x}. \tag{4.41}$$

证明 由于一阶线性微分算子

$$\mathrm{D}+p(x)=\mathrm{D}(1+\mathrm{D}^{-1}p(x)) \Rightarrow (\mathrm{D}+p(x))^{-1}=(1+\mathrm{D}^{-1}p(x))^{-1}\mathrm{D}^{-1},$$

故有逆算子 $(\mathrm{D}+p(x))^{-1}$ 可展开成如下形式幂级数:

$$(\mathrm{D}+p(x))^{-1}=\sum_{i=0}^{\infty}(-1)^i(\mathrm{D}^{-1}p(x))^i\mathrm{D}^{-1},$$

其中约定 $(\mathrm{D}^{-1}p(x))^0=1$, 于是, 方程 (4.39) 的通解可表示为

$$\begin{aligned} y(x) =&[\mathrm{D}+p(x)]^{-1}\cdot 0=\sum_{i=0}^{\infty}(-1)^i(\mathrm{D}^{-1}p(x))^i(\mathrm{D}^{-1}\cdot 0)\\ =&\sum_{i=0}^{\infty}(-1)^i(\mathrm{D}^{-1}p(x))^iC \quad \left(因为\mathrm{D}^{-1}\cdot 0=\int 0\mathrm{d}x=C\right)\\ =&\sum_{i=0}^{\infty}(-1)^i\left(\int_{x_0}^{x}p(x)\right)^i\mathrm{d}x^iC. \end{aligned}$$

由数学归纳法易证明

$$\left(\int_{x_0}^{x}p(x)\right)^i\mathrm{d}x^i=\frac{1}{i!}\left(\int_{x_0}^{x}p(x)\mathrm{d}x\right)^i. \tag{4.42}$$

事实上, 当 $i=0$ 时, (4.42) 明显成立;
假设 $i=k$ 时有 (4.42) 成立, 即有

$$\left(\int_{x_0}^{x}p(x)\right)^k\mathrm{d}x^k=\frac{1}{k!}\left(\int_{x_0}^{x}p(x)\mathrm{d}x\right)^k,$$

则 $i=k+1$ 时, 有

$$\begin{aligned} \left(\int_{x_0}^{x}p(x)\right)^{k+1}\mathrm{d}x^{k+1}&=\int_{x_0}^{x}p(x)\left[\left(\int_{x_0}^{x}p(x)\right)^k\mathrm{d}x^k\right]\mathrm{d}x\\ &=\int_{x_0}^{x}\frac{1}{k!}\left(\int_{x_0}^{x}p(x)\mathrm{d}x\right)^k\mathrm{d}\int_{x_0}^{x}p(x)\mathrm{d}x\\ &=\frac{1}{(k+1)!}\left(\int_{x_0}^{x}p(x)\mathrm{d}x\right)^{k+1}. \end{aligned}$$

所以 (4.42) 对于 $i=k+1$ 仍成立.

根据数学归纳法原理, 有 (4.42) 成立.

因此, 方程 (4.39) 有通解公式为

$$y=\sum_{i=0}^{\infty}(-1)^i\frac{1}{i!}\left(\int_{x_0}^{x}p(x)\mathrm{d}x\right)^i C=C\mathrm{e}^{-\int p(x)\mathrm{d}x},$$

亦即方程 (4.39) 是可积的.

类似可以证明

定理 4.12 设 $p(x),f(x)$ 可积, 则方程 (4.40) 可积, 且有通解公式

$$y=\mathrm{e}^{-\int_{x_0}^{x}p(x)\mathrm{d}x}\left(c+\int_{x_0}^{x}f(x)\mathrm{e}^{\int_{x_0}^{x}p(x)\mathrm{d}x}\mathrm{d}x\right),\quad \forall x\in\Delta_h=(x_0-h,x_0+h). \tag{4.43}$$

证明 与定理 4.11 的证明相仿, 有方程 (4.40) 的通解为

$$\begin{aligned}
y&=(\mathrm{D}+p(x))^{-1}f(x)\\
&=\sum_{i=0}^{\infty}(-1)^i(\mathrm{D}^{-1}P(x))^i\mathrm{D}^{-1}f(x)\\
&=C\mathrm{e}^{-\int_{x_0}^{x}p(x)\mathrm{d}x}+\sum_{i=0}^{\infty}(-1)^i\left[\int_{x_0}^{x}p(x)\right]^i\left[\int_{x_0}^{x}f(x)\mathrm{d}x\right]\mathrm{d}x^i.
\end{aligned} \tag{4.44}$$

对于 (4.44) 的第二项中的 $\mathrm{e}^{-\int_{x_0}^{x}p(x)\mathrm{d}x}\displaystyle\int_{x_0}^{x}\mathrm{e}^{\int_{x_0}^{x}p(x)\mathrm{d}x}f(x)\mathrm{d}x$ 反复应用分部积分法可得 (4.44) 的第二项, 故式 (4.43) 与 (4.44) 形式相同.

余下的问题是需要证明 (4.43) 右端的第二项在 Δ_h 上是收敛的.

事实上, 因为 $p(x),f(x)$ 可积, 所以它们在 Δ_h 上有界, 记

$$M_p=\sup_{x\in\Delta_h}|p(x)|,\quad M_f=\sup_{x\in\Delta_h}|f(x)|,$$

反复利用积分不等式 $\left|\displaystyle\int_{x_0}^{x}\cdot\mathrm{d}x\right|\leqslant\left|\displaystyle\int_{x_0}^{x}|\cdot|\mathrm{d}x\right|$, 有

$$\left|(-1)^i\left(\int_{x_0}^{x}p(x)\right)^i\left(\int_{x_0}^{x}f(x)\mathrm{d}x\right)\mathrm{d}x^i\right|\leqslant M_pM_F\frac{1}{(i+1)!}h^{i+1}, \tag{4.45}$$

这是因为

$$\begin{aligned}
\left|(-1)^i\left(\int_{x_0}^{x}p(x)\right)^i\left(\int_{x_0}^{x}f(x)\mathrm{d}x\right)\mathrm{d}x^i\right|&\leqslant\left(\int_{x_0}^{x}|p(x)|\right)^i\int_{x_0}^{x}|f(x)|\mathrm{d}x^{i+1}\\
&\leqslant M_pM_f\left|\left(\int_{x_0}^{x}\right)^{i+1}\mathrm{d}x^{i+1}\right|
\end{aligned}$$

$$=M_pM_f\frac{1}{(i+1)!}|x-x_0|^{i+1}\leqslant\frac{M_pM_f}{(i+1)!}h^{i+1}.$$

由于级数$\sum\limits_{i=0}^{\infty}\frac{M_pM_f}{(i+1)!}h^{i+1}=M_pM_f(\mathrm{e}^h-1)$, 故由魏尔斯特拉斯判别法知, (4.43) 右端的第二项在 Δ_h 上是收敛的.

其次, 考虑二阶线性微分方程

$$L_2(x,\mathrm{D})y=[\mathrm{D}^2+p_1(x)\mathrm{D}+p_2(x)]y=0, \tag{4.46}$$

$$L_2(x,\mathrm{D})y=[\mathrm{D}^2+p_1(x)\mathrm{D}+p_2(x)]y=f(x). \tag{4.47}$$

定理 4.13 设 $p_1(x),p_2(x)$ 可积, 则方程 (4.46) 有通解

$$y=\sum_{i=0}^{\infty}(-1)^i\left[\int_{x_0}^{x}\mathrm{e}^{-\int_{x_0}^{x}p_1(x)\mathrm{d}x}\int_{x_0}^{x}\mathrm{e}^{\int_{x_0}^{x}p_1(x)\mathrm{d}x}p_2(x)\right]^i y_0\mathrm{d}x^{2i}, \tag{4.48}$$

其中 $\forall x\in\Delta_h, y_0=C_1\int_{x_0}^{x}\mathrm{e}^{-\int_{x_0}^{x}p_1(x)\mathrm{d}x}\mathrm{d}x+C_2$; 还有解的导函数为

$$\begin{aligned}y'=&\mathrm{e}^{-\int_{x_0}^{x}p_1(x)\mathrm{d}x}\Bigg[C_1+\sum_{i=0}^{\infty}\int_{x_0}^{x}\mathrm{e}^{\int_{x_0}^{x}p_1(x)\mathrm{d}x}p_2(x)\\&\times\left[\int_{x_0}^{x}\mathrm{e}^{-\int_{x_0}^{x}p_1(x)\mathrm{d}x}\int_{x_0}^{x}\mathrm{e}^{\int_{x_0}^{x}p_1(x)\mathrm{d}x}p_2(x)\right]^{i-1}y_0\mathrm{d}x^{2i-1}\Bigg].\end{aligned} \tag{4.49}$$

定理 4.14 设 $p_1(x),p_2(x),f(x)$ 可积, 则 (4.47) 有通解

$$y=\sum_{i=0}^{\infty}(-1)^i\left[\int_{x_0}^{x}\mathrm{e}^{-\int_{x_0}^{x}p_1(x)\mathrm{d}x}\int_{x_0}^{x}\mathrm{e}^{\int_{x_0}^{x}p_1(x)\mathrm{d}x}p_2(x)\right]^i y_f\mathrm{d}x^{2i}, \tag{4.50}$$

其中 $\forall x\in\Delta_h, y_f=y_0+\int_{x_0}^{x}\mathrm{e}^{\int_{x_0}^{x}p_1(x)\mathrm{d}x}\int_{x_0}^{x}\mathrm{e}^{\int_{x_0}^{x}p_1(x)\mathrm{d}x}p_2(x)y_f\mathrm{d}x^2$($y_0$ 同定理 4.13).

证明略.

方程 (4.46) 还可以经过变换 $y=\mathrm{e}^{-\frac{1}{2}\int p_1(x)\mathrm{d}x}u$ 化为

$$[\mathrm{D}^2+Q(x)]u=0, \tag{4.51}$$

其中 $Q(x)=-\frac{1}{4}p_1^2(x)-\frac{1}{2}p_1'(x)+p_2(x)$. 有以下定理.

定理 4.15 设 $Q(x)$ 可积, 则 (4.51) 有通解公式

$$u=\sum_{i=0}^{\infty}(-1)^i\left[\left(\int_{x_0}^{x}\right)^2Q(x)\right]^i(c_1x+c_2)\mathrm{d}x^{2i},\quad \forall x\in\Delta_h. \tag{4.52}$$

证明　因为 $\mathrm{D}^2+Q(x)=\mathrm{D}^2(1+\mathrm{D}^{-2}Q(x))$, 所以, 有逆算子的形式幂级数展开式为

$$[\mathrm{D}^2+Q(x)]^{-1}=\sum_{i=0}^{\infty}(-1)^i[\mathrm{D}^{-2}Q(x)]^i\mathrm{D}^{-2}.$$

于是, 二阶方程 (4.51) 有通解

$$\begin{aligned}u=&[\mathrm{D}^2+Q(x)]^{-1}\cdot 0=\sum_{i=0}^{\infty}(-1)^i[\mathrm{D}^{-2}Q(x)]^i\mathrm{D}^{-2}\cdot 0\\=&\sum_{i=0}^{\infty}(-1)^i[\mathrm{D}^{-2}Q(x)]^i(c_1x+c_2)\\=&\sum_{i=0}^{\infty}(-1)^i\left[\left(\int_{x_0}^{x}\right)^2Q(x)\right]^i(c_1x+c_2)\mathrm{d}x^{2i},\end{aligned}$$

这就是 (4.52). 易证上式右端在 Δ_h 上一致收敛, 故 (4.52) 确实是方程 (4.51) 的通解.

关于变系数线性微分方程组的逆算子的形式幂级数展开法, 有兴趣的读者可参见文献 (化存才, 2007).

例 4.7　设 $\alpha\pm\mathrm{i}\beta$ 是特征方程 $r^2+pr+q=0$ 的根, 试证明二阶常系数线性微分方程 $y''+py'+qy=0$ 有通解公式 $y=\mathrm{e}^{\alpha x}(c_1\sin\beta x+c_2\cos\beta x)$.

证明　由条件得 $r^2+pr+q=(r-\alpha)^2+\beta^2$, 故有 $\mathrm{D}^2+p\mathrm{D}+q=(\mathrm{D}-\alpha)^2+\beta^2$.

令 $y=\mathrm{e}^{\alpha x}u$, 则方程 $(\mathrm{D}^2+p\mathrm{D}+q)y=0$ 化为

$$(\mathrm{D}^2+\beta^2)u=0.$$

利用 (4.52), 并取 $x_0=0$, 可以得到原方程的通解为

$$\begin{aligned}y=&\,\mathrm{e}^{\alpha x}u=\mathrm{e}^{\alpha x}(\mathrm{D}^2+\beta^2)^{-1}\cdot 0\\=&\,\mathrm{e}^{\alpha x}\sum_{i=0}^{\infty}(-1)^i\left(\int_0^x\right)^{2i}(\tilde{c}_1x+\tilde{c}_2)\mathrm{d}x^{2i}\\=&\,\mathrm{e}^{\alpha x}\sum_{i=0}^{\infty}(-1)^i\beta^{2i}\left[\tilde{c}_1\frac{x^{2i+1}}{(2i+1)!}+\tilde{c}_2\frac{x^{2i}}{(2i)!}\right]\\=&\,\mathrm{e}^{\alpha x}\left[c_1\sum_{i=0}^{\infty}(-1)^i\frac{(\beta x)^{2i+1}}{(2i+1)!}+c_2\sum_{i=0}^{\infty}(-1)^i\frac{(\beta x)^{2i}}{(2i)!}\right]\\=&\,\mathrm{e}^{\alpha x}(c_1\sin\beta x+c_2\cos\beta x),\end{aligned}$$

其中 $c_1=\beta^{-1}\tilde{c}_1, c_2=\tilde{c}_2$.

例 4.8 求艾里 (Airy) 方程 $y''-xy=0$ 在 $x_0=0$ 附近通解的近似表达式.

解 利用 (4.52) 来求解. 取 $x_0=0$, 有通解的近似表达式

$$\begin{aligned} y=&\sum_{i=0}^{\infty}\left(\int_0^x\int_0^x x\right)^i(c_1+c_2x)\mathrm{d}x^{2i}\\ &\approx c_1\left(1+\frac{1}{6}x^3\right)+c_2x\left(1+\frac{1}{12}x^3\right). \end{aligned}$$

还可以通过计算得知这里的近似解满足方程的误差达到 $y''-xy=o(x^4)$.

4.5 算子方法的一个综合应用 —— 待定系数法

前面所讲的内容已涉及了求常系数非齐次线性微分方程组特解的待定系数法, 它不失为常用方法, 但是推导过程却很繁杂, 在求解时还常常会出现问题. 本节将基于算子方法来推导常系数非齐次线性微分方程 (组) 的待定系数法, 然后再进一步给出用待定系数法求特解的充要条件和公式.

先讨论用算子方法来推导待定系数法.

以 $L(\mathrm{D})=\mathrm{D}^n+a_1\mathrm{D}^{n-1}+\cdots+a_{n-1}\mathrm{D}+a_n$ 表示算子 $\mathrm{D}=\dfrac{\mathrm{d}}{\mathrm{d}t}$ 的多项式, $P_m(t)$ 表示 m 次多项式, $L(r)=r^n+a_1r^{n-1}+\cdots+a_{n-1}r+a_n=0$ 表示特征方程.

引理 4.10 n 阶常系数非齐次线性微分方程

$$L(\mathrm{D})x=\mathrm{e}^{\lambda t}P_m(t) \tag{4.53}$$

的特解是下列齐次线性微分方程:

$$(\mathrm{D}-\lambda)^{m+1}L(\mathrm{D})x=0 \tag{4.54}$$

的解.

证明 设 $x=\varphi(t)$ 是方程 (4.53) 的解, 则有 $L(\mathrm{D})\varphi(t)\equiv\mathrm{e}^{\lambda t}P_m(t)$, 又由 4.3 节知, $\mathrm{e}^{\lambda t}P_m(t)$ 是齐次微分方程 $(\mathrm{D}-\lambda)^{m+1}y=0$ 的特解, 故有

$$(\mathrm{D}-\lambda)^{m+1}L(\mathrm{D})x=(\mathrm{D}-\lambda)^{m+1}\mathrm{e}^{\lambda t}P_m(t)\equiv 0,$$

亦即 $x=\varphi(t)$ 满足方程 (4.54). 这就表明, 非齐次线性微分方程 (4.53) 的解是齐次线性微分方程 (4.54) 的解.

定理 4.16 设 λ 是特征方程 $L(r)=0$ 的 k 重根 $(k\geqslant 1)$, 则 n 阶常系数非齐次线性微分方程 (4.53) 有形如 $x^*=t^k\mathrm{e}^{\lambda t}Q_m(t)$ 的特解, 其中 $Q_m(t)$ 表示 m 次多项式.

证明　由所给的条件知, $L(r)=(r-\lambda)^k L_1(r)$, 且 λ 不再是 $L_1(r)$ 的根, 故有算子分解式 $L(\mathrm{D})=(\mathrm{D}-\lambda)^k L_1(\mathrm{D})$. 根据引理 4.10, 非齐次方程 (4.53) 的特解是方程 (4.54) 的解; 而方程 (4.54) 现在变成 $(\mathrm{D}-\lambda)^{m+k+1}L_1(\mathrm{D})x=0$, 它有通解为

$$
\begin{aligned}
x=&\mathrm{e}^{\lambda t}\sum_{i=1}^{m+k+1}c_i t^{i-1}+\tilde{x}(t)\\
=&\left[\mathrm{e}^{\lambda t}\sum_{i=1}^{k}c_i t^{i-1}+\tilde{x}(t)\right]+\mathrm{e}^{\lambda t}\sum_{i=k+1}^{m+k+1}c_i t^{i-1}\\
=&\bar{x}(t)+x^*(t),
\end{aligned}
\tag{4.55}
$$

其中 $\tilde{x}(t)$ 是齐次方程 $L_1(\mathrm{D})x=0$ 的通解, $\bar{x}(t)=\mathrm{e}^{\lambda t}\sum\limits_{i=1}^{k}c_i t^{i-1}+\tilde{x}(t)$ 恰好就是齐次方程 $L(\mathrm{D})x=0$ 的通解, $x^*(t)=\mathrm{e}^{\lambda t}\sum\limits_{i=k+1}^{m+k+1}c_i t^{i-1}$. 因此, 将通解 (4.55) 代入方程 (4.53) 去求出 (4.53) 的特解, 实际上就是求 (4.53) 的形如 $x^*(t)=\mathrm{e}^{\lambda t}\sum\limits_{i=k+1}^{m+k+1}c_i t^{i-1}=t^k\mathrm{e}^{\lambda t}Q_m(t)$ 的特解.

下面考虑线性微分方程组的情形.

设 $\boldsymbol{A}$ 是 n 阶常系数矩阵, $\boldsymbol{x}=(x_1(t),\cdots,x_n(t))^{\mathrm{T}}$, $\boldsymbol{P}_m(t)=(P_{m_1}(t),\cdots,P_{m_n}(t))^{\mathrm{T}}$, 其中 $P_{m_i}(t)$ 为 m_i 次多项式, $m=\max\{m_1,\cdots,m_n\}$.

引理 4.11(Hamilton-Cayley)　记 $L_{\boldsymbol{A}}(r)=|r\boldsymbol{E}-\boldsymbol{A}|$ 为 $\boldsymbol{A}$ 的特征多项式, 则有 $L_{\boldsymbol{A}}(\boldsymbol{A})=0$.

引理 4.12　一阶常系数非齐次线性微分方程组

$$
\dot{\boldsymbol{x}}=\boldsymbol{A}\boldsymbol{x}+\mathrm{e}^{\lambda t}\boldsymbol{P}_m(t),\quad \text{或}\quad (\boldsymbol{E}\mathrm{D}-\boldsymbol{A})\boldsymbol{x}=\mathrm{e}^{\lambda t}\boldsymbol{P}_m(t)
\tag{4.56}
$$

的解是下列齐次线性微分方程组:

$$
(\mathrm{D}-\lambda)^{m+1}|\boldsymbol{E}\mathrm{D}-\boldsymbol{A}|x=\boldsymbol{0}
\tag{4.57}
$$

的解.

证明　记 $L_{\boldsymbol{A}}(r)=|r\boldsymbol{E}-\boldsymbol{A}|$ 为 $\boldsymbol{A}$ 的特征多项式, 则由引理 4.11 知, 有 $L_{\boldsymbol{A}}(\boldsymbol{A})=0$, 从而有 $L_{\boldsymbol{A}}(\mathrm{D})\boldsymbol{E}=|\boldsymbol{E}\mathrm{D}-\boldsymbol{A}|\boldsymbol{E}=B(\mathrm{D})(\boldsymbol{E}\mathrm{D}-\boldsymbol{A})$, 其中 $B(\mathrm{D})$ 为算子多项式矩阵.

现设 $\boldsymbol{x}=\boldsymbol{\psi}(t)$ 是方程 (4.56) 的解, 则有 $(\boldsymbol{E}\mathrm{D}-\boldsymbol{A})\boldsymbol{\psi}(t)=\mathrm{e}^{\lambda t}\boldsymbol{P}_m(t)$, 于是有

$$\begin{aligned}(\mathrm{D}-\lambda)^{m+1}|\boldsymbol{E}\mathrm{D}-\boldsymbol{A}|\boldsymbol{E}\boldsymbol{\psi}(t)&=(\mathrm{D}-\lambda)^{m+1}B(\mathrm{D})(\boldsymbol{E}\mathrm{D}-\boldsymbol{A})\boldsymbol{\psi}(t)\\&=(\mathrm{D}-\lambda)^{m+1}B(\mathrm{D})\mathrm{e}^{\lambda t}\boldsymbol{P}_m(t)\\&=B(\mathrm{D})(\mathrm{D}-\lambda)^{m+1}\mathrm{e}^{\lambda t}\boldsymbol{P}_m(t)\\&=B(\mathrm{D})\cdot\boldsymbol{0}\\&\equiv\boldsymbol{0},\end{aligned}$$

亦即 $\boldsymbol{x}=\boldsymbol{\psi}(t)$ 满足方程 (4.57). 这说明, 非齐次线性微分方程组 (4.56) 的解是齐次线性微分方程组 (4.57) 的解.

定理 4.17 设 λ 是 $\boldsymbol{A}$ 的 k 重特征根 ($k\geqslant 1$), 则非齐次线性微分方程组 (4.56) 具有形如 $\boldsymbol{x}^*(t)=\mathrm{e}^{\lambda t}\boldsymbol{Q}_{m+k}(t)$ 的特解, 其中 $\boldsymbol{Q}_{m+k}(t)=(Q_{m+k}^{(1)}(t),\cdots,Q_{m+k}^{(n)}(t))^{\mathrm{T}}$.

证明 由条件知, $L_{\boldsymbol{A}}(r)=(r-\lambda)^k L_2(r)$, 且 λ 不再是 $L_2(r)$ 的根, 故有算子分解式 $L_{\boldsymbol{A}}(\mathrm{D})=(\mathrm{D}-\lambda)^k L_2(\mathrm{D})$. 根据引理 4.12, 非齐次方程 (4.56) 的特解是方程 (4.57) 的解, 而方程 (4.57) 现在是 $(\mathrm{D}-\lambda)^{m+k+1}L_2(\mathrm{D})x=\boldsymbol{0}$, 它相当于 n 个齐次微分方程

$$(\mathrm{D}-\lambda)^{m+k+1}L_2(\mathrm{D})\boldsymbol{x}_j=\boldsymbol{0},\quad j=1,\cdots,n,$$

它们分别有通解

$$\boldsymbol{x}_j=\mathrm{e}^{\lambda t}\sum_{i=1}^{m+k+1}c_{ij}t^{i-1}+\tilde{\boldsymbol{x}}(t)=\mathrm{e}^{\lambda t}\boldsymbol{Q}_{m+k}^{(j)}(t)+\tilde{\boldsymbol{x}}(t),\tag{4.58}$$

其中 $\tilde{\boldsymbol{x}}(t)$ 是齐次方程 $L_2(\mathrm{D})\boldsymbol{x}_j=\boldsymbol{0}$ 的通解. 因此将通解 (4.58) 代入方程 (4.56) 去求出 (4.56) 的特解, 实际上就是求 (4.57) 的形如 $\boldsymbol{x}^*(t)=\mathrm{e}^{\lambda t}\boldsymbol{Q}_{m+k}(t)$ 的特解.

引理 4.13 一阶常系数非齐次线性微分方程组 (4.56) 的解是下列齐次线性微分方程组:

$$(\mathrm{D}-\lambda)^{m+l+1}(\boldsymbol{E}\mathrm{D}-\boldsymbol{A})\boldsymbol{x}=\boldsymbol{0},\quad l\geqslant 0\tag{4.59}$$

的解.

定理 4.18 设 λ 是 $\boldsymbol{A}$ 的 k 重特征根 ($k\geqslant 1$), 则非齐次线性微分方程组 (4.56) 具有形如 $x^*(t)=\mathrm{e}^{\lambda t}\boldsymbol{Q}_{m+l}(t)$ 的特解, 其中 $\boldsymbol{Q}_{m+l}(t)=(Q_{m+l}^{(1)}(t),\cdots,Q_{m+l}^{(n)}(t))^{\mathrm{T}}$, 其中 $0\leqslant l\leqslant k$ 可与 λ 的重数无关.

事实上, 定理 4. 18 表明, 微分方程组的特解形式与单个的微分方程有区别, 即方程组 (4.56) 的特解形式可与 $\boldsymbol{A}$ 的特征根的重数无关.

下面, 作为定理 4.18 的结果的具体应用, 我们将进一步讨论线性微分方程组 (4.56) 的待定系数法, 并给出微分方程组 (4.56) 存在特解的充要条件和公式.

有如下的一些结果.

定理 4.19　设 λ 是 $\boldsymbol{A}$ 的特征根, $\boldsymbol{P}_m(t)=\sum\limits_{l=1}^{m+1}\boldsymbol{\Gamma}_l t^{l-1}$, 则非齐次线性微分方程组 (4.56) 具有形如 $\boldsymbol{x}^*=\mathrm{e}^{\lambda t}\boldsymbol{Q}_{m+k}(t)$ 的特解的充要条件是线性代数方程组

$$\begin{cases}(\boldsymbol{A}-\lambda\boldsymbol{E})\boldsymbol{\delta}_{m+k+1}=0, & k\geqslant 2, & (4.60\text{a})\\ (\boldsymbol{A}-\lambda\boldsymbol{E})\boldsymbol{\delta}_l=l\boldsymbol{\delta}_{l+1}, & m+2\leqslant l\leqslant m+k, & (4.60\text{b})\\ (\boldsymbol{A}-\lambda\boldsymbol{E})\boldsymbol{\delta}_l=l\boldsymbol{\delta}_{l+1}-\boldsymbol{\Gamma}_l, & 1\leqslant l\leqslant m+1 & (4.60\text{c})\end{cases}$$

有解, 进一步, 特解为

$$\boldsymbol{x}^*=\mathrm{e}^{\lambda t}\sum_{l=1}^{m+k+1}\boldsymbol{\delta}_l t^{l-1}. \tag{4.61}$$

当取 $k=1$ 时, 无 (4.60b); 当取 $k=0$ 时, 线性方程组 (4.60a)~(4.60c) 变为

$$(\boldsymbol{A}-\lambda\boldsymbol{E})\boldsymbol{\delta}_{m+1}=-\boldsymbol{\Gamma}_{m+1},\quad (\boldsymbol{A}+\lambda\boldsymbol{E})\boldsymbol{\delta}_t=l\boldsymbol{\delta}_{l+1}-\boldsymbol{\Gamma}_l,\quad 1\leqslant l\leqslant m. \tag{4.62}$$

证明　仅证 $k\geqslant 2$ 时的结论, 其余的同理可证.

由定理 4.18, 方程组 (4.56) 有形如 $\boldsymbol{x}^*=\mathrm{e}^{\lambda t}\boldsymbol{Q}_{m+k}(t)$ 的特解, 将其写成形式

$$\boldsymbol{x}^*=\mathrm{e}^{\lambda t}\sum_{l=1}^{m+k+1}\boldsymbol{\delta}_l t^{l-1},$$

代入 (4.56), 经计算, 整理后得到

$$\sum_{l=1}^{m+k}[l\boldsymbol{\delta}_{l+1}+(\lambda\boldsymbol{E}-\boldsymbol{A})\boldsymbol{\delta}_l]t^{l-1}+(\lambda\boldsymbol{E}-\boldsymbol{A})\boldsymbol{\delta}_{m+k+1}t^{m+k}=\sum_{l=1}^{m+1}\boldsymbol{\Gamma}_l t^{l-1},$$

比较系数便得线性代数方程组 (4.60a)~(4.60c)($k\geqslant 2$), 因此, (4.56) 有形如 (4.61) 的特解的充要条件是 (4.60) 有解 $\boldsymbol{\delta}_l$, 代入 (4.61) 后, 就得到 (4.56) 的特解 $\boldsymbol{x}^*(t)$.

定理 4.20　设 λ 是 $\boldsymbol{A}$ 的特征根, 则与 (4.56) 相应的齐次线性微分方程组 $(\boldsymbol{E}\mathrm{D}-\boldsymbol{A})\boldsymbol{x}=\boldsymbol{0}$ 有形如 (4.61) 之特解的充要条件是如下线性代数方程组有解:

$$\begin{cases}(\boldsymbol{A}-\lambda\boldsymbol{E})\boldsymbol{\delta}_{m+k+1}=\boldsymbol{0},\\ (\boldsymbol{A}-\lambda\boldsymbol{E})\boldsymbol{\delta}_l=l\boldsymbol{\delta}_{l+1},\quad 1\leqslant l\leqslant m+k.\end{cases} \tag{4.63}$$

证明　这是定理 4.19 的推论.

定理 4.21　设 λ 不是 $\boldsymbol{A}$ 的特征根, 则方程 (4.56) 有唯一的特解:

$$\boldsymbol{x}^*=\mathrm{e}^{\lambda t}\sum_{t=1}^{m+1}\boldsymbol{\delta}_l^* t^{l-1}, \tag{4.64}$$

其中 $\boldsymbol{\delta}_l^*$ 是 (4.62) 的唯一解.

证明 在比较系数时与定理 4.19 中当取 $k=0$ 时的情形相同, 此时我们就得到线性代数方程组 (4.62); 由于在这里 λ 不是 $\boldsymbol{A}$ 的特征根, 故 $\boldsymbol{A}-\lambda\boldsymbol{E}$ 非奇异, 从而方程组 (4.62) 存在唯一解 $\boldsymbol{\delta}_l^*(l=1,\cdots,m)$, 代入 (4.61) 后便得方程 (4.56) 有唯一特解 (4.64).

例 4.9 求下列微分方程组的特解:

$$\begin{cases} \dot{x}_1 = x_2 - x_3 + 1 - t, \\ \dot{x}_2 = x_1 + x_2 + t - t^2, \\ \dot{x}_3 = x_1 + x_3 + 2t - t^2 - 1. \end{cases} \tag{4.65}$$

解 可用定理 4.20 来求 (4.65) 的特解.

$$\boldsymbol{A} = \begin{bmatrix} 0 & 1 & -1 \\ 1 & 1 & 0 \\ 1 & 0 & 1 \end{bmatrix},$$

$$\boldsymbol{P}_2(t) = \begin{bmatrix} 1-t \\ t-t^2 \\ -1+2t-t^2 \end{bmatrix} = \begin{bmatrix} 1 \\ 0 \\ -1 \end{bmatrix} + \begin{bmatrix} -1 \\ 1 \\ 2 \end{bmatrix} t + \begin{bmatrix} 0 \\ -1 \\ -1 \end{bmatrix} t^2 \triangleq \sum_{i=1}^{3} \boldsymbol{\Gamma}_i t^{i-1},$$

其中

$$\boldsymbol{\Gamma}_1 = \begin{bmatrix} 1 \\ 0 \\ -1 \end{bmatrix}, \quad \boldsymbol{\Gamma}_2 = \begin{bmatrix} -1 \\ 1 \\ 2 \end{bmatrix}, \quad \boldsymbol{\Gamma}_3 = \begin{bmatrix} 0 \\ -1 \\ -1 \end{bmatrix}.$$

因为 $\lambda=0$ 是 $\boldsymbol{A}$ 的特征根, 所以代数方程组 (4.63) 现在是形式

$$\boldsymbol{A}\boldsymbol{\delta}_3 = -\boldsymbol{\Gamma}_3, \quad \boldsymbol{A}\boldsymbol{\delta}_2 = 2\boldsymbol{\delta}_3 - \boldsymbol{\Gamma}_2, \quad \boldsymbol{A}\boldsymbol{\delta}_1 = \boldsymbol{\delta}_2 - \boldsymbol{\Gamma}_1,$$

由此可解出一组解

$$\boldsymbol{\delta}_1 = (-1,1,1)^{\mathrm{T}}, \quad \boldsymbol{\delta}_2 = (1,0,-1)^{\mathrm{T}}, \quad \boldsymbol{\delta}_3 = (0,1,1)^{\mathrm{T}},$$

代入 (4.64)($k=0$) 得方程 (4.65) 的一个特解是

$$\boldsymbol{x}^* = (-1+t, 1+t^2, 1-t+t^2)^{\mathrm{T}}.$$

习 题 4

1. 举例说明, 如果 $L_1(\mathrm{D}), L_2(\mathrm{D})$ 不是常系数, 则它们不符合交换律.

2. 设 $L_1(\mathrm{D}), L_2(\mathrm{D})$ 为 D 的常系数多项式, 定义函数 $h(x) = L_2(\mathrm{D})\dfrac{1}{L_1(\mathrm{D})}f(x)$, $g(x) = L_1(\mathrm{D})\dfrac{1}{L_2(\mathrm{D})}f(x)$, 试证明 $h(x) - g(x)$ 只能是 $L_1(\mathrm{D})y = 0$ 的解.

3. 求下列方程的通解:

(1) $(\mathrm{D}^2 - \mathrm{D} - 2)y = \mathrm{e}^x + \mathrm{e}^{2x}$;

(2) $(\mathrm{D}^2 + 1)y = \cos 3x + 2\sin x$;

(3) $(3\mathrm{D}^2 + 2\mathrm{D} + 1)y = 2x^2 + x + 1$;

(4) $(\mathrm{D}^2 + 6\mathrm{D} + 13)y = \mathrm{e}^{-3x}\cos 2x$.

4. 求下列微分方程的通解:

(1) $y'' - 2y' + y = 0$;

(2) $y'' + 4y' + 13y = 0$;

(3) $y'' - 5y' + 4y = 0$;

(4) $y''' - 2y'' - y' + 2y = 0$;

(5) $y'' + 4y = x\sin 2x$;

(6) $y'' + 2ky' + 2k^2y = 5k^2\sin kx$.

5. 求下列微分方程的通解:

(1) $y'' + y' - 2y = 0$;

(2) $y'' + 6y' + 13y = 0$;

(3) $y'' - 5y' + 6y = \mathrm{e}^x\sin x$;

(4) $y'' + 4y = x^2\mathrm{e}^x$.

6. 求下列微分方程组的解:

(1) $\begin{cases} \dfrac{\mathrm{d}x}{\mathrm{d}t} = x - y, \\ \dfrac{\mathrm{d}y}{\mathrm{d}t} = x + y; \end{cases}$

(2) $\begin{cases} \dfrac{\mathrm{d}x}{\mathrm{d}t} = x - 5y + \mathrm{e}^t, \\ \dfrac{\mathrm{d}y}{\mathrm{d}t} = 2x + y + \mathrm{e}^{-2t}; \end{cases}$

(3) $\begin{cases} \dfrac{\mathrm{d}x}{\mathrm{d}t} = y + \cos t, \\ \dfrac{\mathrm{d}y}{\mathrm{d}t} = -x + 1; \end{cases}$

(4) $\begin{cases} \dfrac{\mathrm{d}x}{\mathrm{d}t} = x - 2y + 1 + \mathrm{e}^t, \\ \dfrac{\mathrm{d}y}{\mathrm{d}t} = -2y - z + 2 + \mathrm{e}^t, \\ \dfrac{\mathrm{d}z}{\mathrm{d}t} = x - z + 3 + \mathrm{e}^t. \end{cases}$

7. 求二阶线性微分方程 $y'' + x^2y = 0$ 的在 $x_0 = 0$ 附近通解的近似表达式.

8. 求下列微分方程组的特解:

$$\begin{cases} \dot{x}_1 = 2x_1 - 2x_2 - x_3 - 3t - 1, \\ \dot{x}_2 = 3x_1 - 2x_2 - 3x_3 - t^2 + 2t - 4, \\ \dot{x}_3 = -x_1 + x_2 + 2x_3 + t^2 - 5t + 3. \end{cases}$$

参考文献

丁同仁, 李承治. 1985. 常微分方程. 北京：高等教育出版社.

东北师范大学微分方程教研室. 2005. 常微分方程. 第二版. 北京: 高等教育出版社.

化存才. 2007. 微分方程的算子方法. 昆明：云南科技出版社.

柯红路. 2003. 微分方程的新解法 —— 微分算子级数法. 香港：中国科学文化出版社.

王高雄, 周之铭, 朱思铭等. 2006. 常微分方程. 第三版. 北京: 高等教育出版社.

叶彦谦. 1982. 常微分方程讲义. 第二版. 北京: 人民教育出版社.

第 5 章　常微分方程的数值解法及其 C 程序设计

前面几章介绍了常微分方程 (以下简称微分方程) 的几种解法: 分离变量法、常系数齐次线性方程 (组) 的解法、常数变易法等. 我们发现能通过初等积分法求解的方程仅有很少的一些类型, 绝大部分从实际问题中提出的微分方程 (组) 往往求不出其解析解. 而在实际问题中, 对于复杂微分方程的求解, 一般只需要得到解在若干个点上的近似值或者解的便于计算的近似表达式 (只要满足所规定的精度) 即可. 本章将选讲关于微分方程初值问题的基本数值解法及其 C 程序设计.

5.1　基 本 概 念

一阶微分方程的初值问题为

$$\begin{cases} \dfrac{\mathrm{d}y}{\mathrm{d}x} = f(x, y), \\ y(x_0) = y_0. \end{cases} \tag{5.1}$$

寻求微分方程初值问题 (5.1) 的**数值解**, 就是求解函数 $y = y(x)$ 在一系列离散点 $x_i(i = 1, 2, \cdots, n)$(称为**结点** (node)) 上精确值 $y(x_1)$, $y(x_2)$, $\cdots$, $y(x_n)$ 的近似值 y_1, y_2, $\cdots$, y_n. 在使用数值解法求解微分方程初值问题时, 一般是按以下步骤:

(1) 引入点列 $\{x_i\}$, 其中 $x_i = x_{i-1} + h_i$, $i = 1, 2, \cdots$. h_i 称为**步长**. 为了便于使用计算机进行编程计算, 一般取步长为定值, 即 $h_i = h$,

$$x_i = x_0 + ih, \quad i = 0, 1, \cdots. \tag{5.2}$$

(2) 寻求数值解的方法, 即寻求由 y_{i-1} 计算出 $y_i(i = 1, 2, \cdots, n)$ 的递推公式.

(3) 利用 (2) 中的格式逐步求出近似解 y_1, y_2, $\cdots$, y_n.

5.2　Euler 法

Euler 法又称 Euler 折线法, 它是解常微分方程的数值方法中最简单的一种方法. Euler 法的基本思想是: 在每一个小区间上, 用一条切线来代替原函数曲线. 从整体上看就是用一条折线来代替解 (或积分) 曲线, 并以此来求取一系列离散结点处函数的近似值.

5.2.1 Euler 法

对于一阶微分方程初值问题

$$\begin{cases} y' = f(x, y), & (5.3) \\ y(x_0) = y_0 & (5.4) \end{cases}$$

考虑在结点 x_i 的导数 $y'(x_i)$ 用差商 $\dfrac{y(x_{i+1}) - y(x_i)}{h}$ 代替, 则 (5.3) 可近似地写成

$$y(x_{i+1}) \approx y(x_i) + hf(x_i, y(x_i)), \quad i = 0, 1, 2, \cdots. \tag{5.5}$$

从 x_0 出发, 由初值 (5.4), 并利用 (5.5) 就可以得微分方程精确解的值 $y(x_1)$ 的近似值 $y_1 = y_0 + hf(x_0, y_0)$, 再以 y_1 作为 $y(x_1)$ 的近似值代入 (5.5) 的右端, 可得 $y(x_2)$ 的近似值 $y_2 = y_1 + hf(x_1, y_1)$, 继续做下去, 一般可写成

$$y_{i+1} = y_i + hf(x_i, y_i), \quad i = 0, 1, 2, \cdots. \tag{5.6}$$

这种方法称为解初值问题的 **Euler 法**. 公式 (5.6) 称为求解初值问题 (5.3) 和 (5.4) 的 **Euler 公式**.

Euler 法的几何意义如图 5.1 所示. 初值问题 (5.3) 和 (5.4) 的解曲线 $y(x)$ 过点 $P_0(x_0, y_0)$, 从 P_0 点出发以 $f(x_0, y_0)$ 为斜率作直线, 与直线 $x = x_1$ 交于点 $P_1(x_1, y_1)$, 显然, $y_1 = y_0 + hf(x_0, y_0)$. 再从 P_1 点出发以 $f(x_1, y_1)$ 为斜率作直线段, 与直线 $x = x_2$ 交于点 $P_2(x_2, y_2)$, 以此类推. 这样就得到解曲线的一条近似折线 $\overline{P_0P_1P_2\cdots}$, 所以, Euler 法又称 **Euler 折线法**.

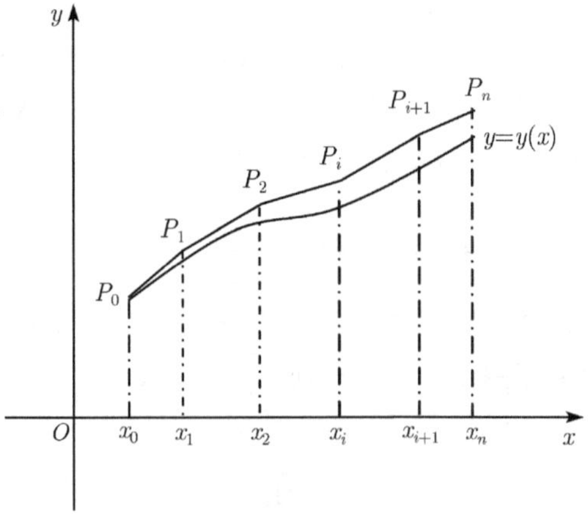

图 5.1

在用 Euler 法求解一阶微分方程初值问题 (5.3) 和 (5.4) 时, 实际上是利用 Euler 公式 $y_{i+1} = y_i + hf(x_i, y_i)$ 进行计算, 计算出的近似值 y_{i+1} 与精确值 $y(x_{i+1})$ 之间必然是有误差的, 所产生的误差为

$$R_{i+1} = y(x_{i+1}) - y_{i+1}, \tag{5.7}$$

其中 R_{i+1} 表示在 (x_{i+1}, y_{i+1}) 点处的误差, 称为**局部截断误差**.

下面对 Euler 法的局部截断误差进行估计.

将函数 $y = y(x)$ 在点 x_i 处进行 Taylor 展开,

$$y(x) = y(x_i) + y'(x_i)(x - x_i) + \frac{y''(x_i)}{2!}(x - x_i)^2 + \frac{y'''(x_i)}{3!}(x - x_i)^3 + \cdots,$$

将 $x = x_{i+1}$, $h = x_{i+1} - x_i$ 代入上式, 则有

$$y(x_{i+1}) = y(x_i) + y'(x_i)h + \frac{y''(x_i)}{2!}h^2 + \frac{y'''(x_i)}{3!}h^3 + \cdots,$$

注意到

$$y_i = y(x_i), \quad y'(x_i) = f(x_i, y(x_i)) = f(x_i, y_i),$$

可得

$$R_{i+1} = y(x_{i+1}) - y_{i+1} = \frac{y''(x_i)}{2!}h^2 + \frac{y'''(x_i)}{3!}h^3 + \cdots. \tag{5.8}$$

观察 (5.8), 可以发现, 当步长 h 趋于零时, R_{i+1} 是 h^2 的同阶无穷小, 记为 $O(h^2)$. 由此可知, 我们用 Euler 折线法求解一阶常微分方程初值问题 (5.3) 和 (5.4) 时, 在某一结点处的局部截断误差与选择的步长的平方成正比. 如果求解公式的局部截断误差是 $O(h^{p+1})$, 则称该求解公式是 ***p*阶**的, 或者**具有*p*阶精度**的. 因此, Euler 折线法是具有一阶精度的一种数值方法.

作为理论误差的应用, 在用计算机编程进行数值解计算时, 可以通过式 (5.8) 和给定的误差要求初步确定步长 h 和选取的点的个数 n. 例如, 如果给定的计算误差为 E, $x \in [a, b]$, 则可通过

$$h \approx \sqrt{E}$$

初步确定出步长 h, 进行适当调整, 使得等式 $nh = b - a$ 成立, 并尽可能地取 n 为整数, h 为有限小数.

由上面的分析, 可以很容易得出 Euler 折线法的递推结构:

(1) 令 $x_1 = x_0 + h$, 使用计算公式

$$y_1 = y_0 + hf(x_0, y_0)$$

计算 y_1;

(2) 输出 x_1 和 y_1, 并使 $x_0 = x_1$, $y_0 = y_1$, 重复以上过程.

下面通过实例给出 Euler 折线法的 C 源程序.

例 5.1 使用 Euler 折线法求解初值问题

$$\begin{cases} \dfrac{dy}{dx} = x + y, & 0 \leqslant x \leqslant 1, \\ y(0) = 1, \end{cases}$$

取步长为 $h = 0.1$.

解　这个方程的精确解是 $y = 2e^x - x - 1$, 此时 Euler 公式的具体形式为

$$y_{i+1} = y_i + h(x_i + y_i).$$

C 源程序为

```
#include <stdio.h>
#include <math.h>
float F(float x,float y)
{
     return x+y;
}
main()
{
    float x0,y0,x1,y1,h;
    int n, i;
    printf("Input data x0 y0 h n=");
    scanf("%f%f%f%d",&x0,&y0,&h,&n);
    printf("\n%15c%15c%15c",'n','x','y');
    printf("\n       ");
    for(i=0;i<44;i++) printf("-");
    printf("\n%15d%15.6f%15.6f",0,x0,y0);
    for(i=1;i<=n;i++)
    {
         x1=x0+h;
         y1=y0+h*F(x0,y0);
         printf("\n%15d%15.6f%15.6f",i,x1,y1);
         x0=x1;
         y0=y1;
    }
}
```

运行结果为

```
Input data x0 y0 h n=0 1 0.1 10
```

n	x	y
0	0.000000	1.000000
1	0.100000	1.100000
2	0.200000	1.220000
3	0.300000	1.362000
4	0.400000	1.528200
5	0.500000	1.721020
6	0.600000	1.943122
7	0.700000	2.197434
8	0.800000	2.487178
9	0.900000	2.815895
10	1.000000	3.187485

注意到在用 Euler 公式计算 y_{i+1} 时只用了前一步的值 y_i, 称为**单步法**. 在用 Euler 法求解时, 如果 y_i 已知, 将它代入 Euler 公式 (5.6) 的右端即可得到 y_{i+1}, 因此 Euler 公式 (5.6) 为**单步显式公式**. 单步显式公式的一般形式为

$$\begin{cases} y_{i+1} = y_i + h\varphi(x_i, y_i, h), \quad i = 0, 1, \cdots, n-1, \\ y_0 = \eta, \end{cases}$$

其中 $\varphi(x, y, h)$ 称为**增量函数**. 例如, Euler 公式 (5.6) 的增量函数为 $\varphi(x, y, h) = f(x, y)$.

5.2.2 梯形法

可以注意到, 在用 Euler 法求解常微分方程初值问题时计算简单、计算量小、程序简洁, 但是, 计算精度却很低. 为了提高计算精确度, 同时又保持计算简单, 程序简洁的优点, 我们给出**梯形法**. 其基本思想是: 在每个小区间上, 仍然用一条直线来代替原函数曲线, 但是这条直线较 Euler 折线法中的切线更近似于解函数曲线.

为寻求这条直线, 考虑微分方程

$$y'(x) = f(x, y),$$

在区间 $[x_i, x_{i+1}]$ 上对方程两边关于 x 积分, 则

$$\int_{x_i}^{x_{i+1}} y'(x)\mathrm{d}x = \int_{x_i}^{x_{i+1}} f(x, y)\mathrm{d}x,$$

于是有

$$y(x_{i+1})-y(x_i)=\int_{x_i}^{x_{i+1}}f(x,y)\mathrm{d}x,$$

即

$$y(x_{i+1})=y(x_i)+\int_{x_i}^{x_{i+1}}f(x,y)\mathrm{d}x. \tag{5.9}$$

现在, 利用左矩形公式来计算式 (5.9) 中的积分, 有

$$\int_{x_i}^{x_{i+1}}f(x,y)\mathrm{d}x\approx f(x_i,y(x_i))(x_{i+1}-x_i)=hf(x_i,y(x_i)),$$

由此可得

$$y(x_{i+1})\approx y(x_i)+hf(x_i,y(x_i)).$$

如果用 y_{i+1} 和 y_i 分别代替 $y(x_{i+1})$ 和 $y(x_i)$, 则可看出这个迭代公式就是 Euler 公式.

如果我们改用梯形公式来计算 (5.9) 中的积分, 即

$$\begin{aligned}\int_{x_i}^{x_{i+1}}f(x,y)\mathrm{d}x&\approx\frac{1}{2}[f(x_i,y(x_i))+f(x_{i+1},y(x_{i+1}))](x_{i+1}-x_i)\\&=\frac{h}{2}[f(x_i,y(x_i))+f(x_{i+1},y(x_{i+1}))],\end{aligned}$$

代入 (5.9) 中, 得到

$$y(x_{i+1})\approx y(x_i)+\frac{h}{2}[f(x_i,y(x_i))+f(x_{i+1},y(x_{i+1}))].$$

在数值计算格式中, 用 y_{i+1} 和 y_i 分别代替 $y(x_{i+1})$ 和 $y(x_i)$, 则得到

$$y_{i+1}=y_i+\frac{h}{2}[f(x_i,y_i)+f(x_{i+1},y_{i+1})],\quad i=0,1,2,\cdots. \tag{5.10}$$

从 x_0 出发, 由初值 $y(x_0)=y_0$, 利用 (5.10) 可依次得 $y_1, y_2, \cdots, y_n$.

公式 (5.10) 是由数值积分中的梯形公式得出来的, 我们将它称为**梯形公式**. 和前面的 Euler 公式相比, 梯形公式在计算 y_{i+1} 时也只用到了前一步的数值 y_i. 但是, 如果 y_i 已知, 将 y_i 代入 (5.10) 的右端, 一般就不能直接得到 y_{i+1}, 而需要通过其他的方法 (如迭代法) 来求解, 称梯形公式为**单步隐式公式**.

单步隐式公式的一般形式为

$$\begin{cases}y_{i+1}=y_i+h\psi(x_i,y_i,y_{i+1},h),\quad i=0,1,\cdots,n-1,\\y_0=\eta,\end{cases}$$

其中 $\psi(x,y,\tilde{y},h)$ 为增量函数. 梯形公式的增量函数为

$$\psi(x,y,\tilde{y},h)=\frac{1}{2}[f(x,y)+f(x+h,\tilde{y})].$$

下面讨论梯形法的局部截断误差. 将 $y(x_{i+1})$ 在 x_i 处用 Taylor 展开, 得

$$\begin{aligned}y(x_{i+1})&=y(x_i)+y'(x_i)(x_{i+1}-x_i)+\frac{y''(x_i)}{2!}(x_{i+1}-x_i)^2+\frac{y''(x_i)}{3!}(x_{i+1}-x_i)^3+\cdots\\&=y(x_i)+y'(x_i)h+\frac{y''(x_i)}{2!}h^2+\frac{y'''(x_i)}{3!}h^3+\cdots\\&=y(x_i)+y'(x_i)h+\frac{y''(x_i)}{2!}h^2+O(h^3).\end{aligned}$$

将 $f(x_{i+1},y_{i+1})$ 在 x_i 处进行一阶 Taylor 展开, 得

$$f(x_{i+1},y_{i+1})=y'(x_{i+1})=y'(x_i)+y''(x_i)h+O(h^2).$$

将 $f(x_{i+1},y_{i+1})$ 的一阶展开式代入梯形公式 (5.10), 得

$$\begin{aligned}y_{i+1}&=y_i+\frac{h}{2}[y'(x_i)+y'(x_i)+y''(x_i)h+O(h^2)]\\&=y_i+hy'(x_i)+\frac{h^2}{2}y''(x_i)+\frac{1}{2}O(h^3),\end{aligned}$$

因此, 梯形法的误差为

$$\begin{aligned}R_{i+1}&=y(x_{i+1})-y_{i+1}\\&=y(x_i)+y'(x_i)h+\frac{y''(x_i)}{2!}h^2+O(h^3)-\left[y_i+hy'(x_i)+\frac{h^2}{2}y''(x_i)+\frac{1}{2}O(h^3)\right]\\&=\frac{1}{2}O(h^3),\end{aligned}$$

由此可知, 梯形公式的计算误差与步长的三次方成正比. 可见, 梯形法具有二阶精度.

5.2.3 改进的 Euler 法

比较梯形公式 (5.10) 和 Euler 公式 (5.6), 梯形公式是隐式方程, 且所耗费的计算量大于 Euler 公式. 在实际计算时, 可将 Euler 公式和梯形公式联合使用, 即先用 Euler 公式求出

$$\tilde{y}_{i+1}=y_i+hf(x_i,y_i),$$

用 $\tilde{y}_{i+1}$ 近似准确值 $y(x_{i+1})$, 称 $\tilde{y}_{i+1}$ 为**预测值**. 然后用梯形公式将它校正为较为准确的值 y_{i+1}, 称由此得到的 y_{i+1} 为校正值, 即

$$y_{i+1}=y_i+\frac{h}{2}[f(x_i,y_i)+f(x_{i+1},\tilde{y}_{i+1})].$$

这样建立起来的预测–校正系统通常称为**改进的 Euler 公式**, 即

$$\begin{cases}\tilde{y}_{i+1}=y_i+hf(x_i,y_i),\\y_{i+1}=y_i+\dfrac{h}{2}[f(x_i,y_i)+f(x_{i+1},\tilde{y}_{i+1})].\end{cases}\tag{5.11}$$

为了便于编程计算, 可将改进的 Euler 公式 (5.11) 改写为下列形式:

$$\begin{cases} y_p = y_i + hf(x_i, y_i), \\ y_c = y_i + hf(x_{i+1}, y_p), \\ y_{i+1} = \dfrac{1}{2}(y_p + y_c). \end{cases} \tag{5.12}$$

改进的 Euler 法的递推结构为

(1) 令 $x_1 = x_0 + h$, 利用式 (5.12) 依次计算出 y_p, y_c 和 y_1;

(2) 输出 x_1, y_1, 并使 $x_0 = x_1$, $y_0 = y_1$, 重复以上过程.

下面的例子给出了用改进的 Euler 法求解微分初值问题的 C 源程序及其计算结果.

例 5.2　用改进的 Euler 法求解例 5.1 中的初值问题, 取 $h = 0.1$.

解　此时改进 Euler 公式的具体形式为

$$\begin{cases} y_p = y_i + h(x_i + y_i), \\ y_c = y_i + h(x_{i+1} + y_p), \\ y_{i+1} = \dfrac{1}{2}(y_p + y_c). \end{cases}$$

C 源程序为

```
#include <stdio.h>
#include <math.h>
float F(float x,float y)
{
      return x+y;
}
main ()
{
     float x0,y0,x1,y1,h,yp,yc;
     int n,i;
     printf("Input data x0 y0 h n=");
     scanf("%f%f%f%d",&x0,&y0,&h,&n);
     printf("\n%15c%15c%15c",'n','x','y');
     printf("\n        ");
     for(i=0;i<44;i++) printf("-");
     printf("\n%15d%15.6f%15.6f",0,x0,y0);
     for(i=1;i<=n;i++)
```

```
    {
        x1=x0+h;
        yp=y0+h*F(x0,y0);
        yc=y0+h*F(x1,yp);
        y1=(yp+yc)/2;
        printf("\n%15d%15.6f%15.6f",i,x1,y1);
        x0=x1;
        y0=y1;
    }
}
```

运行结果为

```
Input data x0 y0 h n=0 1 0.1 10
              n               x                 y
  ------------------------------------------------------
              0        0.000000          1.000000
              1        0.100000          1.110000
              2        0.200000          1.242050
              3        0.300000          1.398465
              4        0.400000          1.581804
              5        0.500000          1.794894
              6        0.600000          2.040858
              7        0.700000          2.323148
              8        0.800000          2.645578
              9        0.900000          3.012364
             10        1.000000          3.428162
```

当 $x=1$ 时, 初值问题的较准确的值为 $y=-2+2\mathrm{e}\approx 3.436563656$. 对比改进的 Euler 法和 Euler 法的计算结果, 可知改进的 Euler 法得到的结果更为精确, 它具有二阶精度.

5.3 Runge–Kutta 法

5.2 节的 Euler 法和改进的 Euler 法的计算精度分别是一阶的和二阶的, 现在的问题是: 能否构造更高阶精度的数值方法? 本节将给出计算精度更高的单步法 ——Runge–Kutta 法.

5.3.1 Runge–Kutta 法的基本思想

Runge–Kutta 法的一般形式是

$$y_{i+1} = y_i + h\varphi(x_i, y_i, h), \tag{5.13}$$

其中函数 $\varphi(x, y, h)$ 具有下列形式:

$$\varphi(x, y, h) = \sum_{r=1}^{p} \lambda_r k_r, \tag{5.14}$$

$$k_1 = f(x, y),$$

$$k_r = f\left(x + a_r h, y + h\sum_{s=1}^{r-1} b_{rs} k_s\right), \quad r = 2, \cdots, p, \tag{5.15}$$

其中 λ_r, a_r, b_{rs} 等均为常数, $p \geqslant 1$ 为整数.

现在考虑方法的几何意义, Euler 法是用斜率 $f(x_i, y_i)$ 向前推进, 而 Runge–Kutta 法则可以看成用 p 个斜率 $k_r = f(x_r, y_r)$ 的一种加权平均来向前推进, 以达到提高计算方法的精度. 式 (5.14) 用到了 p 个 k_r, 称为 **p阶的显式 Runge–Kutta 法**.

对于差商 $\dfrac{y(x_{i+1}) - y(x_i)}{h}$, 由微分中值定理, 可得

$$\frac{y(x_{i+1}) - y(x_i)}{h} = y'(x_i + \theta h), \quad 0 < \theta < 1.$$

由于 $y' = f(x, y)$, 于是

$$y(x_{i+1}) = y(x_i) + hf(x_i + \theta h, y(x_i + \theta h)). \tag{5.16}$$

称 $f(x_i + \theta h, y(x_i + \theta h))$ 为区间 (x_i, x_{i+1}) 上的**平均斜率**, 记作 k^*. 因此, 只要给出平均斜率的一种算法, 再由式 (5.16) 就可以得到求解微分方程的一种数值计算公式.

对于 Euler 法和改进的 Euler 法, 我们发现在 Euler 公式 (5.6) 仅取 x_i 一个点的斜率 $f(x_i, y_i)$ 作为平均斜率 k^* 的近似, 计算精度较低. 而改进的 Euler 公式 (5.11) 则是利用了 x_i 和 x_{i+1} 两个点的斜率 $k_1 = f(x_i, y_i)$ 和 $k_2 = f(x_{i+1}, \tilde{y}_{i+1})$ 的平均值作为平均斜率 k^* 的近似, 即 $k^* \approx \dfrac{k_1 + k_2}{2}$, 其中 k_2 是通过已知的值 y_i 利用 Euler 公式求得, 此时计算精度提高到了二阶.

由上面的分析, 我们找到了改进的 Euler 公式较 Euler 公式的计算更精确的原因. 那就是在确定平均斜率时, 多取了一个点的斜率值. 因此, 受此启发, 如果设法在区间 $[x_i, x_{i+1}]$ 上多给出几个点的斜率值, 然后加权平均得到的值作为 k^* 的近似值, 那么就有可能构造出精度更高的数值计算公式, 这就是构造 Runge–Kutta 法的基本思想.

5.3.2 二阶 Runge–Kutta 法

在区间 $[x_i, x_{i+1}]$ 上取两点 x_i 和 $x_{i+\theta} = x_i + \theta h (0 < \theta \leqslant 1)$, 以这两点处的斜率值 k_1 和 k_2 加权平均来求取平均斜率 k^* 的近似值, 即

$$k^* \approx \lambda_1 k_1 + \lambda_2 k_2,$$

其中点 x_i 的斜率值和点 $x_{i+\theta}$ 的斜率值分别为

$$k_1 = y'(x_i) = f(x_i, y_i), \quad k_2 = y'(x_i + \theta h) = f(x_i + \theta h, y_i + \theta h k_1).$$

根据假设, 取

$$y(x_{i+1}) = y(x_i) + h(\lambda_1 k_1 + \lambda_2 k_2) \tag{5.17}$$

为计算公式, 其中 λ_1 和 λ_2 为待定常数.

对 $y(x_{i+1})$ 在 $x = x_i$ 处进行二阶 Taylor 展开, 则有

$$y(x_{i+1}) \approx y(x_i) + hy'(x_i) + \frac{h^2}{2!} y''(x_i), \tag{5.18}$$

对 $k_2 = f(x_i + \theta h, y_i + \theta h k_1)$ 在 $x = x_i$ 处进行一阶 Taylor 展开, 得到

$$k_2 \approx y'(x_i) + \theta h y''(x_i). \tag{5.19}$$

将式 (5.18) 和式 (5.19) 代入式 (5.17) 中, 得

$$\begin{aligned} y(x_{i+1}) &= y(x_i) + h(\lambda_1 k_1 + \lambda_2 k_2) \\ &= y(x_i) + h[\lambda_1 y'(x_i) + \lambda_2 (y'(x_i) + \theta h y''(x_i))] \\ &= y(x_i) + h(\lambda_1 + \lambda_2) y'(x_i) + \lambda_2 \theta h^2 y''(x_i). \end{aligned} \tag{5.20}$$

比较式 (5.18) 和式 (5.20), 得

$$\begin{cases} \lambda_1 + \lambda_2 = 1, \\ \theta \lambda_2 = \dfrac{1}{2}, \end{cases} \tag{5.21}$$

方程组 (5.21) 中有三个未知量, 却只有两个方程, 因此它有无穷多组解. 如果取 $\lambda_1 = \lambda_2 = \dfrac{1}{2}$, 则有 $\theta = 1$, 用 y_{i+1} 和 y_i 分别代替 $y(x_{i+1})$ 和 $y(x_i)$, 此时计算公式 (5.17) 变为

$$\begin{cases} y_{i+1} = y_i + \dfrac{h}{2}(k_1 + k_2), \\ k_1 = f(x_i, y_i), \\ k_2 = f(x_{i+1}, y_i + h k_1). \end{cases}$$

这一数值方法就是改进的 Euler 公式. 凡是满足条件式 (5.21) 的计算格式为式 (5.17) 的这些格式统称为**二阶 Runge–Kutta 格式**. 改进的 Euler 公式就是众多二阶 Runge–Kutta 公式中的一种特殊格式.

现在给出其他二阶 Runge–Kutta 格式. 如果取 $\lambda_1=0$, $\lambda_2=1$, 则 $\theta=\dfrac{1}{2}$, 此时得到二阶 Runge–Kutta 法的计算公式为

$$\begin{cases} y_{i+1}=y_i+hk_2, \\ k_1=f(x_i,y_i), \\ k_2=f\left(x_{i+\frac{1}{2}},y_i+\dfrac{h}{2}k_1\right), \end{cases} \tag{5.22}$$

其中点 $x_{i+\frac{1}{2}}$ 为区间 $[x_i,x_{i+1}]$ 的中点, 因此计算公式 (5.22) 又称为**变形的 Euler 公式**.

由前面的讨论, 可以得到构造二阶 Runge–Kutta 公式的主要步骤如下:

(1) 在区间 $[x_i,x_{i+1}]$ 上取两点, 给出相应的斜率值;

(2) 对这两个斜率值加权平均作为平均斜率的近似值;

(3) 对有关的函数进行 Taylor 展开, 得到关于步长 h 的幂函数. 为使计算公式达二阶, 则其中 h^0, h^1, h^2 的系数为零, 从而建立了有关参数应满足的方程组;

(4) 解此方程组就得到相应的二阶 Runge–Kutta 公式.

例 5.3 利用二阶 Runge–Kutta 公式 (5.22) 求解例 5.1 中的初值问题, 其中步长 $h=0.1$.

解 利用二阶 Runge–Kutta 公式 (5.22) 解给定的初值问题的形式为

$$\begin{cases} k_1=x_i+y_i, \\ k_2=(x_i+0.05)+(y_i+0.05k_1), \\ y_{i+1}=y_i+0.1k_2. \end{cases}$$

C 源程序为

```
#include <stdio.h>
#include <math.h>
float F(float x,float y)
{
      return x+y;
}
main ()
{
     float x0,y0,k1,k2,x1,y1,h;
```

```
    int n,i;
    printf("Input data x0 y0 h n=");
    scanf("%f%f%f%d",&x0,&y0,&h,&n);
    printf("\n%15c%15c%15c",'n','x','y');
    printf("\n          ");
    for(i=0;i<44;i++) printf("-");
    printf("\n%15d%15.6f%15.6f",0,x0,y0);
    for(i=1;i<=n;i++)
    {
        x1=x0+h;
        k1=F(x0,y0);
        k2=F(x0+h/2,y0+h*k1/2);
        y1=y0+h*k2;
        printf("\n%15d%15.6f%15.6f",i,x1,y1);
        x0=x1;
        y0=y1;
    }
}
```

运行结果为

```
Input data x0 y0 h n=0 1 0.1 10
              n              x              y
    --------------------------------------------
              0       0.000000       1.000000
              1       0.100000       1.110000
              2       0.200000       1.242050
              3       0.300000       1.398465
              4       0.400000       1.581804
              5       0.500000       1.794894
              6       0.600000       2.040857
              7       0.700000       2.323148
              8       0.800000       2.645578
              9       0.900000       3.012364
             10       1.000000       3.428162
```

当 $x=1$ 时, 初值问题的较准确的值为 $y=-2+2\mathrm{e}\approx 3.436563656$, 所以用二

阶 Runge–Kutta 公式 (5.22) 得到的解的误差为

$$R_{11} \approx |3.428162 - 3.436563656| = 0.008401656,$$

与步长 $h = 0.1$ 的二次方成正比.

5.3.3　三阶、四阶 Runge–Kutta 法

为了进一步提高数值计算格式的精度, 在区间 $[x_i, x_{i+1}]$ 上除了取两点 x_i 和 $x_{i+\theta} = x_i + \theta h (0 < \theta \leqslant 1)$ 外, 我们还需要再取一点 $x_{i+\gamma} = x_i + \gamma h (\theta \leqslant \gamma \leqslant 1)$, 以这三点处的斜率值 k_1, k_2 和 k_3 加权平均来求取平均斜率 k^* 的近似值, 此时得到的计算公式为

$$y_{i+1} = y_i + h(\lambda_1 k_1 + \lambda_2 k_2 + \lambda_3 k_3), \tag{5.23}$$

其中 λ_1, λ_2 和 λ_3 为待定常数.

要求出点 $x_{i+\gamma} = x_i + \gamma h$ 的斜率 $k_3 = f(x_{i+\gamma}, y_{i+\gamma})$, 就要先给出点 $x_{i+\gamma}$ 处所对应的函数值 $y_{i+\gamma}$. 为得到 $y_{i+\gamma}$, 我们在区间 $[x_i, x_{i+\gamma}]$ 上利用二阶 Runge–Kutta 公式, 即有

$$y_{i+\gamma} = y_i + \gamma h(\mu_1 k_1 + \mu_2 k_2),$$

其中 μ_1 和 μ_2 为待定常数. 于是有

$$k_3 = f(x_{i+\gamma}, y_{i+\gamma}) = f(x_i + \gamma h, y_i + \gamma h(\mu_1 k_1 + \mu_2 k_2)).$$

由此得到的计算公式为

$$\begin{cases} y_{i+1} = y_i + h(\lambda_1 k_1 + \lambda_2 k_2 + \lambda_3 k_3), \\ k_1 = f(x_i, y_i), \\ k_2 = f(x_i + \theta h, y_i + \theta h k_1), \\ k_3 = f(x_i + \gamma h, y_i + \gamma h(\mu_1 k_1 + \mu_2 k_2)). \end{cases} \tag{5.24}$$

对 k_2, k_3 在 $x = x_i$ 处进行二阶 Taylor 展开, 并代入式 (5.24) 中的第一个方程, 对 $y(x_{i+1})$ 在 $x = x_i$ 处进行三阶 Taylor 展开, 且比较两式的系数, 得到参数满足的方程组

$$\begin{cases} \mu_1 + \mu_2 = 1, \\ \lambda_1 + \lambda_2 + \lambda_3 = 1, \\ \theta \lambda_2 + \gamma \lambda_3 = \dfrac{1}{2}, \\ \theta^2 \lambda_2 + \gamma^2 \lambda_3 = \dfrac{1}{3}, \\ \gamma \theta \lambda_3 \mu_2 = \dfrac{1}{6}. \end{cases} \tag{5.25}$$

方程组 (5.25) 共有 5 个方程, 7 个未知量, 其解不唯一. 常见的**三阶 Runge–Kutta 公式**为

$$\begin{cases} y_{i+1} = y_i + \dfrac{h}{6}(k_1 + 4k_2 + k_3), \\ k_1 = f(x_i, y_i), \\ k_2 = f\left(x_i + \dfrac{h}{2}, y_i + \dfrac{h}{2}k_1\right), \\ k_3 = f(x_i + h, y_i - hk_1 + 2hk_2). \end{cases} \tag{5.26}$$

如果还需要将计算精度提高到四阶, 用上述的方法就可以类似地推导出四阶 Runge–Kutta 法. 由于推导复杂, 这里就不进行推导了, 下面直接给出四阶方法中最常用的两个计算公式.

1. 经典的四阶 Runge–Kutta 公式

$$\begin{cases} y_{i+1} = y_i + \dfrac{h}{6}(k_1 + 2k_2 + 2k_3 + k_4), \\ k_1 = f(x_i, y_i), \\ k_2 = f\left(x_i + \dfrac{h}{2}, y_i + \dfrac{h}{2}k_1\right), \\ k_3 = f\left(x_i + \dfrac{h}{2}, y_i + \dfrac{h}{2}k_2\right), \\ k_4 = f(x_i + h, y_i + hk_3). \end{cases} \tag{5.27}$$

2. Gill 公式

$$\begin{cases} y_{i+1} = y_i + \dfrac{h}{6}[k_1 + (2-\sqrt{2})k_2 + (2+\sqrt{2})k_3 + k_4], \\ k_1 = f(x_i, y_i), \\ k_2 = f\left(x_i + \dfrac{h}{2}, y_i + \dfrac{h}{2}k_1\right), \\ k_3 = f\left(x_i + \dfrac{h}{2}, y_i + \dfrac{\sqrt{2}-1}{2}hk_1 + \left(1 - \dfrac{\sqrt{2}}{2}\right)hk_2\right), \\ k_4 = f\left(x_i + h, y_i - \dfrac{\sqrt{2}}{2}hk_2 + \left(1 + \dfrac{\sqrt{2}}{2}\right)hk_3\right). \end{cases} \tag{5.28}$$

对于四阶 Runge–Kutta 法的误差, 由构造思想和方法可知, 其局部截断误差为 $O(h^5)$, 计算精度为四阶.

由解微分方程初值问题

$$\begin{cases} \dfrac{\mathrm{d}y}{\mathrm{d}x} = f(x, y), \\ y(x_0) = y_0 \end{cases}$$

的经典 Runge–Kutta 公式 (5.27) 或 Gill 公式 (5.28), 由给出的初始条件 (x_0, y_0), 可先算出 k_1, k_2, k_3 和 k_4, 然后再利用计算公式计算出 y_1, 注意到 $x_1 = x_0 + h$, 于是算出 (x_1, y_1), 依次类推, 利用已知的 (x_1, y_1) 和相应的计算公式求出 (x_2, y_2) 等, 直到求出 (x_n, y_n).

由以上分析, 不难得出其递推结构如下:

(1) 令 $x_1 = x_0 + h$, 利用公式 (5.27)(或 (5.28)) 依次计算出 k_1, k_2, k_3 和 k_4;

(2) 再利用公式 (5.27)(或 (5.28)) 计算出 y_1;

(3) 输出 x_1, y_1, 并令 $x_0 = x_1$, $y_0 = y_1$, 重复以上过程.

下面的例子给出了利用经典 Runge–Kutta 公式解常微分方程初值问题的 C 源程序和运行结果.

例 5.4　利用经典 Runge–Kutta 公式求解例 5.1 中的初值问题, 其中步长 $h = 0.1$.

解　利用经典 Runge–Kutta 公式解给定问题的形式为

$$
\begin{cases}
y_{i+1} = y_i + \dfrac{0.1}{6}(k_1 + 2k_2 + 2k_3 + k_4), \\
k_1 = x_i + y_i, \\
k_2 = (x_i + 0.05) + (y_i + 0.05k_1), \\
k_3 = (x_i + 0.05) + (y_i + 0.05k_2), \\
k_4 = (x_i + 0.1) + (y_i + 0.1k_3).
\end{cases}
$$

C 源程序为

```
#include <stdio.h>
#include <math.h>
float F(float x,float y)
{
     return x+y;
}
main( )
{
    float x0,y0,k1,k2,k3,k4,x1,y1,h;
    int n,i;
    printf("Input data x0 y0 h n=");
    scanf("%f%f%f%d",&x0,&y0,&h,&n);
    printf("\n%15c%15c%15c",'n','x','y');
    printf("\n         ");
    for(i=0;i<44;i++) printf("-");
```

```
    printf("\n%15d%15.6f%15.6f",0,x0,y0);
    for(i=1;i<=n;i++)
    {
        x1=x0+h;
        k1=F(x0,y0);
        k2=F(x0+h/2,y0+h*k1/2);
        k3=F(x0+h/2,y0+h*k2/2);
        k4=F(x0+h,y0+h*k3);
        y1=y0+h*(k1+2*k2+2*k3+k4)/6;
        printf("\n%15d%15.6f%15.6f",i,x1,y1);
        x0=x1;
        y0=y1;
    }
}
```

运行结果为

```
Input data x0 y0 h n=0 1 0.1 10
              n              x              y
  ------------------------------------------------------------
              0       0.000000       1.000000
              1       0.100000       1.110342
              2       0.200000       1.242805
              3       0.300000       1.399717
              4       0.400000       1.583648
              5       0.500000       1.797441
              6       0.600000       2.044236
              7       0.700000       2.327503
              8       0.800000       2.651079
              9       0.900000       3.019203
             10       1.000000       3.436560
```

由于当 $x=1$ 时, 初值问题的较准确的值为 $y=-2+2\mathrm{e}\approx 3.436563656$, 利用经典 Runge–Kutta 公式计算出的结果的误差为

$$R_{11}=|3.436563656-3.436560|=0.000003656,$$

与步长 $h=0.1$ 的五次方成正比.

附注 (1) 从理论上分析, 可以构造任意高阶 Runge–Kutta 公式, 但是计算精

度阶数的提高和计算函数值 $f(x,y)$ 的计算量的增大之间已经不是等量增加, 见表 5.1.

表 5.1

每步计算 f 的次数	2	3	4	5	6	7	8	9
精度的阶数	2	3	4	4	5	6	6	7

由表 5.1 中的关系可知, 四阶 Runge–Kutta 公式是精度和计算量比较理想的计算公式. 因此, 一味追求构造任意高阶的 Runge–Kutta 计算公式已经没有多大的意义.

(2) 因为 Runge–Kutta 法的推导是建立在 Taylor 展开的基础上, 所以它要求所求的解具有很好的光滑性. 如果解的光滑性较差, 那么, 就有可能会出现这样的现象: 使用四阶 Runge–Kutta 公式求解出来的结果, 其精度反而低于用改进的 Euler 公式计算出来. 因此在实际的计算中, 应该针对具体问题的特点选用合适的方法进行计算.

5.4　一阶微分方程组与高阶常微分方程初值问题数值解法

5.4.1　一阶常微分方程组的数值解法

一阶微分方程组初值问题

$$\begin{cases} y_i' = f_i(x, y_1, y_2, \cdots, y_n), \\ y_i(x_0) = y_{0i}, \end{cases} \quad i = 1, 2, \cdots, n.$$

引入向量记号 $\boldsymbol{y} = (y_1, y_2, \cdots, y_n)^{\mathrm{T}}$, $\boldsymbol{y}_0 = (y_{01}, y_{02}, \cdots, y_{0n})^{\mathrm{T}}$, $\boldsymbol{f} = (f_1, f_2, \cdots, f_n)^{\mathrm{T}}$, 则初值问题可表示为

$$\begin{cases} \boldsymbol{y}' = \boldsymbol{f}(x, \boldsymbol{y}), \\ \boldsymbol{y}(x_0) = \boldsymbol{y}_0. \end{cases}$$

由单个方程初值问题的讨论, 可知求解这一问题的四阶 Runge–Kutta 公式为

$$\begin{cases} \boldsymbol{y}_{i+1} = \boldsymbol{y}_i + \dfrac{h}{6}(\boldsymbol{k}_1 + 2\boldsymbol{k}_2 + 2\boldsymbol{k}_3 + \boldsymbol{k}_4), \\ \boldsymbol{k}_1 = \boldsymbol{f}(x_i, \boldsymbol{y}_i), \\ \boldsymbol{k}_2 = \boldsymbol{f}\left(x_i + \dfrac{h}{2}, \boldsymbol{y}_i + \dfrac{h}{2}\boldsymbol{k}_1\right), \\ \boldsymbol{k}_3 = \boldsymbol{f}\left(x_i + \dfrac{h}{2}, \boldsymbol{y}_i + \dfrac{h}{2}\boldsymbol{k}_2\right), \\ \boldsymbol{k}_4 = \boldsymbol{f}(x_i + h, \boldsymbol{y}_i + h\boldsymbol{k}_3). \end{cases} \tag{5.29}$$

为了更好地理解该公式的计算过程, 现以两个方程组成的初值问题

$$\begin{cases} y' = f(x,y,z), \\ z' = g(x,y,z), \\ y(x_0) = y_0, \quad z(x_0) = z_0 \end{cases} \tag{5.30}$$

为例进行讨论. 这时, 四阶 Runge-Kutta 公式为

$$\begin{cases} y_{i+1} = y_i + \dfrac{h}{6}(k_1 + 2k_2 + 2k_3 + k_4), \\ z_{i+1} = z_i + \dfrac{h}{6}(l_1 + 2l_2 + 2l_3 + l_4), \end{cases} \tag{5.31}$$

其中

$$\begin{cases} k_1 = f(x_i, y_i, z_i) \\ k_2 = f\left(x_i + \dfrac{h}{2}, y_i + \dfrac{h}{2}k_1, z_i + \dfrac{h}{2}l_1\right), \\ k_3 = f\left(x_i + \dfrac{h}{2}, y_i + \dfrac{h}{2}k_2, z_i + \dfrac{h}{2}l_2\right), \\ k_4 = f(x_i + h, y_i + hk_3, z_i + hl_3), \end{cases} \tag{5.32}$$

$$\begin{cases} l_1 = g(x_i, y_i, z_i) \\ l_2 = g\left(x_i + \dfrac{h}{2}, y_i + \dfrac{h}{2}k_1, z_i + \dfrac{h}{2}l_1\right), \\ l_3 = g\left(x_i + \dfrac{h}{2}, y_i + \dfrac{h}{2}k_2, z_i + \dfrac{h}{2}l_2\right), \\ l_4 = g(x_i + h, y_i + hk_3, z_i + hl_3). \end{cases} \tag{5.33}$$

这是一种单步法. 利用结点 x_i 处的数值 y_i, z_i, 由式 (5.32) 和式 (5.33) 就可依次地计算出 k_1, l_1, k_2, l_2, k_3, l_3, k_4, l_4, 然后再代入式 (5.31) 求出初值问题 (5.30) 在结点 x_{i+1} 处的数值 y_{i+1}, z_{i+1}.

5.4.2 高阶常微分方程初值问题数值解法

第 3 章已经讨论过高阶微分方程的初值问题总可以化为一阶方程组的初值问题求解, 即 n 阶微分方程

$$y^{(n)} = f(x, y, y', \cdots, y^{(n-1)}), \tag{5.34}$$

初始条件为

$$y(x_0) = y_0, \quad y'(x_0) = y'_0, \quad \cdots, \quad y^{(n-1)}(x_0) = y_0^{(n-1)}. \tag{5.35}$$

通过引入变量 $y_1 = y$, $y_2 = y'$, $\cdots$, $y_n = y^{(n-1)}$, 可将 n 阶微分方程 (5.34) 化为如下形式的一阶方程组:

$$\begin{cases} y_1' = y_2, \\ y_2' = y_3, \\ \cdots\cdots \\ y_{n-1}' = y_n, \\ y_n' = f(x, y_1, y_2, \cdots, y_n), \end{cases} \tag{5.36}$$

相应初始条件的化为

$$y_1(x_0) = y_0, \quad y_2(x_0) = y_0', \quad \cdots, \quad y_n(x_0) = y_0^{(n-1)}. \tag{5.37}$$

初值问题 (5.34), (5.35) 和 (5.36), (5.37) 是彼此等价的.

为了方便讨论, 对二阶方程的初值问题:

$$\begin{cases} y'' = f(x, y, y'), \\ y(x_0) = y_0, y'(x_0) = y_0'. \end{cases}$$

引入新变量 $z = y'$, 则上述初值问题可化为如下一阶方程组的初值问题:

$$\begin{cases} y' = z, \\ z' = f(x, y, z), \\ y(x_0) = y_0, z(x_0) = y_0'. \end{cases} \tag{5.38}$$

数值求解初值问题 (5.38) 的四阶 Runge–Kutta 公式为

$$\begin{cases} y_{i+1} = y_i + \dfrac{h}{6}(k_1 + 2k_2 + 2k_3 + k_4), \\ z_{i+1} = z_i + \dfrac{h}{6}(l_1 + 2l_2 + 2l_3 + l_4), \end{cases} \tag{5.39}$$

其中 k_1, k_2, k_3, k_4, l_1, l_2, l_3, l_4 由式 (5.32) 和式 (5.35) 确定, 知

$$\begin{aligned} &k_1 = z_i, \quad l_1 = f(x_i, y_i, z_i), \\ &k_2 = z_i + \frac{h}{2}l_1, \quad l_2 = f\left(x_i + \frac{h}{2}, y_i + \frac{h}{2}k_1, z_i + \frac{h}{2}l_1\right), \\ &k_3 = z_i + \frac{h}{2}l_2, \quad l_3 = f\left(x_i + \frac{h}{2}, y_i + \frac{h}{2}k_2, z_i + \frac{h}{2}l_2\right), \\ &k_4 = z_i + \frac{h}{2}l_3, \quad l_4 = f(x_i + h, y_i + hk_3, z_i + hl_3). \end{aligned}$$

如果消去 k_1, k_2, k_3, k_4, 那么数值计算公式 (5.39) 可表示为

$$\begin{cases} y_{i+1} = y_i + hz_i + \dfrac{h^2}{6}(l_1 + l_2 + l_3), \\ z_{i+1} = z_i + \dfrac{h}{6}(l_1 + 2l_2 + 2l_3 + l_4), \end{cases}$$

这里

$$\begin{aligned} l_1 &= f(x_i, y_i, z_i), \\ l_2 &= f\left(x_i + \frac{h}{2}, y_i + \frac{h}{2}z_i, z_i + \frac{h}{2}l_1\right), \\ l_3 &= f\left(x_i + \frac{h}{2}, y_i + \frac{h}{2}z_i + \frac{h^2}{4}l_1, z_i + \frac{h}{2}l_2\right), \\ l_4 &= f\left(x_i + h, y_i + hz_i + \frac{h^2}{2}l_2, z_i + hl_3\right). \end{aligned}$$

例 5.5 用四阶 Runge–Kutta 方法在 $[0,1]$ 上取步长 $h = 0.1$, 求解二阶方程初值问题 $y'' - 5y' + 6y = 0$, $y(0) = 1$, $y'(0) = -1$.

解 先将二阶方程化为一阶方程组. 令 $z = y'$, 则得方程组

$$\begin{cases} y' = z, \\ z' = 5z - 6y, \\ y(0) = 1, z(0) = -1. \end{cases} \tag{5.40}$$

使用四阶 Runge–Kutta 公式, 其相应的形式为

$$\begin{cases} y_{i+1} = y_i + \dfrac{h}{6}(k_1 + 2k_2 + 2k_3 + k_4), \\ z_{i+1} = z_i + \dfrac{h}{6}(l_1 + 2l_2 + 2l_3 + l_4), \end{cases}$$

其中

$$\begin{aligned} &k_1 = z_i, \quad l_1 = 5z_i - 6y_i, \\ &k_2 = z_i + 0.05l_1, \quad l_2 = 5(z_i + 0.05l_1) - 6(y_i + 0.05k_1), \\ &k_3 = z_i + 0.05l_2, \quad l_3 = 5(z_i + 0.05l_2) - 6(y_i + 0.05k_2), \\ &k_4 = z_i + 0.1l_3, \quad l_4 = 5(z_i + 0.1l_3) - 6(y_i + 0.1k_3). \end{aligned}$$

利用 Runge–Kutta 法解一阶微分方程组 (5.40) 的 C 源程序为

```
#include <stdio.h>
#include <math.h>
float f(float x,float y,float z)
{
    return 5*z-6*y;
```

```
}
main()
{
    float x0,y0,z0,x1,y1,z1,l1,l2,l3,l4,h;
    int n,i;
    printf("Input data x0 y0 z0 h n=\n");
    scanf("%f%f%f%f%d",&x0,&y0,&z0,&h,&n);
    printf("%15c%15c%15c%15c\n",'n','x','y','z');
    printf("----------------------------------------\n");
    printf("%15d%15.7f%15.7f%15.7f\n",0,x0,y0,z0);
    for(i=1;i<=n;i++)
    {
         x1=x0+h;
         l1=f(x0,y0,z0);
         l2=f(x0+h/2,y0+h*z0/2,z0+h*l1/2);
         l3=f(x0+h/2,y0+h*z0/2+h*h*l1/4,z0+h*l2/2);
         l4=f(x0+h,y0+h*z0+h*h*l2/2,z0+h*l3);
         y1=y0+h*z0+h*h*(l1+l2+l3)/6;
         z1=z0+h*(l1+2*l2+2*l3+l4)/6;
         printf("%15d%15.7f%15.7f%15.7f\n",i,x1,y1,z1);
         x0=x1;
         y0=y1;
         z0=z1;
    }
}
```

运行结果为

```
Input data x0 y0 z0 h n=
0 1.0 -1.0 0.1 20
n              x                y                z
-----------------------------------------------------------
0          0.0000000        1.0000000       -1.0000000
1          0.1000000        0.8360875       -2.3773375
2          0.2000000        0.5010880       -4.4640078
3          0.3000000       -0.0900341       -7.5585282
4          0.4000000       -1.0576385      -12.0749987
```

5	0.5000000	-2.5710015	-18.5860090
6	0.6000000	-4.8669357	-27.8810936
7	0.7000000	-8.2752590	-41.0463209
8	0.8000000	-13.2535810	-59.5725172
9	0.9000000	-20.4347553	-85.5023670
10	1.0000000	-30.6915417	-121.6301845

与其精确解 $y = 4e^{2x} - 3e^{3x}$ 在 $x = 1$ 处的较准确值 -30.700386378 比较, 可知近似解在 $x = 1$ 处有效数字为 5 位.

习 题 5

1. 分别用 Euler 法和改进的 Euler 法解下列初值问题:

(1) $\begin{cases} y' = -y, \\ y(0) = 1; \end{cases}$ (2) $\begin{cases} y' = x^2 + x - y, \\ y(0) = 0. \end{cases}$

取步长 $h = 0.1$, 计算 $y(1)$, 并与准确解相比较.

2. 证明下列 Runge–Kutta 法是三阶的:

$$\begin{cases} y_{i+1} = y_i + \dfrac{h}{4}(k_1 + 3k_1), \\ k_1 = f(x_i, y_i), \\ k_2 = f\left(x_i + \dfrac{h}{3}, y_i + \dfrac{h}{3}k_1\right), \\ k_3 = f\left(x_i + \dfrac{2h}{3}, y_i + \dfrac{2h}{3}k_1\right). \end{cases}$$

3. 取 $h = 0.2$, 用经典的 Runge–Kutta 法求解初值问题:

$$\begin{cases} y' = \dfrac{3y}{1+x}, \quad 0 \leqslant x \leqslant 1, \\ y(0) = 1. \end{cases}$$

4. 利用 Runge–Kutta 法在 $[0, 1]$ 上取步长 $h = 0.1$, 求解二阶微分方程初值问题:

$$\frac{d^2y}{dx^2} = 2\frac{dy}{dx} - 2y = e^x \sin x, \quad y(0) = -0.4, \quad y'(0) = -0.6.$$

参 考 文 献

丁丽娟. 2000. 数值计算方法. 第二版. 北京: 北京理工大学出版社.

关治, 陆金甫. 2000. 数值分析基础. 北京: 高等教育出版社.

李庆扬, 王能超, 易大义. 2002. 数值分析. 第三版. 武汉: 华中科技大学出版社.

谭浩强. 1994. C 程序设计. 北京: 清华大学出版社.

袁慰平, 孙志忠, 吴宏伟等. 2004. 计算方法与实习. 第三版. 南京: 东南大学出版社.

周煦. 2004. 计算机数值计算方法及程序设计. 北京: 机械工业出版社.

第 6 章　Maple 软件在解常微分方程中的应用

6.1　Maple 软件概述

Maple 是加拿大滑铁卢大学 (Waterloo University) 研制的一种计算机代数系统. 经过不断发展, 数学软件 Maple 已成为当今世界上最优秀的几个数学软件之一, 它拥有良好的使用环境、强有力的符号计算能力、高精度的数字计算、灵活的图形显示和高效的可编程功能. 可以容易的运用 Maple 软件解决微积分、解析几何、线性代数、微分方程、计算方法、概率统计等数学分支中的常见的计算问题. Maple 最显著的特点在于它对数学符号的超强处理能力, 这是一般高级程序语言和应用软件所办不到的. 在工程技术中, 很多数学模型都涉及积分、常微分方程和偏微分方程, 特别是高次的微分方程, 传统的手工计算过于繁杂, 让人望而却步. 如果在交互方式下使用 Maple, 根据实际问题的需要, 调用 Maple 完成特定功能的程序包, 就会达到事半功倍的效果, 顺利地解决一些较为复杂的问题. 正因如此, Maple 正逐步成为广大教师、学生和科研人员所不可或缺的数学处理的工具.

另一方面, 微分方程在微积分概念出现后即已出现, 对其研究可分为几个阶段.

发展初期是对具体微分方程, 希望能用初等函数或超越函数表示其解, 属于 "求通解" 时代. 早期的微分方程求解热潮被刘维尔于 1841 年证明里卡蒂方程不存在一般的初等解而中断, 加上柯西 (Cauchy) 初值问题的提出, 微分方程从 "求通解" 转向 "求定解" 时代. 19 世纪末, 天体力学中的太阳系稳定性问题需研究微分方程解的大范围性态, 从而使微分方程的研究从 "求定解问题" 转向 "求所有解" 的新时代. 直到 20 世纪六七十年代以后, 微分方程由于计算机技术的发展迎来了新的时期, 从 "求所有解" 转入 "求特殊解" 时代, 发现了具有新性质的特殊的解和方程, 如混沌 (解)、奇异吸引子及孤立子等.

微分方程的研究还因与其他学科领域的结合而出现各种新的研究分支, 如控制论、种群生态学、分支理论、泛函微分方程、脉冲微分方程、广义微分方程、时标微分方程等. "三百年来分析是数学里首要的分支, 而微分方程又是分析的心脏. 这是初等微积分的天然后继课, 又是为了解物理科学的一门最重要的数学, 而且在它所产生的较深的问题中, 它又是高等分析里大部分思想和理论的根源." 塞蒙斯 (Simmons) 曾如此评价微分方程在数学中的地位.

实际上, 要想深入和有效地认识微分方程在理论和应用上的诸多领域, 一个功能强大而不断发展的数值和符号计算软件是必不可少的辅助工具, Maple 正具备这样的特点.

本章选讲 Maple 软件在解常微分方程中的应用. 首先简要介绍 Maple 软件的主要数学功能. 主要是其超强的函数绘图功能, 以及利用 dsolve 命令求解常微分方程. 其次给出利用 Maple 软件对实际问题作深入研究的例子: 非线性 Volterra 捕食模型的定性分析.

6.2 在 Maple 中画图

Maple 最显著的特点之一是强大的图形处理功能. 恰当地运用 Maple 提供的各种作图函数可以用来演示高深枯燥的数学概念、定理、公式等, 有些实际问题的解决需要借助 Maple 作图来进行分析和处理.

1. plot 和 plot3d 命令

命令 plot 为 Maple 中的二维绘图函数, 主要用来绘制二维函数图、参数图、极坐标图、等高线图、不等式图等. 函数的调用形式为

plot (f, h, v, option),

其中 f 是绘制的函数、表达式或过程, h 是 x 轴区间, v 是 y 轴区间, option 是一些选项, 包括图形的标题、线型、颜色等的选择.

而利用 Maple 绘制三维图, 主要借助函数 plot3d, 借助 Maple 绘制的三维图形可以展示平面、曲面及立体切割面, 三维绘图是实现高等数学可视化的重要手段, 对分形、磁场分布等研究提供了一条有效的路径. 其调用形式为

plot3d(f(x, y), x=a..b, y=c..d, options);

其中 a..b 为 x 的变化范围, c..d 为 y 的变化范围, option 选项参数与二维绘图的意义相似.

例 6.1 在同一坐标系下, 作出 $y=2^x, y=\left(\dfrac{1}{2}\right)^x, y=\log_2 x, y=\log_{\frac{1}{2}} x$ 的图形.

```
>plot({2^x,(1/2)^x,ln(x)/ln(2),ln(x)/ln(1/2)},x=-4..4,color=black,
linestyle=[1,2,3,4]);
```

结果如图 6.1 所示.

例 6.2 在同一坐标系下, 作出 $y=\sin x, \cos x, \tan x, \cot x, \mathrm{sh}x, \mathrm{ch}x$ 的图形.

```
>plot({sin(x),cos(x),tan(x),cot(x),sinh(x),cosh(x)},x=-2*3.14..2*
3.14,view=[-2*3.14..2*3.14,-4..4],color=blue);
```

结果如图 6.2 所示.

例 6.3 用 Maple 画出的 Riemann ζ 函数.

```
>plot(Zeta(t),t=-3..3,y=-3..3,discont=true,colour=black);
```

结果如图 6.3 所示.

例 6.4 用 Maple 画出的 Bessel 函数.

```
>plot(BesselJ(1,x),x=-20..20),
```

结果如图 6.4. 所示.

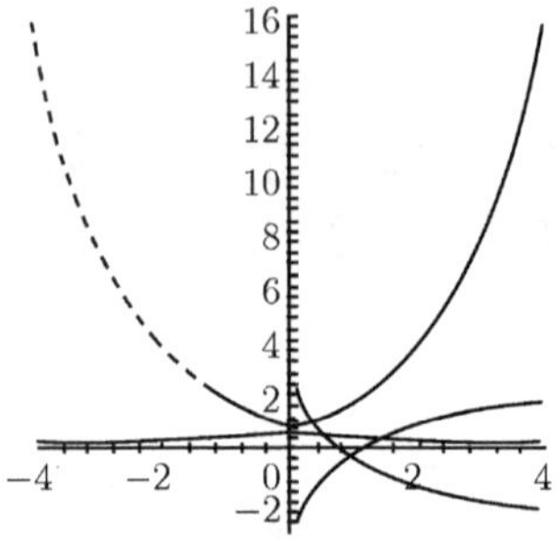

图 6.1

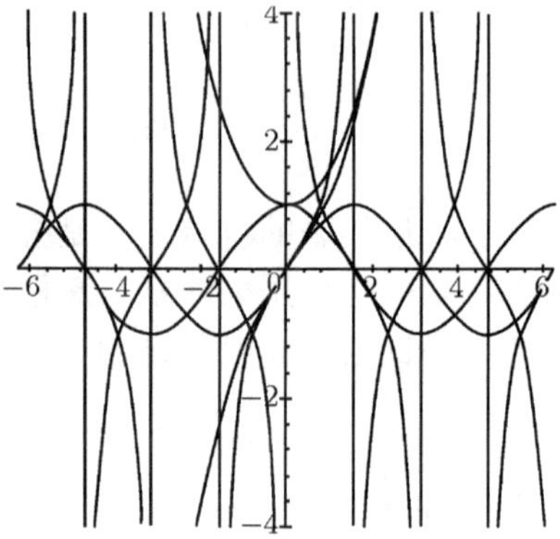

图 6.2

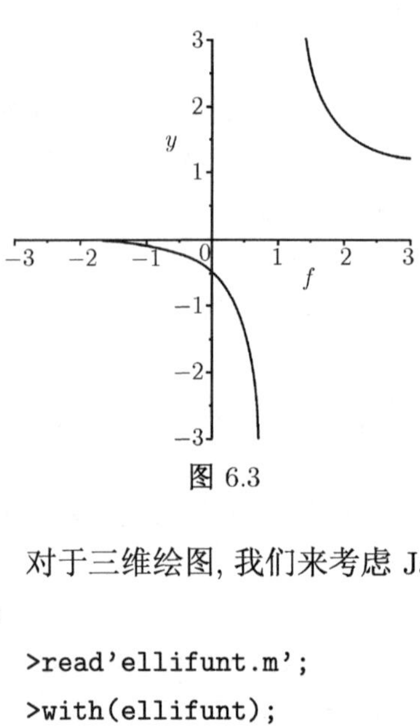

图 6.3

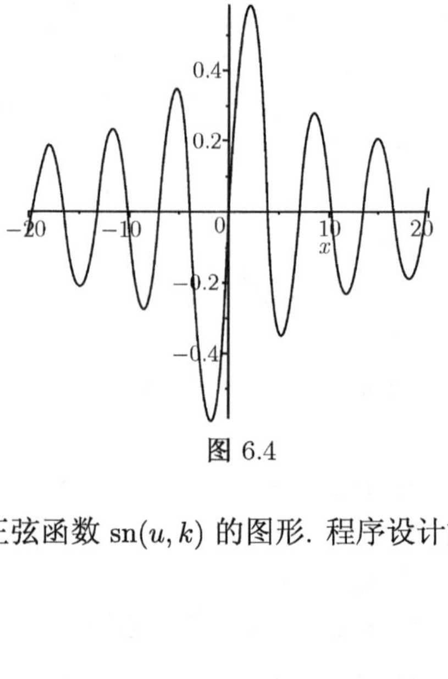

图 6.4

对于三维绘图, 我们来考虑 Jacobi 椭圆正弦函数 $\mathrm{sn}(u,k)$ 的图形. 程序设计如下:

```
>read'ellifunt.m';
>with(ellifunt);
[cn,dn,sn,evalf/sncndn,init,set_to]
```

由于 $k \to 1^-$ 时, $\mathrm{sn}(u,k)$ 不是一致收敛到 $\tanh(x)$, 所以, 在紧凑的 x 区间内画出 $\mathrm{sn}(u,k)$ 的图形.

例 6.5 在紧凑的 x 区间内画出 $\mathrm{sn}(u,k)$ 的图形.

```
>plot3d(JacobiSN(x,y),x=-10..10,y=0..0.999999,grid=[30,30],style=
HIDDEN,colour=black);
```
结果如图 6.5 所示.

```
>plot3d(JacobiCN(x,y),x=-10..10,y=0..0.999999,grid=[30,30],style=
HIDDEN,colour=black);
```
结果如图 6.6 所示.

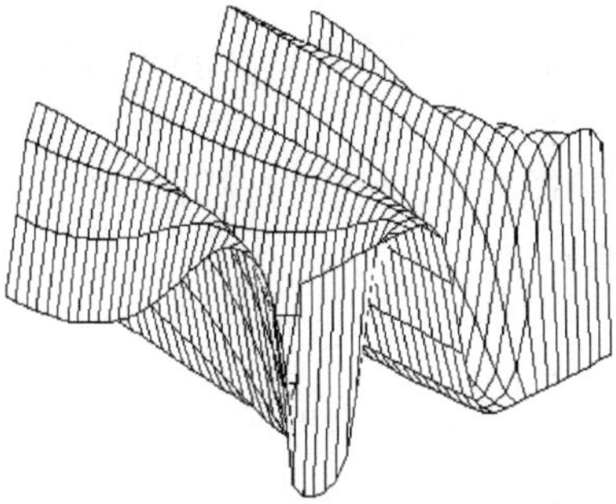
图 6.5

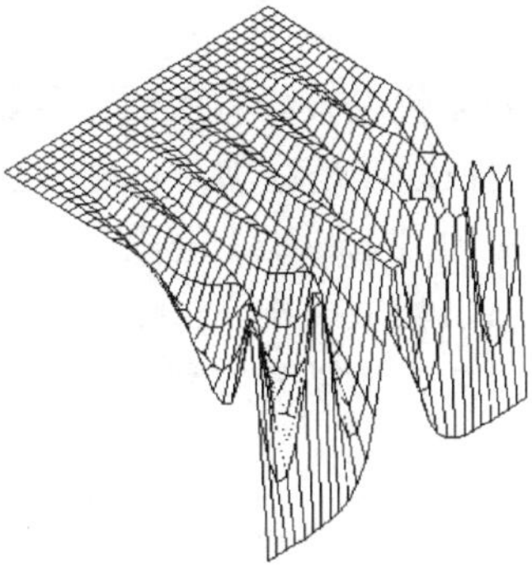
图 6.6

这个图形显示在图 6.5 中, Borwein 评论说, 这是一个 "初等函数快速计算的图形证明", 因为这个椭圆函数是可以快速计算的, 因此由连续性可知 $\tanh(x)$ 也可以快速计算.

例 6.6 三维参数方程绘图.

(1) 极坐标绘图.

```
>plot3d([cos(s)*cos(t),cos(s)*sin(t),s^3],s=-2..2,t=0..2*3.14,
style=patchnogrid);
```
结果如图 6.7 所示.

```
>plot3d([cosh(s)*cos(t),cosh(s)*sin(t),s],s=-2..2,t=0..2*3.14);
```
结果如图 6.8 所示.

(2) 球坐标绘图.

```
>plot3d(cosh(z/2),t=0..3/2*3.14,z=-4.4,coords=spherical,style=
patchnogrid);
```
结果如图 6.9 所示.

2. DEplot 和 DEplot3d 命令

DEplot 是微分方程解的绘图命令. 函数的调用形式为

DEplot(deqns, vars, trange, options),

图 6.7

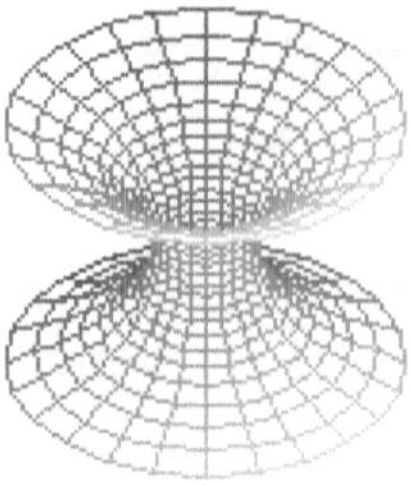

图 6.8

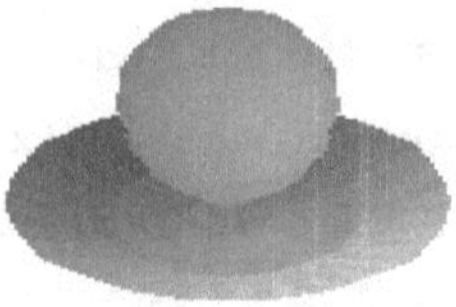

图 6.9

其中 deqns 代表微分方程或方程组, vars 是未知函数或函数组, trange 表示自变量的范围, options 是选项.

类似地, DEplot3d 是微分方程解的三维绘图命令. 函数的调用形式为

DEplot3d (deqns, vars, trange, inits, options).

例 6.7　解微分方程

$$y' = 1 - y^2, \quad y(-4) = 2, \quad y(-4) = -0.99.$$

```
>with(DEtools):
>DEplot(D(y)(x)=1-y(x)^2,y(x),x=-4..4,[[y(-4)=-0.99],[y(-4)=2]],
colour=magenta,linecolor=[gold,yellow]);
```

结果如图 6.10 所示.

例 6.8　范德波尔方程:

$$\begin{cases} x' = y - 4\left(\dfrac{1}{3}x^3 - x\right), \\ y' = -x. \end{cases}$$

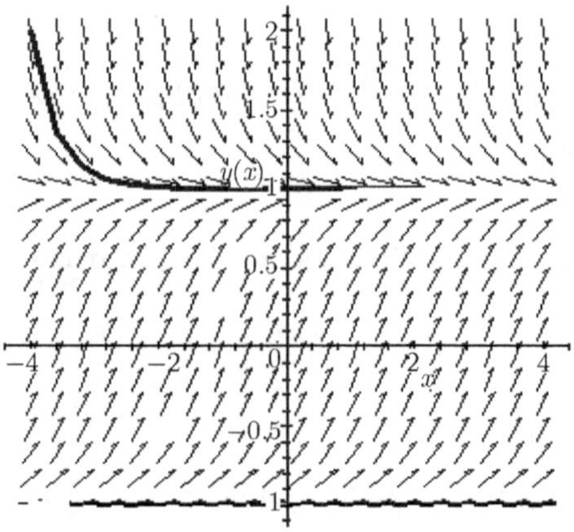

图 6.10

```
>with(DEtools):
>DEplot([D(x)(t)=y(t)-4*(x(t)^3/3-x(t)),D(y)(t)=-x(t)],[x(t),y(t)],
t=0..10,[[x(0)=-3,y(0)=3],
[x(0)=0,y(0)=0.3]],stepsize=0.015,scene=[x(t), y(t)],
linecolour=sin(t*3.14/2),method=classical[foreuler]);
```

结果如图 6.11 所示.

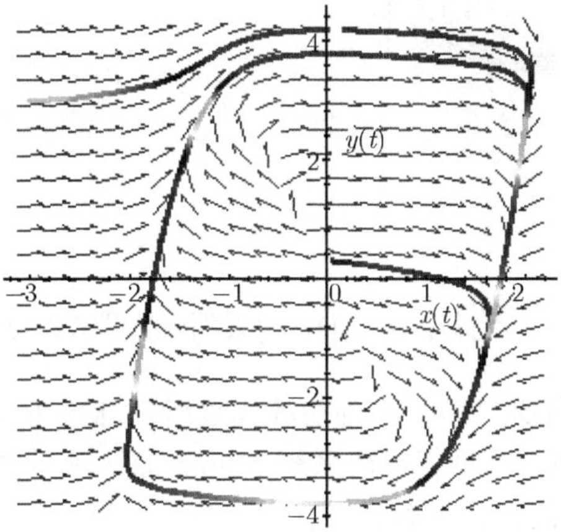

图 6.11

例 6.9 Rossler 方程:

$$\begin{cases} x' = y - z, \\ y' = x + ay, \\ z' = b + xz - cz. \end{cases}$$

```
>with(DEtools):>a:=0.2:b:=0.2:c:=6.3:
>Rossler:=diff(x(t),t)=y(t)-z(t),diff(y(t),t)=x(t)+a*y(t),diff(z
(t),t)=b+x(t)*z(t)-c*z(t);
>DEplot3d({Rossler},{x(t),y(t),z(t)},t=50..200,[[x(0)=1,y(0)=1,
z(0)=1]],>scene=[x(t),y(t),z(t)],stepsize=0.05,thickness=1,linec-
olor=blue,font=[TIMES,ROMAN,20],orientation=[40,120]);
```

结果如图 6.12 所示.

例 6.10 哈密顿函数 $H(x,y) = \frac{1}{2}y^2 - \frac{1}{2}x^2 + \frac{1}{4}x^4$ 的轨线图 (等视面).

```
>with(plots):
>contourplot(y^2/2-x^2/2+x^4/4,x=-2..2,y=-2..2);
```

结果如图 6.13 所示.

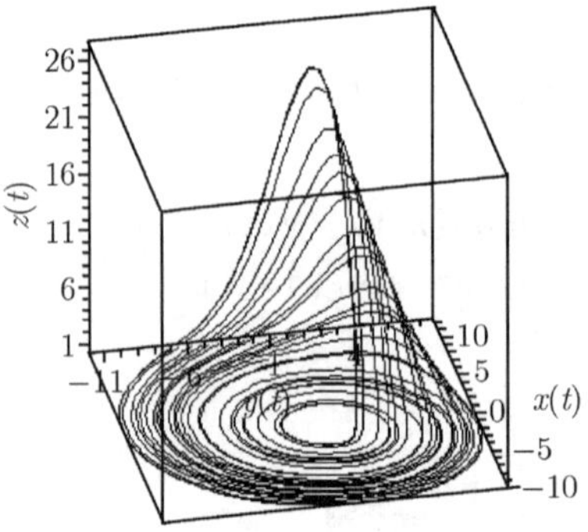

图 6.12

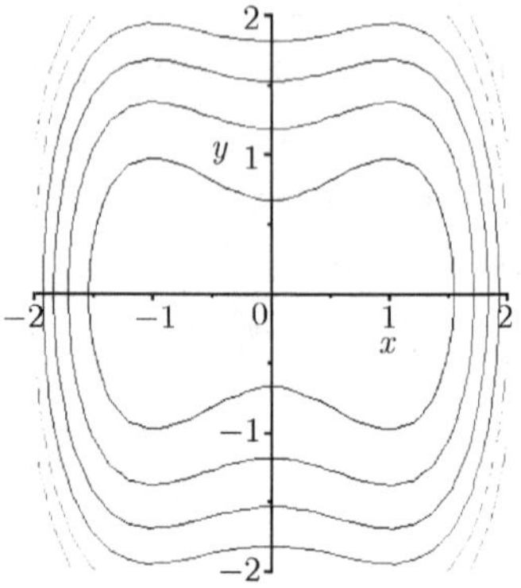

图 6.13

6.3　利用 Maple 软件解微分方程

运用 Maple 解方程必然涉及各种初等代数运算, Maple 能够显式, 或者隐式地解析求解许多微分方程. 计算机代数系统 Maple 的一项重要功能就是求解各种微分方程, 它提供了大量的函数来解各种微分方程.

解微分方程的常用命令是 dsolve. 其一般格式为

dsolve(< 方程 >, < 函数 >, [implicit]),

它可以给出许多常微分方程和初值问题的解析解.

例 6.11　求伯努利方程 $\dfrac{\mathrm{d}y}{\mathrm{d}x}+\dfrac{y}{x}=a(\ln x)y^2$ 的通解.

```
>eq:=diff(y(x),x)+y(x)/x=a*(ln(x))*y^2;
```

$$\text{eq} := \left(\frac{\partial}{\partial x}y(x)\right)+\frac{y(x)}{x}=a\ln(x)y(x)^2$$

```
>dsolve(eq,y(x));
```

$$\frac{1}{y(x)}=-\frac{1}{2}x\ln(x)^2a+x\_c1$$

例 6.12　求解 Legendre 方程 $(1-x^2)y''-2xy'+n(n+1)y=0$, 其中 n 为常数.

```
>eq:=(1-x^2)*diff(y(x),x$2)-2*x*diff(y(x),x)+n*(n+1)*y(x)=0;
```

$$\text{eq} := (1-x^2)\left(\frac{\partial^2}{\partial x^2}y(x)\right)-2x\left(\frac{\partial}{\partial x}y(x)\right)+n(n+1)y(x)=0$$

```
>dsolve(eq, y(x),'type=series');
```

$$
\begin{aligned}
y(x) =& y(0) + D(y)(0)x + \left(-\frac{1}{2}n^2y(0) - \frac{1}{2}ny(0)\right)x^2 \\
&+ \left(-\frac{1}{6}nD(y)(0) - \frac{1}{6}n^2D(y)(0) + \frac{1}{3}D(y)(0)\right)x^3 \\
&+ \left(-\frac{5}{24}n^2y(0) + \frac{1}{24}n^4y(0) + \frac{1}{12}n^3y(0) - \frac{1}{4}ny(0)\right)x^4 \\
&+ \left(\frac{1}{60}n^3D(y)(0) + \frac{1}{120}n^4D(y)(0) - \frac{13}{120}n^2D(y)(0)\right. \\
&\left. - \frac{7}{60}nD(y)(0) + \frac{1}{5}D(y)(o)\right)x^5 + o(x^6).
\end{aligned}
$$

在许多情况下, 它还可以提供级数解, 如

```
>dsolve({diff(x(t),t)=x(t)*(1-x (t)),x(0)=alpha},x(t));
```

$$x(t) = \frac{1}{1 - \frac{e^{-t}(-1+\alpha)}{\alpha}}.$$

Maple 也可用于数值求解初值问题. 详见 (dsolve, numeric). 然而, 由于 Maple 是解释性语言, 如果你所面临的是非常大或非常困难的数值问题, 最好使用 FORTRAN 程序来解决. 纯函数理论将微分方程区分为 $y^{(n)} = f(x), y'' = f(x, y'), y'' = f(y, y')$ 三种类型, 利用变量代换化归为一阶线性微分方程求解, 求解过程纷繁复杂. 如使用 dsolve 函数, 则简捷易行. 使用 dsolve 命令的常规格式, 还可以直接求解常系数齐次与非齐次线性微分方程、变系数的 Euler 方程, 如

(1) 解微分方程 $y' = 1 - y^2, y(0) = 0$.

```
>dsolve({diff(y(x),x)=1-y(x)^2,y(0)=0},y(x));
y(x)=-tanh(-x).
```

(2) 试求初值问题 $x' = \begin{bmatrix} 1 & 1 \\ 0 & 1 \end{bmatrix} x + \begin{bmatrix} e^{-t} \\ 0 \end{bmatrix}, x(0) = \begin{bmatrix} -1 \\ 1 \end{bmatrix}$ 的解.

```
>dsolve({D(x1)(t)=x1(t)+x2(t)+exp(-t),D(x2)(t)=x2(t),x1(0)=-1,x2
(0)=1},{x1(t),x2(t)});
```

$$\left\{x_1(t) = -e^t + te^t + e^t\left(-\frac{1}{2}e^{(-2t)} + \frac{1}{2}\right), x2(t) = e^t\right\}.$$

6.4 高等应用举例 —— 非线性 Volterra 捕食模型的定性分析

Volterra 捕食与被捕食数学模型对于研究种群增长的生态关系十分重要. 本节主要是在 Volterra 捕食模型的基础上, 主要利用 Maple 软件研究具有种内竞争, 选

择性捕食及同时具有种内竞争和选择性捕食的三个非线性 Volterra 捕食系统, 进行理论分析及 Maple 软件求解, 使用数值模拟描述其周期解的性质和相图形貌, 并讨论系统的稳定性及其实际应用.

6.4.1 Volterra被捕食–捕食模型简介①

意大利生物数学家棣安考纳 (D'Ancona) 发现地中海各海港在第一次世界大战期间捕鱼量减少而捕获到的捕食鱼占的百分比却急剧增加, 为解释这一现象, 意大利数学家沃尔泰拉 (Volterra) 建立了一个关于捕食鱼与被捕食鱼生长情形的数学模型.

在自然界广泛存在着两个种群相互依存、相互制约的生存方式, 即种群甲靠丰富的自然资源生长、繁衍, 而种群乙全靠捕食甲为生, 我们称种群甲为食饵或被捕食者, 称种群乙为捕食者, 二者共同构成一个被捕食者–捕食者系统.

为建立模型, 沃尔泰拉把所有的鱼分成两类: 被食鱼与捕食鱼, 以 $x(t)$ 和 $y(t)$ 分别表示被食鱼、捕食鱼在 t 时刻的数量. 设被食鱼所需的食物很丰富, 他们本身的竞争并不激烈, 在没有捕食鱼存在的情况下, 它的数量应满足指数增长模型, 即 $\dfrac{\mathrm{d}x}{\mathrm{d}t} = ax(a > 0$, 表示自然净相对增长率), 但由于捕食鱼的存在, 致使其增长率减小, 设其减小的程度与捕食鱼的数量 $y(t)$ 成正比, 比例系数为 b, 它反映了捕食鱼的掠食能力. 于是 $x(t)$ 应满足微分方程

$$\frac{\mathrm{d}x}{\mathrm{d}t} = x(a - by) = ax - bxy.$$

类似地, 沃尔泰拉认为捕食鱼在没有被食鱼存在的情况下必然按照死亡率 c 死亡殆尽，即 $\dfrac{\mathrm{d}y}{\mathrm{d}t} = -cy(c > 0$为常数), 但由于被食鱼的存在为其提供了食物, 使其死亡率下降, 并保证了它可以继续繁衍. 设被食鱼对捕食鱼的这种作用与被食鱼的数量 $x(t)$ 成正比, 比例系数为 d, 则 $y(t)$ 应满足微分方程

$$\frac{\mathrm{d}y}{\mathrm{d}t} = y(-c + dx) = -cy + dxy.$$

于是得到著名的 Volterra 被捕食–捕食模型:

$$\begin{cases} \dfrac{\mathrm{d}x}{\mathrm{d}t} = ax - bxy, \\ \dfrac{\mathrm{d}y}{\mathrm{d}t} = -cy + dxy. \end{cases} \tag{6.1}$$

该方程表示了当不存在人类捕鱼活动时, 捕食鱼与被食鱼所遵循的生存规律, 还可以用来描述加拿大森林中的美洲兔与山猫, 阿尔卑斯山的落叶松与芽虫, 草原上的

① 见文献王高雄等, 2006; 皮洛, 1987; 王树禾, 1999.

狼和兔的生存规律. 如果要考虑渔业对 Volterra 模型的影响 (用 ε 反映渔业的水平), 那么需将模型 (6.1) 作如下修改:

$$\begin{cases} \dfrac{\mathrm{d}x}{\mathrm{d}t} = ax - bxy - \varepsilon x = (a-\varepsilon)x - bxy, \\ \dfrac{\mathrm{d}y}{\mathrm{d}t} = -cy + dxy - \varepsilon y = -(c+\varepsilon)y + dxy. \end{cases} \tag{6.2}$$

下面, 对 (6.1), (6.2) 的分析作一下简单介绍.

对于模型 (6.1), 它没有解析解, 只有通解 $(x^c\mathrm{e}^{-dx})(y^a\mathrm{e}^{-by}) = k$($k$ 为任意常数), 沃尔泰拉发明了一种巧妙的方法, 就是在 xy 平面上画出 $x(t)$ 与 $y(t)$ 变化的相图, 从相图来进行分析. 从相图中可直接看出, 若初始时刻只有被捕食者, 则其数量会越来越多; 若初始时刻只有捕食者, 则其数量会趋于零; 若初始时刻二者都有, 随着时间 t 的增加, 二者数量皆周期变化, 无休止地呈现动态的生态平衡. 还可证明 $x(t), y(t)$ 在一个周期 T 内的平均值为 $\bar{x} = \dfrac{c}{d}, \bar{y} = \dfrac{a}{b}$.

对于模型 (6.2), 当 $a-\varepsilon > 0$ 时, 它与模型 (6.1) 是同一形式的方程, 只是将 a 换成了 $a-\varepsilon$, 将 c 换成了 $c+\varepsilon$, 因此系统 (6.2) 的解的平均值为 $\bar{x} = \dfrac{c+\varepsilon}{c}, \bar{y} = \dfrac{a-\varepsilon}{b}$, 这表明, 适度的捕鱼 ($\varepsilon < a$), 会增加被食鱼的数量而使捕食鱼的数量减少; 相反减少捕鱼量却会增加捕食鱼的数量而减少被食鱼的数量. 这一结果称为 Volterra 原理, 它不仅完全可以解释第一次世界大战期间地中海地区捕鱼量减少而捕获到的捕食鱼所占百分比急剧增加的现象, 还可用它解释对存在固有天敌的害虫施用杀虫剂会使所要杀灭的害虫数量增加的现象.

除了以上两种模型外, 还有人提出过以下几种关于弱肉强食微分方程模型 (王高雄等, 2006):

$$\begin{cases} \dfrac{\mathrm{d}x}{\mathrm{d}t} = ax - bxy - cx^2, \\ \dfrac{\mathrm{d}y}{\mathrm{d}t} = dy + exy - fx^2; \end{cases} \tag{6.3}$$

$$\begin{cases} \dfrac{\mathrm{d}x}{\mathrm{d}t} = ax - bxy + cx^2, \\ \dfrac{\mathrm{d}y}{\mathrm{d}t} = dy - e\dfrac{y^2}{x}; \end{cases} \tag{6.4}$$

$$\begin{cases} \dfrac{\mathrm{d}x}{\mathrm{d}t} = ax - b\sqrt{xy}, \\ \dfrac{\mathrm{d}y}{\mathrm{d}t} = \begin{cases} d\sqrt{xy}, & x \neq 0, \\ -cy, & x = 0. \end{cases} \end{cases} \tag{6.5}$$

这些复杂的捕食系统的动态过程和稳定性问题涉及了微分方程定性理论和多个科学技术工程领域. 鉴于复杂的多参数和非线性等特点, 单纯的理论研究在某些方面限制了系统模型的推广和应用. 钟益林等 (2007) 采用理论分析和 Maple 软件数值模拟相结合的方法对 (6.1) 进行了分析, 本节在此基础上采用此方法对具有种内竞争, 选择性捕食及同时具有种内竞争和选择性捕食的三个非线性 Volterra 捕食模型的周期解和相图进行研究, 讨论其稳定性及应用.

6.4.2 具有种内竞争的非线性Volterra捕食模型

简单的 Volterra 捕食模型并未考虑捕食者与捕食者之间、被食者与被食者之间的竞争, 而这些竞争当外界食物有限时是不可避免的. 如果考虑种内竞争, 则数学模型 (6.1) 应修改为 (王树禾, 1996)

$$\begin{cases} \dfrac{\mathrm{d}x}{\mathrm{d}t} = ax - bxy - ex^2 \ , \\ \dfrac{\mathrm{d}y}{\mathrm{d}t} = -cy + dxy - fy^2, \end{cases} \tag{6.6}$$

其中 a, b, c, d 的表示意义与 (6.1) 相同, $-ex^2, -fy^2$ 是反应种内竞争的项, e, f 为同一自然环境中两种群的自身密度制约系数, 且 a, b, c, d, e, f 皆为正常数. 由

$$\begin{cases} ax - bxy - ex^2 = 0, \\ -cy + dxy - fy^2 = 0, \end{cases}$$

计算得到平衡点：$p_1(0,0), p_2\left(\dfrac{a}{e}, 0\right), p_3\left(0, -\dfrac{c}{f}\right), p_4\left(\dfrac{af+bc}{bd+ef}, \dfrac{ad-ce}{bd+ef}\right)$, 其中 p_1 显然不稳定, 由 (6.6) 的线性近似系统 $\begin{cases} \dfrac{\mathrm{d}x}{\mathrm{d}t} = ax, \\ \dfrac{\mathrm{d}y}{\mathrm{d}t} = -cy \end{cases}$ 的特征根为 $\lambda_1 = a, \lambda_2 = -c$, 故 $p_1(0,0)$ 是鞍点.p_2 显示了系统中一个种群必将灭亡的极端态势, 且在这里显示的是弱者胜, 强者败, 即被食者数量趋于 $\dfrac{a}{e}$, 捕食者灭亡, 而 p_3 无意义. 讨论 p_4, 由平衡点稳定性判别定理 (王高雄等, 2006) 可得 $\dfrac{ad}{ce} > 1$ 时该点稳定.

1. *应用 Maple 软件数值模拟*

为确定 x, y 随时间的变化规律, 用 Maple 软件数值模拟解初值问题

$$\begin{cases} \dfrac{\mathrm{d}x}{\mathrm{d}t} = ax - bxy - ex^2, \\ \dfrac{\mathrm{d}y}{\mathrm{d}x} = -cy + dxy - fy^2, \\ x(0) = x_0, \quad y(0) = y_0. \end{cases}$$

设其中的系数 (根据大量统计分析和假设检验得到) 分别为 (李岚等, 2007)

$$a = 1, \quad b = 0.1, \quad e = 0.01, \quad c = 0.5, \quad d = 0.05, \quad f = 0.01,$$

并假设 $x(0) = 25, y(0) = 5$.

在 Maple 环境中输入如下程序以求得其数值解.

```
restart:
with(plots):
a:=1: b:=0.1: c:=0.5:
d:=0.05: e:=0.01: f:=0.01:
x0:=25: y0:=5:
eqs:={diff(x(t),t)=a*x(t)-b*x(t)*y(t)-e*x(t)^2,diff(y(t),t)=
-c*y(t)+d*x(t)*y(t)-f*y(t)^2}:
init:={x(0)=x0, y(0)=y0}:
sol:=dsolve(eqs union init,numeric):
odeplot(sol,[[t,x(t)],[t,y(t)]],0..50,numpoints=50);
odeplot(sol,[x(t),y(t)],0..50,numpoints=15000,color=blue);
seqn:=seq(sol(i/5),i=0..250)
```

在运行程序之后, 可得到如图 6.14 和图 6.15 所示的结果.

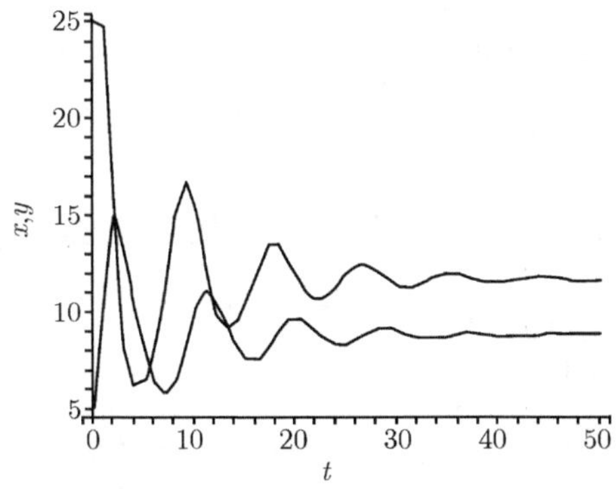

图 6.14

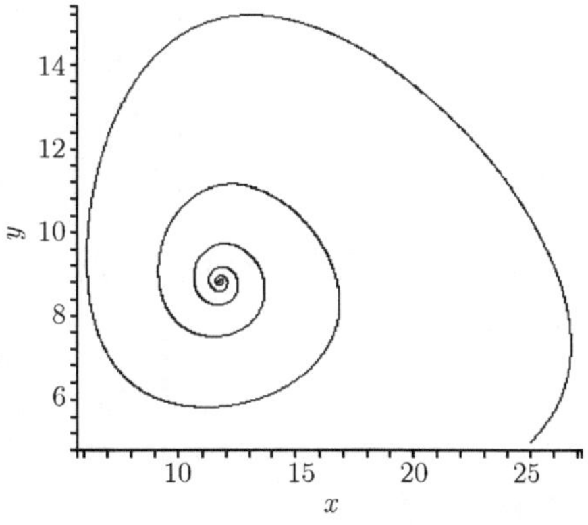

图 6.15

2. 系统分析

从图 6.14(捕食模型 (6.6) 的数值解) 和图 6.15(捕食模型 (6.6) 的相图) 可以看出刚开始两个种群数量都有所增加, 其中捕食者增加的数量多, 被捕食者增加的非常少. 由于两种群各自之间存在密度制约系数, 一定周期后各种群数量将趋于稳定态势, 改变系统中的参数进行大量模拟计算, 所有模拟计算结果显示, 当 t充分大时, $x(t)$ 趋于 $\dfrac{af+bc}{bd+ef}$, $y(t)$ 趋于 $\dfrac{ad-ce}{bd+ef}$, 即 $p_4\left(\dfrac{af+be}{bd+ef}, \dfrac{ad-ce}{bd+ef}\right)$是稳定的, 该系统表现出了渐近稳定的生态循环性. 从相应程序得到的数据列表中还可以看出, 数值

解的周期约为 T=10.1, 我们在 Maple 中用辛普森近似积分 (钟益林等, 2007) 计算可得出 $x(t), y(t)$ 各自的最大值与最小值:

```
>with(student):
  mean:=evalf(simpson(sol(t),t=0..10.1,100)/10.1):
  xmax:=max(seq(rhs(sol(i/10)[2]),i=0..110));
  xmin:=min(seq(rhs(sol(i/10)[2]),i=0..110));
  ymax:=max(seq(rhs(sol(i/10)[3]),i=0..110));
  ymin:=min(seq(rhs(sol(i/10)[3]),i=0..110));
```

计算结果为: $x(t)$, $y(t)$ 的最大整数值分别是 26, 15; 最小值分别是 6, 5; 此时 $(x(t), y(t))$ 趋近于 $p_4(12, 9)$.

6.4.3 具有选择性捕食的非线性Volterra捕食模型

在自然界中捕食者在捕食猎物时客观上存在选择性, 一般以捕食成年者为主 (因为幼小者体积小、易隐蔽, 不易被捕获). 设 $x(t)$ 为成年被食者总数, $y(t)$ 为幼小者总数, $z(t)$ 为捕食者总数, 可建立如下方程 (Lucas, 1998):

$$\begin{cases} \dfrac{\mathrm{d}x}{\mathrm{d}t} = -ax + gy - bxz, \\ \dfrac{\mathrm{d}y}{\mathrm{d}t} = hx - (a+g)y, \\ \dfrac{\mathrm{d}z}{\mathrm{d}t} = -cz + dxz, \end{cases} \tag{6.7}$$

其中 g 表示幼小者的成长率, h 表示与成年者成正比的出生率, 其他参数的表示意义同以上系统类似. 由

$$\begin{cases} -ax + gy - bxz = 0, \\ hx - (a+g)y = 0, \\ -cz + dxz = 0, \end{cases}$$

可计算得到平衡点

$$p_1(0,0,0), \quad p_2\left(\frac{c}{d}, \frac{hc}{d(a+g)}, \frac{hg - a^2 - ag}{b(a+g)}\right),$$

对于 p_2, 当且仅当 $hg - a^2 - ag > 0$, $\dfrac{c}{d} > 1$ 时有意义.

1. 应用 Maple 软件数值模拟

令 $a = 0.05, b = 0.1, c = 0.1, d = 0.05, g = 0.5, h = 5$, 取初值 $x(0) = 16$, $y(0) = 30$, $z(0) = 10$, 在 Maple 环境中输入如下的程序以求得其数值解.

```
restart:
with(plots):
a:=0.05: b:=0.1: c:=0.1:
```

```
d:=0.05: g:=0.5: h:=5:
eqs:={diff(x(t),t)=-a*x(t)+g*y(t)-b*x(t)*z(t),diff(y(t),t)=h*x(t)-
(a+g)*y(t),diff(z(t),t)=-c*z(t)+d*x(t)*z(t)};
init:={x(0)=16,y(0)=30,z(0)=10}:
sol:=dsolve(eqs union init, numeric):
odeplot(sol,[[t,x(t)],[t,y(t)],[t,z(t)]],0..150,numpoints = 1000);
odeplot(sol,[x(t),y(t),z(t)],0..50,numpoints=150000,color=blue);
```

在运行程序之后, 可得到如图 6.16 和图 6.17 所示的结果.

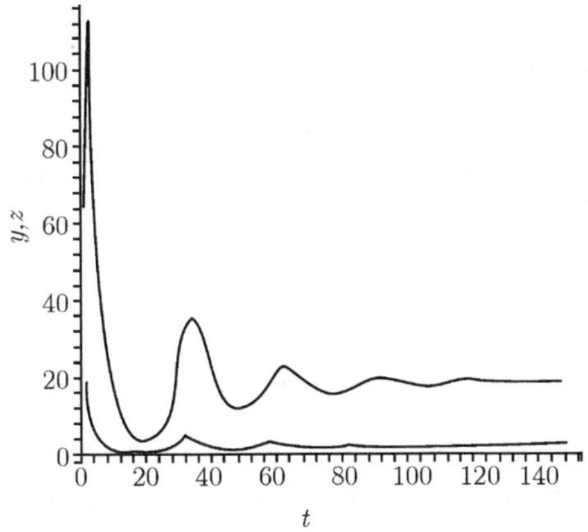

图 6.16

图 6.17

2. 系统分析

由于捕食者选择性捕食因素的作用, 系统 (6.7) 可以看成三个种群之间彼此制约的系统, 从图 6.16(捕食模型 (6.7) 的数值解), 图 6.17(捕食模型 (6.7) 的相空间图) 中可以看出开始由于捕食者选择捕食成年者, 所以幼年者的数量急剧增加, 随着幼小者长大又成为捕食对象, 数量又减少, 一定周期后三个种群的数量都趋于稳定态势. 模拟结果显示：当 t 充分大时, $x(t)$ 趋于 $\dfrac{c}{d}$, $y(t)$ 趋于 $\dfrac{hc}{d(a+g)}$, $z(t)$ 趋于 $\dfrac{hg-a^2-ag}{b(a+g)}$, 即 $p_2\left(\dfrac{c}{d}, \dfrac{hc}{d(a+g)}, \dfrac{hg-a^2-ag}{b(a+g)}\right)$是稳定的, 该系统表现出了稳定的生态循环性. 同样可以在 Maple 环境中用辛普森近似积分计算得出 $x(t)$, $y(t)$, $z(t)$ 各自的最大值与最小值.

6.4.4 同时具有种内竞争、选择性捕食的非线性Volterra捕食模型

在自然界中，种内竞争和选择性捕食在同一个生态系统中客观上是同时存在的. 根据模型 (6.6) 和 (6.7), 我们可以得到同时具有种内竞争、选择性捕食的非线

性 Volterra 捕食模型

$$\begin{cases} \dfrac{\mathrm{d}x}{\mathrm{d}t} = -ax + gy - bxz - ex^2, \\ \dfrac{\mathrm{d}y}{\mathrm{d}t} = hx - (a+g)y - fy^2, \\ \dfrac{\mathrm{d}z}{\mathrm{d}t} = -cz + dxz - mz^2, \end{cases} \tag{6.8}$$

其中 $-ex^2$, $-fy^2$, $-mz^2$ 是反应种内竞争的项, e, f, m 分别为同一自然环境中被捕食者的成年者、幼小者和捕食者三种群的自身密度制约系数, 其他参数的表示意义与模型 (6.7) 相同.

应用Maple 软件数值模拟及系统分析

令 $a=0.05, b=0.1, c=0.1, d=0.05, e=0.01, f=0.01, m=0.01, g=0.5, h=5$, 取初值 $x(0)=36, y(0)=30, z(0)=10$, 在 Maple 环境中输入如下程序以求得其数值解.

```
restart:
with (plots):
a:=0.05: b:=0.1: c:=0.1: d:=0.05: g:=0.5: h:=5: e:=0.01: f:=0.01:
m:=0.01:
eqs:={diff(x(t),t)=-a*x(t)+g*y(t)-b*x(t)*z(t)-e*x(t)^2,diff(y(t),
t)=h*x(t)-(a+g)*y(t)-f*y(t)^2,diff(z(t),t)=-c*z(t)+d*x(t)*z(t)-
m*z(t)^2};
init:={x(0)=36, y(0)=30, z(0)=10}:
sol:=dsolve(eqs union init,numeric):
odeplot(sol,[[t,x(t)],[t,y(t)],[t,z(t)]],0..50,numpoints=500);
odeplot(sol,[x(t),y(t),z(t)],0..100,numpoints=150000,color=blue);
```

在运行程序之后, 可得到如图 6.18 和图 6.19 所示的结果.

从图 6.18(捕食模型 (6.8) 的数值解), 图 6.19(捕食模型 (6.8) 的相空间图) 可以看出同时具有种内竞争和选择性捕食的非线性 Volterra 捕食模型在自身的调节下, 经过一定时间后, 种群的数量都趋于稳定态势.

6.4.5 结论

通过用 Maple 软件对具有种内竞争、选择性捕食以及同时具有种内竞争和选择性捕食的三个非线性 Volterra 捕食模型的研究可得到以下结论:

(1) 用 Maple 软件数值模拟得到模型的数值解和相图, 有利于人们对数学生态模型的理解. 对于前面提到的模型 (6.4)、(6.5), 还有一些更复杂的生态模型, 都可以结合 Maple 软件来进行研究.

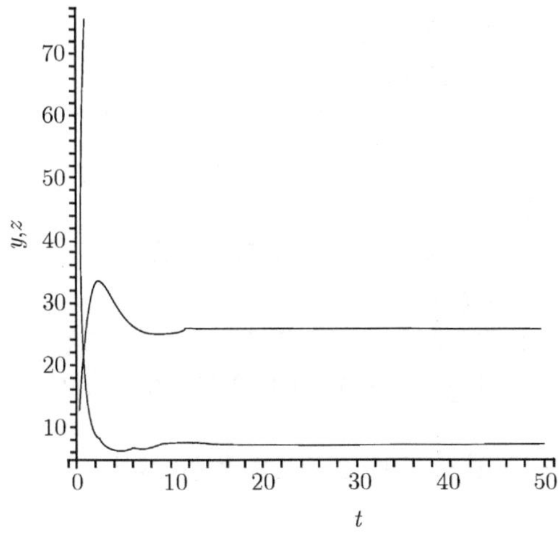

图 6.18

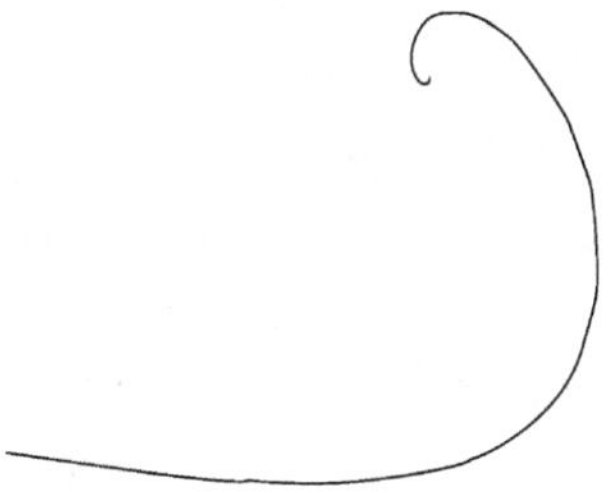

图 6.19

(2) 具有种内竞争的非线性 Volterra 捕食模型接近于自然环境中的生态情形, 在没有外力作用的情况下, 表现出系统自身的调节功能以及依靠自身的调节而达到的循环稳定性.

(3) 具有选择性捕食的非线性 Volterra 捕食模型也可以看成是系统自身的调节功能在起作用, 捕食者通过选择性捕食来促使食物来源, 使得捕食者、被捕食者的成年者和幼小者三方最终达到平衡. 三个种群之间彼此制约的食物链模型可以用此系统来进行解释.

(4) 同时具有种内竞争和选择性捕食的非线性 Volterra 捕食模型更接近于自然环境中的生态情形, 在没有外力作用的情况下, 它也表现出了系统自身的调节功能, 以及依靠自身的调节使三种群最终达到平衡.

习 题 6

1. 在同一坐标系下, 作出 $y = x, \mathrm{e}^x, \ln x, \mathrm{sech}^2 x$ 的图形.

2. 利用 dsolve 解微分方程

(1) $\begin{cases} x'' = -2x' - 7x, \\ x(1) = 7, \quad x'(1) = -2; \end{cases}$ (2) $\begin{cases} x^{(4)} + x = t\mathrm{e}^t, \\ x(0)=1, \quad x'(0)=-1, \quad x''(0)=2, \quad x'''(0)=0. \end{cases}$

3. 利用 DEplot3d 绘制 Lorenz 方程 $\begin{cases} x' = a(y-x), \\ y' = cx - xz - y, \\ z' = xy - bz \end{cases}$ 的解, 其中自行取值 $a, b, c \in \mathbf{R}^+$.

4. 分别绘制函数 $H(x,y) = x^2 + y^2, x^2 - y^2, (x+y)^2, (x-y)^2$ 的轨线图 (等势面).

5. 利用本章方法 (dsolve、DEplot 等) 研究数学摆问题 (见第 1 章).

参 考 文 献

黎捷. 2004. MAPLE9.0 符号处理及应用. 北京：科学出版社.

李岚, 杨文泉, 杜春雪. 2007. 基于 Volterra 捕食模型多个非线性系统的稳定性分析. 佳木斯大学学报 (自然科学版), 1(1):115~117.

皮洛 E C. 1987. 数学生态学. 北京: 科学出版社.

王高雄, 周之铭, 朱思铭等. 2006. 常微分方程. 第三版. 北京: 高等教育出版社.

王树禾. 1996. 数学模型基础. 合肥: 中国科学技术大学出版社.

王树禾. 1999. 微分方程模型与混沌. 合肥: 中国科学技术大学出版社.

钟益林, 彭乐群, 刘炳文. 2007. 常微分方程及 MAPLE, MATLAB 求解. 北京: 清华大学出版社.

Lucas W F. 1998. 微分方程模型. 朱煌民等译. 长沙：国防科学技术大学出版社.

第 7 章 常微分方程的建模应用

7.1 数学建模概述

从传统观念上看, 中国数学界对于数学的看法是：数学是科学与文化教育的基础, 是自然科学的基础, 是解决数理学科前沿科学问题的研究工具. 在这样的思想指导下, 数学的发展道路是 “从数学到数学” 的自我完善, 且为解决数理学科前沿科学问题提供了新的数学方法, 其结果对于数学的贡献当然是很大的, 如促进了基础数学的发展, 培养了大批的基础数学人才.

但是, 数学最初是来源于人类的生活和生产实践的,“数与形” 就是数学的原形. 有相当多的数学历史故事表明, 推动数学学科发展的原始问题并不是数学家提出的, 如推动微积分发展的是天体力学中的行星运动问题, 推动概率论发展的是 “赌资分配” 问题. 同样, 促进数学重要发展的有些核心人物通常也不是数学家, 如发明微积分的是物理学家 Newton. 另一方面, 在促进其他学科重要发展的核心人物中, 又出现了数学家的身影, 如部分 Nobel 经济学奖获得者. 20 世纪 30 年代, 英国生物化学家李约瑟 (J. Needham) 曾提出过一个被后人称为 “李约瑟难题” 的问题: 尽管中国古代对人类科技发展作出了很多重要的贡献. 但是, 为什么科学和工业革命没有在近代中国产生？相信这道难题在一定程度上震撼了中国的数学界. 2008 年 11 月, 香港中文大学陈方正教授在云南省纪念国立西南联合大学 70 华诞的 “科学大讲坛” 上就对 “李约瑟难题” 提出了自己的一个观点, 他认为, 科学在近代中国没有与数学结合起来, 而科学在西方则是文明的主流, 这是从毕达哥拉斯就奠定了.

进入 20 世纪 90 年代以来, 中国数学界就开始意识到数学的发展不能单纯地依靠基础数学. 解决数学领域内的许多著名猜想和难题 (如哥德巴赫猜想、费马大定理等) 固然重要, 但是, 随着科学技术的发展、社会的进步、经济的快速发展, 人们提出了大量新的具有挑战性的实际问题, 对问题的解决是人类文明进步和科学发展的标志. 对此, 数学也应该有所作为, 中国应该重视和加强应用数学的发展. 事实上, 在中国高等教育中所出现的一个显著标志是：在美国大学生数学建模竞赛的影响下, 中国于 1994 年开始了全国大学生数学建模竞赛. 随后, 竞赛规模越来越大, 影响面范围越来越广, 现已成为中国高等教育中最大规模的年度学生课外科技活动, “一次参赛, 终身受益” 早已成为中国大学生的共识, 它有力地带动了数学应用型和创新型人才的培养, 促进了数学教育事业的新发展. 近年来, 全国研究生数学建模竞赛活动也开展起来了. 现在, 数学是一种技术、一种艺术、一种美的看法, 它日益深入人心. 数学与其他学科领域的交叉与融合也已成为了国家科学研究“十一五”规划的重要内容.

那么, 什么是数学建模呢? 简言之, 数学建模就是用数学方法去描述和解决实际问题, 或者描述相关学科领域中的科学问题, 其结果是以数学符号、变量、公式、方程、几何图形等数学语言去表示实际问题或科学问题的数学结构, 或者数学式, 称为数学模型. 数学建模是基础数学通向应用的桥梁, 是发展应用数学的重要组成部分.

这里, 有三个概念需要得到进一步澄清: 数学建模、数学模型、数学式. 数学建模是强调利用数学方法去解决问题的全过程, 而数学模型则是强调结果, 即数学建模过程中所建立起来的数学结构或者数学式. 数学式与数学模型是不同的, 如果数学式是可以用来描述某个有实际意义的问题, 那么, 它就是一个数学模型, 否则, 它只能是一个理论上的数学式子而已. 例如, 代表自由落体运动的公式 $s = s_0 + v_0 t - \frac{1}{2}gt^2$ 就是一个二次函数模型, 而关于变量 t 的一个二次函数, 就只能认为是一个数学式子, 即二次多项式. 解数学应用题其实就是完成一个简单的数学建模任务.

可见, 数学建模的过程是非常重要的. 要学会数学建模, 就需要具备多方面的素质. 例如, 对相关数学基础知识的掌握程度, 对相关实际问题的背景及其学科知识的了解, 以及科学的思维方法等, 这些需要一定时间的积累.

数学建模可以按照不同的问题、不同的数学方法、不同的对象去加以分类, 如物理问题建模、化学问题建模、生物问题建模、经济问题建模、教育问题建模、波动问题建模; 又如, 初等数学建模、微积分建模、常微分方程建模、概率统计建模、线性规划建模、偏微分方程建模等, 而所产生的相应数学模型可依次称为: 初等数学模型、微积分模型、常微分方程模型、概率统计模型、线性规划模型、偏微分方程模型等.

完成数学建模的过程大致需要经历以下步骤.

1. 提出问题

提出要用数学方法去解决的实际问题, 或者相关学科中的科学问题.

2. 建立模型

这是数学建模的关键, 可分为以下几个步骤:

(1) 分析问题. 对所提出的问题进行具体分析, 明确可以用的数学方法与工具, 找到用数学去描述和解决问题的结合点.

(2) 提出合理假设. 这里需要对相关数学的基础知识有所掌握, 对所提出问题的相关背景及其学科知识与原理有所了解, 具有一定的科学思维能力等.

(3) 引入数学符号或者数学变量. 用于表示所要解决的问题中的相关因素.

(4) 模型描述. 根据假设, 符号和原始问题所遵从的一些科学实验定律, 或者科学原理, 并通过一些数学推理, 用数学语言表达出所要解决的问题.

3. 模型的求解

利用数学上的相关基础理论方法, 进行针对数学模型的一些必要的数学求解, 数学推导, 编程计算等, 产生对于解决问题有用的数学结果.

4. 模型的应用

把对数学模型求解的结果又返回到原始问题进行相应分析, 以得到解决或者解释原始问题的相应结论, 从而提出解决原始问题的具体指导性建议, 或者决策性建议.

此外, 如果建立起来的数学模型还不够完善, 那么, 还可以通过再细化问题, 修正模型的假设等建模环节去改进数学模型, 因而还可以再形成一个新的步骤, 即模型的改进.

在以上叙述的关于 "数学建模" 的方法步骤中, 如果把其中所用到的数学方法改写成常微分方程方法, 那么就得到 "常微分方程建模" 的方法与步骤. 本章主要通过选讲三类不同领域中科学的与实际的问题来阐述常微分方程建模方法的应用. 大部分内容都取材于我们近年来新建立和发表的常微分方程模型.

7.2 两个经典力学问题建模 ——Lagrange 方程与动力学模型

动力学是研究物体的机械运动与受力之间一般规律的科学. 它与运动学不同, 运动学是研究对于机械运动的描述及其性质. 自由落体运动和单摆运动都是受力作用下质点的运动, 都属于经典的动力学问题. 第 1 章已经建立了这两种运动的常微分方程模型. 在那里, 微分方程建模的方法是应用 Newton 第二运动定律. 而这里则给出另外的方法, 即应用分析力学中的 Lagrange 方程来建立它们的运动微分方程模型.

分析力学是用分析的方法去研究动力学问题的一个力学分支, 是经典力学取得成功的一个典范, 其中 Lagrange 方程的提出是一个里程碑.Lagrange 方程的导出有一个复杂的动力学分析过程, 这里忽略其推导过程, 而直接写出其形式.

设有 n 个质量分别为 $m_1, m_2, \cdots, m_n$ 的质点所组成的质点系, 每个质点的相应广义坐标 (通俗地讲, 广义坐标是描述质点的直角坐标的推广形式, 如极坐标、柱坐标、球面坐标等) 以 $q_j = q_j(t)(j = 1, 2, \cdots, k)$ 表示, $T = \sum\limits_{i=1}^{n} \frac{1}{2} m_i \dot{r}_i^2$ 是质点系的动能, 其中 $\dot{r}_i = \dfrac{\mathrm{d}r_i}{\mathrm{d}t}, r_i = r_i(q_1, \cdots, q_k)$ 为第 i 个质点到定点的矢径，则描述质点系运动的 **Lagrange 方程**如下：

$$\frac{\mathrm{d}}{\mathrm{d}t}\frac{\partial T}{\partial \dot{q}_j} - \frac{\partial T}{\partial q_j} = Q_j, \quad j = 1, 2, \cdots, k, \tag{7.1}$$

其中 Q_j 表示广义力, 它相当于作用在质点系上的合力在广义坐标系下的表达式, k 是独立的坐标数, 称为自由度.

如果质点系所受的作用力都是有势力, 那么有广义力 $Q_j = -\dfrac{\partial V}{\partial q_j}$, 其中 $V(q) = V(q_1, \cdots, q_n)$ 是质点系的势能. 此时, Lagrange 方程 (7.1) 可以改写成如下形式：

$$\frac{\mathrm{d}}{\mathrm{d}t}\frac{\partial L}{\partial \dot{q}_j} - \frac{\partial L}{\partial q_j} = 0, \quad j = 1, 2, \cdots, k, \tag{7.2}$$

其中 $L = T - V$ 称为**Lagrange 函数**. 式 (7.2) 称为**保守系统的 Lagrange 方程**.

由上面介绍的结果可知, 说数学是一种技术、一种艺术、一种美, 这绝不是一句空话, 因为 Lagrange 方程的确描述了质点系的真正运动规律.

下面利用 Lagrange 方程 (7.2) 来建立自由落体和单摆运动的动力学方程模型.

例 7.1(物体的自由下落问题)　设质量为 m 的物体, 在时间 $t = 0$ 时, 从距离地面初始高度为 s_0 的地方, 以 $v(0) = v_0$ 为初始速度垂直下落到地面, 试建立物体在下落过程中的动力学方程模型.

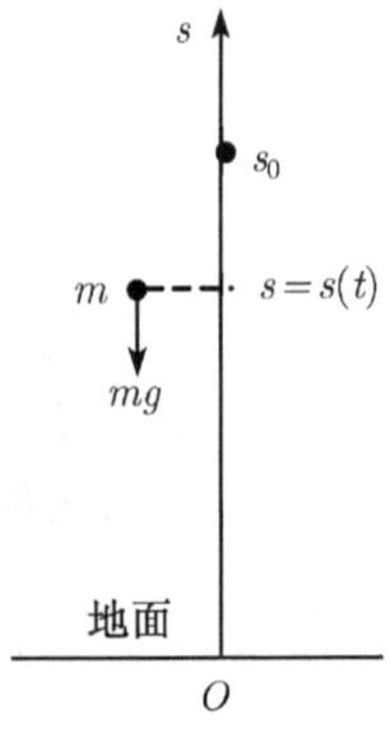

图 7.1

提出问题　建立自由落体在下落过程中的动力学方程模型.

建立模型　物体在自由下落的运动过程中, 受到了重力和空气阻力的作用. 在理想的真空中, 空气的阻力是可以忽略的. 这时, 物体的运动就是一种在有势力作用下的质点运动. 因此, 假设空气阻力可以忽略.

建立如图 7.1 所示的直角坐标系, 以 $s = s(t)$ 为 t 时刻物体所处位置坐标. 于是, 质量为 m 的物体, 在下落过程中的速度为 $v = \dfrac{\mathrm{d}s}{\mathrm{d}t} = \dot{s}$, 动能为 $T = \dfrac{1}{2}m\dot{s}^2$, 势能为 $V = mgs$(其中 g 是重力加速度). 因此, 物体的 **Lagrange 函数**为

$$L = T - V = \frac{1}{2}m\dot{s}^2 - mgs,$$

将它代入保守系统的 Lagrange 方程 (7.2), 得到

$$\frac{\mathrm{d}^2 s}{\mathrm{d}t^2} = -g, \tag{7.3}$$

式 (7.3) 就是一个自由落体运动的二阶微分方程动力学模型.

模型的求解 对 (7.3) 积分两次, 并代入初始条件 $s(0)=s_0, v(0)=v_0$, 得到解为

$$s(t)=s_0+v_0t-\frac{1}{2}gt^2. \tag{7.4}$$

模型的应用 从模型的求解结果 (7.4) 可以看出, 当初始速度为 $v(0)=v_0=0$, 初始距离为 $s(0)=s_0$ 时, 有 $t=\sqrt{\dfrac{2s_0}{g}}$, 可见, 自由落体的下落时间只与重力加速度 g 有关, 而与物体的质量无关. 把这一结果应用于解释两个物体的自由下落运动现象, 它正好表明以下结论: 在距离相同时, 不同的物体在真空里自由下落的过程中, 不管它们的质量大小如何, 它们的下落时间都是一样的. 这就是物理学史上最著名的**自由落体运动定律**. 历史上有这样一个故事: 意大利物理学家伽利略不顾自己的安危, 敢于在意大利的比萨斜塔内做物理实验, 以验证他的猜想 —— 自由落体运动定律正确.

例 7.2(单摆的运动) 单摆是系于一根长度为 l 的线上, 而质量为 m 的质点 M. 在重力的作用下, 它在垂直于地面的平面上沿圆周运动, 如图 7.2 所示, 试建立单摆运动的微分方程模型.

提出问题 建立单摆运动的微分方程模型.

建立模型 在真空中, 我们可假设单摆在运动中的空气阻力可以忽略, 因此单摆只在重力 (有势力) 作用下运动. 如图 7.2 所示, 取逆时针运动方向为摆与铅垂线所成的角 θ 的正方向, 且 θ 为广义坐标. 由于点 M 处的切向速度为 $v=l\dfrac{\mathrm{d}\theta}{\mathrm{d}t}=l\dot{\theta}$, 故单摆动能为 $T=\dfrac{1}{2}mv^2=\dfrac{1}{2}ml^2\dot{\theta}^2$, 而势能则可计算为 $V(\theta)=-mgl\cos\theta$. 因此, 单摆运动的 **Lagrange 函数**为

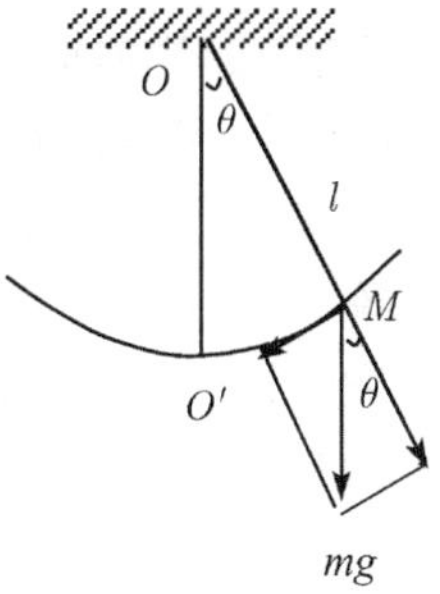

图 7.2

$$L=T-V=\frac{1}{2}ml^2\dot{\theta}^2+mgl\cos\theta,$$

将它代入保守系统的 Lagrange 方程 (7.2), 可以得到

$$ml\ddot{\theta}+mg\sin\theta=0 \quad , \ddot{\theta}+\frac{g}{l}\sin\theta=0, \tag{7.5}$$

这就是单摆运动的幅角所满足的二阶非线性常微分方程模型, 它还可以写成如下简洁形式:

$$\ddot{\theta}+\omega^2\sin\theta=0, \tag{7.6}$$

其中 $\omega=\sqrt{\dfrac{g}{l}}, g, l$ 分别为重力加速度与摆长.

模型的求解 模型 (7.6) 是一个非线性微分方程, 它的解要用椭圆函数来表达, 已超出了本书的范围. 然而, 当摆的幅角很小时, 可以作如下近似:$\sin\theta \approx \theta$. 此时, 单摆运动方程就变为二阶线性微分方程

$$\ddot{\theta} + \omega^2\theta = 0. \tag{7.7}$$

由于 (7.7) 的特征方程 $\lambda^2 + \omega^2 = 0$ 有共轭虚根 $\lambda_{1,2} = \pm \mathrm{i}\omega$, 故 (7.7) 有如下通解：

$$\theta = C_1 \sin\omega t + C_2 \cos\omega t = A \sin\left(\sqrt{\frac{g}{l}}\, t + \varphi\right). \tag{7.8}$$

模型的应用 由 (7.8) 可知, 单摆的运动确是周期性的, 这与单摆做围绕平衡位置进行来回反复的运动是一致的. 单摆的振动周期为 $T_0 = \dfrac{2\pi}{\omega} = 2\pi\sqrt{\dfrac{l}{g}}$, 振幅是 A, 初相角是 φ. 这时 $\omega = \sqrt{\dfrac{g}{l}}$ 称为圆频率, 它只与 g, l 有关, 故称为固有频率.

7.3 商品定价问题建模 —— 商品的浮动价格模型

在商品的购销中, 影响商品交易成功的因素很多, 除了商品的质量, 消费者的需求, 销售商的优质服务态度和生产企业良好的售后服务保障体系外, 商品的价格 (优惠价格) 往往是起着主导作用的因素, 如大型超市的商品价格 (即所谓的平价)、航空的机票优惠价格等. 通常商品的需求和销售并不能完全按预期的结果出现. 从社会现象方面来说, 一种商品在其供求矛盾十分突出的时候, 其销售价格往往也需要考虑适当地向上浮动, 但是这种涨价对于有些社会公共商品而言就是一个很敏感的社会问题, 如春运中的火车票价格、生活中的水电气价格等, 此时就必须要处理好相关的社会问题. 那么, 到底应怎样去确定上下浮动的商品价格呢？它又将会带来怎样的需求函数变化呢？一般说来, 需求函数是一个单调减函数, 而在本节中, 我们则通过建立关于商品价格的一个一阶微分方程模型, 分析提出了一个二次需求函数模型, 它不再是一个单调的减函数.

提出问题 如何确定商品的浮动价格？

建立模型 在商品的销售过程中至少可以制订出三个基本的价格：最低价格 (如接近于批发价的价格), 最高价格 (如新批发商品的价格、政府指导价) 和标准价格 (使得销售量达到最大 (极大) 的价格).

现以 p 表示商品的价格, q 表示商品的批发价, p_0 表示最低价格, p_{M} 表示最高价格, p_1 表示标准价格, 而 $\theta(p)$ 则表示需求函数.

实际上, 由三个基本价格就可以完全确定一个二次需求函数. 一般地, 有

$$q < p_0 < p_1 < p_{\mathrm{M}}.$$

由于我们要求 p_1 是 $\theta(p)$ 的极大值点, 故有 $\theta'(p_1)=0$. 根据实际情况, 当价格下浮时, 需求量增加; 当价格上浮时, 需求量下降. 现以 p_1 作为基准考虑价格的浮动, 用数学语言描述刚才所述的实际情况, 有: 当 $p<p_1$ 时, 有 $\theta'(p)>0$; 当 $p>p_1$ 时, 有 $\theta'(p)<0$, 这正好是 p_1 为 $\theta(p)$ 的极大值点的一个充分条件. 因此, 我们可假设需求函数的变化率与 p_1-p 成正比. 因此, 可以得到价格 p 的如下一阶微分方程模型:

$$\theta'(p)=k(p_1-p), \tag{7.9}$$

其中 $k>0$ 是待定的比例系数.

模型的求解 微分方程模型 (7.9) 可以通过直接积分得到通解, 但是, 因为比例系数 $k>0$ 和积分常数都是未知的, 所以需要再给定两个定解条件. 例如, 在给定 $\theta_0=\theta(p_0)$, $\theta_{\rm M}=\theta(P_{\rm M})$ 之后, 我们积分 (7.9) 后便可得到解为

$$\theta(p)=\theta_0+\frac{1}{2}k(2p_1-p_0-p)(p-p_0), \tag{7.10}$$

其中 $k=\dfrac{2(\theta_0-\theta_{\rm M})}{(2p_1-p_{\rm M}-p_0)(p_0-p_{\rm M})}$. 式 (7.10) 就是一个二次需求函数模型.

模型的应用 由式 (7.10) 可见, 当 $p_1\to\dfrac{p_0+p_{\rm M}}{2}$ 时,有 $\theta(p)\to\infty$, 故此时的商品需求量将会增大. 这表明, 当商品的标准价按照最低价和最高价的平均值去确定时, 将会有需求量的增加. 这一结果还可以作出如下解释: 一种商品, 在其价格定得很低时, 大多数消费者会认为商品有质量等问题, 不太愿意购买; 而当价格定得很高时, 大多数消费者又会认为经济上承受不了, 故也不愿意购买. 最终, 只有确定两者的平均价格时, 大多数消费者才会认为质量没有问题, 经济上也能够承受得起, 因而就愿意购买该商品, 从而就会使销售量大幅增加. 这样的结果是与实际情况相符合的.

由刚才所得到的结果, 可以给出关于商品价格浮动的一个策略: 如果以 p_1 作为商品的基准价格而考虑价格的浮动, 且规定浮动率上限为 α, 那么, 当取基准价 p_1 和浮动价 $(1+\alpha)p_1$ 的平均值 $\left(1+\dfrac{\alpha}{2}\right)p_1$ 作为实际上的浮动价时, 将会使商品的销售量增加. 这就说明合理的价格浮动率应为 $\dfrac{\alpha}{2}$, 即为上限浮动率的一半. 这里, 请读者思考一个实际问题: 设火车客运日常票价为 p_1, 将其视为平均票价, 为缓解淡季乘客过少和旺季 (如春运) 乘客过多的矛盾, 你能否提出火车票价上下浮动的一个合理建议?

进一步还可以讨论更多的相关实际问题. 例如, 在前面的二次需求函数模型下考虑商品销售的利润最大价问题. 事实上, 将式 (7.10) 代入商品销售的利润公式

$$W=(p-q)\theta(p)-C, \tag{7.11}$$

其中, C 为非批发成本, W 为销售纯利润.

由 (7.11) 对价格 p 求导, 有

$$W'(p) = \theta(p) + (p-q)\theta'(p), \quad W''(p) = k(2p_1 + q - 3p), \tag{7.12}$$

在 $\theta(p)$ 的极大值点 p_1 处有

$$W'(p_1) = \theta(p_1) > 0, \tag{7.13}$$

可见, $W(p)$ 在 p_1 附近是单调增加的, 即商品销售的利润在需求最大价附近是单调增加的. 这是一个互惠互利的结果, 是数学模型分析的一个意外收获, 因为在销售商和消费者之间一般都不可能知道还有这样的数学结论.

又由 $W'(p) = 0$, 可以得到驻点

$$p^* = \frac{2}{3}p_1 + \frac{1}{3}q + \frac{1}{3}\sqrt{\frac{6\theta_0}{k} + 4p_1^2 + q^2 + 3p_0^2 - 2p_1(3p_0 + q)}. \tag{7.14}$$

容易验证, 当根式里面的式子为正时, p^* 就是使销售利润最大的价格.

最后, 我们由 $W'(p^*) = 0$ 得 $\theta'(p^*) = -\dfrac{\theta(p^*)}{p^* - q} < 0$, 再由 (7.9) 知, 必有

$$p^* > p_1, \tag{7.15}$$

这结果又表明：商品销售的利润最大价格必然大于使销售量最大的价格.

从本节的建模分析可以看出, 即使起初只建立了简单的常微分方程模型, 通过进一步分析都有可能得出许多对解决实际问题很有用的结论, 这就是数学建模应用的奥妙. 这里需要强调的是：如果知道数学的确有用, 那么就去乐而为之吧!

7.4 教育问题建模 —— 高校教育收费的常微分方程模型与政府调控分析

2008 年 9 月, 全国大学生数学建模竞赛 B 题为：高等教育学费标准的探讨.

关于与此相关的实际社会热点问题, 我们已进行过多年的数学建模应用研究, 获得了一些有意义的结果. 本节主要介绍其中的一个常微分方程建模应用的例子, 它直接由我们发表的一篇论文改编而成. 在这里, 为了反映常微分方程建模及其模型应用分析解决实际问题的系统性和深刻性结果, 我们的叙述将不再局限于前面两节中已介绍过的常微分方程建模的方法与步骤.

1999 年, 中国高等教育收费政策开始全面实施. 高等教育收费是关系到国家、高校和受教育者及其家庭利益的大事. 如何合理地解决高等教育收费问题, 解决贫

困生的学费支付问题, 协调高等教育发展, 人才培养和教育公平之间的关系, 避免突出社会矛盾问题的出现是当今中国面临的社会难题之一. 近年来, 已经有相当多的教育理论界学者从教育经济学, 社会学和法学等的角度出发对此进行了有益的探讨, 并且提出了一些相应的对策.

对于高等教育收费及其相关问题, 近年来有部分学者通过数学模型作了一些分析, 如有的文献归纳总结了已有的个人投资教育成本与获得收益的计算方法, 有的文献则用系统的模型方法研究了高校中的公平与效率问题, 对 "高校收费如何保证个人受教育地公平性并提高教育效率" 进行了实例分析, 有的文献则通过构建反映高收入和低阶层需求曲线的现行高校收费定价模型, 并且借助于几何图形分析了保障低收入阶层进入高校机会的可行性. 关于高校招生规模及其相关问题的研究, 有的文献则从就业与招生的关系出发提出了几个关于高校毕业生就业率和招生规模的微分方程和时滞微分方程模型. 然而, 在描述和解决关于高等学校教育收费及其相关的招生规模的政府调控问题上, 还没有见到文献引入过常微分方程模型.

下面, 为解决高等校教育收费的基本问题, 先建立两个基本的常微分方程模型, 然后再通过特殊的模型去具体地分析高校教育收费和招生规模的相关政府宏观调控问题.

7.4.1 高校教育收费的两个基本微分方程模型

1986 年, 美国纽约大学校长 D. B. Johnstone 提出了 "教育成本分担" 的观点, 认为高等教育成本要由政府、社会和受教育者个人共同分担.

实际上, 高校教育收费只与受教育者个人分担的教育成本有关. 按照教育收费的补充性和承受性原则, 我们认为高校教育收费的主要影响因素是收费标准 (通过受教育者个人分担的教育成本体现) 和贫困生的无支付能力 (会拖欠学费). 现在, 以收费年为单位, 设高校的年招生人数 N 为连续变量, 高校的教育收费为 $R(N)$, 人均所分担的教育成本为 $\gamma(N)$, 贫困生人均未支付的费用为 $p(N)$, 它们都是招生人数的函数. 因为 $\gamma(N)$ 和 $p(N)$ 满足下列条件：当 $\gamma(N)$ 增大时, 有 $R(N)$ 增加; 当 $p(N)$ 增大时, 有 $R(N)$ 减少, 所以可作出如下合理假设：$R(N)$ 的变化率与 $\gamma(N)$ 正线性相关, 而与 $p(N)$ 负线性相关. 于是, 可以得到描述高校教育收费问题的如下微分方程模型：

$$R' = \delta\gamma(N) - \sigma p(N), \tag{7.16}$$

其中 $\delta > 0, \sigma > 0$ 是比例系数.

进一步, 由于高校贫困生的人均未支付费用 $p(N)$ 将会随受教育者个人所分担的人均教育成本 $\gamma(N)$ 的增加而增加, 故我们又假设有 $p(N) = g(\gamma(N))$, 其中 $g(\gamma)$ 是单调增加的函数, $g'(\gamma) \geqslant 0$ 表示增长率. 此时又得到关于高校教育收费问题的如下微分方程模型：

$$R' = \delta\gamma(N) - \sigma g(\gamma(N)). \tag{7.17}$$

模型还可以作进一步的改进. 如果假设可由 $R(N)$ 去确定 $\gamma(N)$ 和 $p(N)$, 那么分别有 $\gamma(N) = f(R(N))$ 与 $p(N) = h(R(N))$, 其中 $f(R)$ 和 $h(R)$ 都是单调增加的函数, 且可设 $f'(R) \geqslant 0$, $h'(R) \geqslant 0$. 此时可以得到高校教育收费问题的如下微分方程模型：

$$R' = \delta f(R) - \sigma h(R). \tag{7.18}$$

同理, 还可得到与 (7.17) 相应的描述高校教育收费问题的如下微分方程模型：

$$R' = \delta f(R) - \sigma g(f(R)). \tag{7.19}$$

如果将模型 (7.18) 中的 N, R, $f(R)$ 和 $h(R)$ 分别视为时间、人口数量、绝对繁殖率和死亡率, 那么 (7.18) 所描述的正好是人口自由发展的微分方程模型, 不同的函数形式表示了不同的人口发展状况. 因为在人口的发展模型中, 死亡率和繁殖率是没有直接联系的, 所以, 对于这里的高校教育收费问题而言, (7.17) 和 (7.19) 就是我们提出的主要控制微分方程模型.

7.4.2　高校教育收费基本模型的定性分析

下面主要通过定性分析 (7.17) 和 (7.19) 去寻求解决高校教育收费问题的方案.

从模型 (7.17) 可知, 高校教育收费 $R(N)$ 为常数的充分必要条件是

$$\delta\gamma(N) = \sigma g(\gamma(N)). \tag{7.20}$$

这表明, 高校保持其教育收费不变的充分必要条件是：要在个人分担的人均教育成本 $\gamma(N)$ 和贫困生的人均未支付费用 $g(\gamma(N))$ 之间进行均衡. 为了实现这种均衡, 必须要求方程 (7.20) 存在正根 N_0, 从而高校的招生人数 N_0 和个人分担的人均教育成本 $\gamma_0 = \gamma(N_0)$ 应该是确定的.

目前, 我国将个人分担的教育成本比例的上限定为 25%, 而实际上, 在高校中贫困生的比例已超过 30%, 这是一种失衡的现象, 客观原因是高等教育成本难于核算, 容易使收费标准超过个人分担的教育成本比例的上限, 或者通过收费而补偿部分政府投入. 因此, 在高校扩大招生规模的条件下, 从政策措施上增加政府的教育经费投入, 优惠鼓励和吸引社会资金办学, 以助学贷款、奖学金、勤工助学等形式解决贫困生的支付能力等都是实现均衡、解决问题的方案.

根据函数的极值判别法, 可以得出高校教育收费保持不变的如下充分条件：

(1) 当 $\gamma'(N_0) > 0, 0 < g'(\gamma_0) < \dfrac{\delta}{\sigma}$ 时, 有 $R'(N_0) = 0; R''(N_0) > 0$, 高校的教育收费达到极小值. 这说明：在个人分担的人均教育成本 $\gamma(N)$ 增加的条件下, 只要

把贫困生人均未支付费用的增长率 $g'(\gamma)$ 控制在一定的限度内, 就可以保持高校的极小收费 $R(N_0)$ 不变.

(2) 当 $\gamma'(N_0) < 0, g'(\gamma_0) > \dfrac{\delta}{\sigma}$ 时, 有 $R'(N_0) = 0, R''(N_0) > 0$, 高校教育收费达到极小值. 这说明, 如果贫困生的人均未支付费用的增长率超过了一个度 $\dfrac{\delta}{\sigma}$, 那么只有通过降低个人分担的人均教育成本 $\gamma(N)$, 才能保持高校的极小收费 $R(N_0)$ 不变.

(3) 当 $\gamma'(N_0) < 0, 0 < g'(\gamma_0) < \dfrac{\delta}{\sigma}$ 时, 有 $R'(N_0) = 0, R''(N_0) < 0$, 高校的教育收费达到极大值. 这说明, 在个人分担的人均教育成本 $\gamma(N)$ 减少, 贫困生的人均未支付费用的增长率在一定的限度 $\dfrac{\delta}{\sigma}$ 内时, 高校可以保持其极大收费 $R(N_0)$ 不变.

这种情况正是补充性和承受性原则的一个具体体现.

(4) 在条件 $\gamma'(N_0) > 0, g'(\gamma_0) > \dfrac{\delta}{\sigma}$ 下,$\gamma(N)$ 单调增加, $g'(\gamma)$ 也较大, 高校的教育收费达到极大值. 这种情况相当于高收费, 会出现部分贫困生因为无支付能力而拖欠较多的学费, 或者失学的现象. 因此, 在解决现实的教育收费问题时应当尽力避免.

从模型 (7.19) 可知, 高校的教育收费 $R(N)$ 为常数的充分必要条件是

$$\delta f(R) = \sigma g(f(R)), \tag{7.21}$$

这是另一种均衡, 它要求 (7.21) 存在正根 R_0, 也就是有: $\gamma_0 = f(R_0)$. 因为 R_0 是 (7.19) 的平衡点. 所以, 根据稳定性判别法 (读者可参看相关的教材), 有关于教育收费 R_0 的稳定性结论.

(5) 当 $0 < g'(\gamma_0) < \dfrac{\delta}{\sigma}, f'(R_0) > 0$ 时, R_0 是模型 (7.19) 的稳定平衡点. 这说明, 在个人分担的人均教育成本 $\gamma = f(R)$ 增加的条件下, 只有贫困生人均未支付费用的增长率在一定的限度 $\dfrac{\delta}{\sigma}$ 内, 才会保持高校的教育收费 R_0 稳定不变.

(6) 当 $g'(\gamma_0) > \dfrac{\delta}{\sigma}, f'(R_0) < 0$ 时,R_0 也是模型 (7.19) 的稳定平衡点. 这说明, 如果贫困生的人均未支付费用的增长率超过一个度 $\dfrac{\delta}{\sigma}$, 则只有通过降低个人分担的人均教育成本, 才能保持高校的教育收费 R_0 稳定不变.

(7) 在其他条件下, 高校的教育收费 R_0 都是不稳定的.

7.4.3 几个特殊模型与宏观调控分析

现在, 我们根据“具体问题具体分析”的唯物辩证观点, 转入分析在几个特殊函数形式下的高校教育收费基本模型 (7.17) 和 (7.19), 从而给出关于高校教育收费和招生规模之间政府宏观调控问题的一些新的结论和建议.

设在免费教育 ($\gamma=0$) 时, 招生人数为 n; 而在收费教育时, 政府规定的个人分担的人均教育成本为 γ_{M}, 高校招生人数为 $M>n$. 我们分三种情况进行讨论.

1. 个人分担的人均教育成本随招生人数增加而增加的情况

为简便计, 在个人分担的人均教育成本随招生人数增加而增加的条件下, 我们在模型 (7.17) 中设 $\gamma(N)=a+bN$ 和 $g(\gamma)=g_0\gamma$ 为线性函数. 于是有 $\gamma(N)=b(-n+N)$, 其中系数 $b=\dfrac{\gamma_{\mathrm{M}}}{M-n}>0$. 代入 (7.17) 后, 可以得到如下的高校教育收费模型:

$$R'(N)=b(\delta-\sigma g_0)(-n+N). \tag{7.22}$$

可见, 当 $N>n$ 时, 高校教育收费保持不变的均衡条件是 $\delta=\sigma g_0$.

又由 $0<\gamma(N)\leqslant\gamma_{\mathrm{M}}$ 知,$n<N\leqslant M$, 因此高校的招生人数规模可以在政府规定的范围内扩大. 在非均衡条件下, 当 $g_0<\dfrac{\delta}{\sigma},N>n$(或 $g_0>\dfrac{\delta}{\sigma},N>n$) 时, 有 $R'>0$(或 $R'<0$), 这表明: 在高校扩大招生规模时, 只有贫困生人均未支付费用的增长率较小 (或较大), 才可以考虑调高 (调低) 教育收费.

积分 (7.22), 有高校的教育收费是招生人数的二次函数:

$$R(N)=\frac{1}{2}b(\delta-\sigma g_0)(-n+N)^2. \tag{7.23}$$

可见, 按照 (7.23) 去调整时教育收费将会偏高.

如果在模型 (7.17) 中改设 $g(\gamma)=g_0\gamma^2$ 为二次函数, 那么易知高校教育收费为正的招生人数规模为

$$n<N\leqslant n+\frac{3\delta(M-n)}{2g_0\gamma_{\mathrm{M}}}. \tag{7.24}$$

可见, 当政府所规定的人均分担的教育成本较低 ($\gamma_{\mathrm{M}}\to 0$) 时, 才有利于高校扩大自主招生规模.

下面, 我们再从模型 (7.19) 出发进行定性分析. 我们假设 $\gamma=f(R)=c+dR$ 为线性函数, 而 $g(\gamma)=g_0\gamma^{1+T}$ 为幂函数, 其中 $T>0$. 由于在免费教育时, 有 $R=0,\gamma=0$; 在收费教育时, 如果政府规定的教育收费为 R_0 时, 个人分担的人均教育成本为 γ_0, 那么就有 $\gamma=dR$, $g(\gamma)=g_0d^{1+T}R^{1+T}$, 其中 $d=\dfrac{\gamma_0}{R_0}>0$. 代入 (7.19) 后, 得到教育收费模型为

$$R'=\delta dR-\sigma g_0d^{1+T}R^{1+T}. \tag{7.25}$$

模型 (7.25) 存在不稳定平衡点 $R_1=0$(它对应于免费) 和稳定平衡点 $R_2=\dfrac{1}{d}\sqrt[T]{\dfrac{\delta}{\sigma g_0}}$(它对应于稳定收费). 特别地, 当取 $T=1$ 时, (7.25) 是一个 logistic 模型, 此时有 $\dfrac{R_2}{R_0}=\dfrac{\delta}{\sigma g_0\gamma_0}$. 因此, 当 $0<\gamma_0<\dfrac{\delta}{\sigma g_0}$ 时, 有 $R_2>R_0$, 这说明, 当个人分担

的人均教育成本在一定限度内时, 高校的稳定教育收费才会提高; 当 $\gamma_0 > \dfrac{\delta}{\sigma\, g_0}$ 时, 有 $R_2 < R_0$, 这说明, 当个人分担的人均教育成本超过一个度时, 将会因出现部分学生拖欠学费的现象而使高校的稳定教育收费降低.

2. 个人分担的人均教育成本随招生人数增加而减少的情况

在分担的人均教育成本随招生人数增加而减少的条件下, 我们在模型 (7.17) 中取 $\gamma(N) = \dfrac{b}{N}$ 和 $g(\gamma) = g_0\gamma$. 由前面假设, 我们有 $\gamma(N) = \gamma_{\rm M}\dfrac{M}{N}$. 代入 (7.17) 后, 我们得到如下教育收费模型:

$$R'(N) = (\delta - \sigma\, g_0)\frac{M\gamma_{\rm M}}{N}. \tag{7.26}$$

积分 (7.26) 得教育收费与招生人数呈对数关系

$$R(N) = (\delta - \sigma g_0)M\gamma_{\rm M}\ln\frac{N}{n}. \tag{7.27}$$

因 $\ln\dfrac{N}{n} = o(N) = o(N^2)(N \to \infty)$, 故按照 (7.27) 去确定的收费较 (7.23) 低, 而且高校的教育收费可随招生规模的扩大而缓慢增长, 再由 $0 < \gamma(N) \leqslant \gamma_M$ 知, $N \geqslant M$. 可见, 高校的招生规模可以超过政府的规定, 并且收费增长得较慢, 这是一种值得推广的高校教育收费与扩招模式.

如果在模型 (7.17) 中改设 $g(\gamma) = g_0\gamma^2$, 那么, 高校保持其教育收费增长的招生人数规模为

$$N \geqslant \frac{\sigma g_0\gamma_{\rm M}M}{\delta}, \tag{7.28}$$

而高校的教育收费为

$$R(N) = \delta M\gamma_{\rm M}\ln\frac{N}{n} - \sigma g_0 M^2\gamma_{\rm M}^2\left(\frac{1}{n} - \frac{1}{N}\right). \tag{7.29}$$

当 $N \to \infty$ 时, 高校的教育收费为正的近似招生人数规模是

$$N \geqslant n\exp\left(\frac{\sigma\, g_0}{\delta\, n}M\gamma_{\rm M}\right). \tag{7.30}$$

式 (7.30) 表明, 高校的招生必须达到一定规模才不至于出现办学亏损的结果.

3. 个人分担的人均教育成本是招生人数的有界函数的情况

在分担的人均教育成本是招生人数的有界函数的条件下, 综合考虑前面的两种情况, 在模型 (7.17) 中假设 $\gamma(N) = \dfrac{bN + c}{1 + N}$ 和 $g(\gamma) = g_0\gamma$. 同样, 由前面所设, 有单

调有界函数 $\gamma(N)=\dfrac{b(-n+N)}{1+N}$, 其中 $b=\dfrac{\gamma_{\mathrm{M}}(1+M)}{M-n}>0$. 代入 (7.17) 后, 得到如下教育收费模型:

$$R'(N)=\frac{\delta b(-n+N)}{1+N}-\frac{\sigma g_0 b(-n+N)}{1+N}. \tag{7.31}$$

积分 (7.31) 得教育收费与招生人数呈对数关系

$$R(N)=(\delta-\sigma g_0)b\left[N-n-(n+1)\ln\frac{N+1}{n+1}\right]. \tag{7.32}$$

如果在模型 (7.17) 中改设 $g(\gamma)=g_0\gamma^2$, 那么易知, 当 $\delta<\sigma g_0 b$ 时, 高校保持其教育收费增长的招生人数规模为

$$n<N\leqslant\frac{\sigma g_0 bn+\delta}{\sigma g_0 b-\delta}. \tag{7.33}$$

因此, 在条件 $\delta<\sigma g_0 b$ 下, 应限制高校扩大招生的规模.

最后, 我们再在模型 (7.19) 中假设 $\gamma=f(R)=\dfrac{dR}{1+R}$, $g(\gamma)=g_0\gamma^2$. 如果政府规定的教育收费为 R_0 时, 个人分担的人均教育成本为 γ_0, 那么我们有 $\gamma=d_1R$, 其中 $d_1=\dfrac{1+R_0}{R_0}\gamma_0$. 代入 (7.19) 后, 我们得到如下的教育收费的 logistic 模型:

$$R'=\delta d_1R-\sigma g_0 d_1^2R^2. \tag{7.34}$$

易知, 当 $\delta<\sigma g_0 d_1$ 时, 方程 (7.34) 有不稳定的教育收费为

$$R=\frac{\delta R_0}{\sigma g_0(1+R_0)-\delta R_0}. \tag{7.35}$$

7.4.4　模型的扩展

在前面所给出的几个特殊函数形式下的高校教育收费模型都有各自的优缺点, 如果扬长避短, 可考虑将它们以适当的方式组合在一起, 那么就可以得到许多扩展的模型.

1. 混合微分方程模型

设想高校考虑按照不同的招生人数规模而采用相应的教育收费模型, 那么, 可将两种或者两种以上模型混合连接在一起, 以便按人数规模调整高校教育收费方式, 如

$$\begin{cases} R_1'(N)=b(\delta-\sigma g_0)(-n+N), \\ R_2'(N)=(\delta-\sigma g_0)\dfrac{M\gamma_{\mathrm{M}}}{N}, \\ R_1(N_0)=0,\quad R_2(N_1)=R_1(N_1). \end{cases} \tag{7.36}$$

2. 二维耦合微分方程模型

设想不同 (地区) 的高校都采用同样类型的收费模型, 而它们之间有某种相互影响, 则可将两种以上模型综合在一起, 如主要考虑二次非线性耦合的 logistic 模型:

$$\begin{cases} R_1' = \delta\, d_1 R_1 - \sigma g_0 d_1^2 R_2^2, \\ R_2' = \delta\, d_1 R_2 - \sigma g_0 d_1^2 R_1^2, \\ R_1(N_0) = R_{10}, \\ R_2(N_0) = R_{20}. \end{cases} \tag{7.37}$$

进而可以研究不同 (地区) 高校招生人数规模与收费标准的同步问题等.

3. 三维耦合微分方程模型

由于经济社会发展的不平衡, 不同 (地区) 的高校采用的收费模型不同, 这样就导致了教育收费与招生人数规模的不公平现象, 甚至出现不利于社会稳定的现象. 为促进教育公平, 构建和谐社会, 就需要政府在两者之间进行宏观调控. 如果引入随招生人数变化的调控变量 $a(N)$, 考虑在两种不同模型之间进行线性反馈调控, 则可得三维微分方程模型. 例如,

$$\begin{cases} R_1' = \delta\, d_1 R_1 - \sigma g_0 a, \\ R_2' = \delta\, d_2 R_2 - \sigma g_0 d_2^2 R_1^2, \\ a' = e_1 R_1 + e_2 R_2, \\ R_1(N_0) = R_{10}, \quad R_2(N_0) = R_{20}, \quad a(N_0) = a_0. \end{cases} \tag{7.38}$$

进而可分析分岔与混沌等非线性动力学现象.

最后归纳一下本节所介绍的内容. 本节主要提出了描述高校教育收费问题的两个基本微分方程模型:(7.17) 和 (7.19). 通过对这两个基本模型进行定性分析, 得出了高校保持或者稳定其教育收费的几个条件; 通过对模型 (7.17) 和 (7.19) 在三种情形下的几个特殊模型进行分析, 给出关于高校教育收费和招生规模宏观调控的一些新的结论和建议. 我们还提出了三种扩展的微分方程模型, 对它们可以作进一步的研究.

关于教育问题的更多的建模论文, 请读者参见文献 (化存才, 2008b).

习 题 7

1. 建立光滑斜面上质点运动的微分方程模型.

2. 建立可以忽略空气阻力作用时的抛射体运动的微分方程模型.

3. 最早建立的生物数学模型就是第 6 章中介绍过的 Lotka-Volterra 模型, 试再查阅一些相关的文献资料, 按照本章所述的常微分方程建模方法的步骤, 写出完整的建模过程.

4. 仔细观察身边的日常生活问题, 独立地提出相关的实际建模问题, 并查阅一些相关的文献资料, 建立起关于所提出问题的微分方程模型, 进而写出一篇建模报告, 或者整理成一篇课外的科技论文.

参考文献

化存才. 2006. 商品购销中的浮动价格与二次需求函数模型. 南京师范大学学报: 工程技术版, 6 (1):33～38.

化存才. 2008a. 高校教育收费问题的微分方程模型与宏观调控分析. 云南大学学报, 30(1):1～6.

化存才. 2008b. 数学建模应用与实践. 昆明: 云南科技出版社.

黄克累, 张安厚, 刘洁民. 1991. 理论力学 (下册). 北京: 北京航空航天大学出版社.

周义仓, 靳祯, 秦军林. 2004. 常微分方程及其应用 —— 方法, 理论, 建模, 计算机. 北京: 科学出版社.